电子技术实战必读

周步祥　杨安勇　编著

北京航空航天大学出版社

内 容 简 介

为了弥补在校期间电子技术实践课的欠缺，尽快增加实战经验并掌握操作技巧，笔者将自己多年实际工作中的成功经验与失败教训呈现给大家，使读者能在较短的时间内，掌握更多的方法、技巧，并给电子爱好者带来身临其境的感受；尽量站在不同的视角去挖掘、阐述与其他电子书籍不同的内容和知识点，以及不同的观点和思维方式；在叙述上采用生活化的语言，使读者能轻松愉快地阅读，可谓是一本另类的电子技术书籍。书中内容包括：听"老革命"讲过去的故事、人员与设备安全、稳定性与可靠性、思路与技巧、电路原理分析、电路与产品设计、常用工具介绍、嵌入式操作系统的快速入门等几大部分。

本书适合有一定电子技术理论基础、实战经验不足的电子爱好者阅读，也可作为在校学生的补充读物。

图书在版编目(CIP)数据

电子技术实战必读 / 周步祥，杨安勇编著. -- 北京 ：北京航空航天大学出版社，2017.9

ISBN 978-7-5124-2501-9

Ⅰ. ①电… Ⅱ. ①周… ②杨… Ⅲ. ①电子技术 Ⅳ. ①TN

中国版本图书馆 CIP 数据核字(2017)第 210897 号

电子技术实战必读

周步祥　杨安勇　编著

责任编辑　史　东

*

北京航空航天大学出版社出版发行

北京市海淀区学院路 37 号(邮编 100191)　http://www.buaapress.com.cn

发行部电话：(010)82317024　传真：(010)82328026

读者信箱：emsbook@buaacm.com.cn　邮购电话：(010)82316936

北京泽宇印刷有限公司印装　各地书店经销

*

开本：710×1 000　1/16　印张：19.75　字数：421 千字

2018 年 1 月第 1 版　2018 年 1 月第 1 次印刷　印数：3 000 册

ISBN 978-7-5124-2501-9　定价：46.00 元

若本书有倒页、脱页、缺页等印装质量问题，请与本社发行部联系调换。联系电话：(010)82317024

前　言

记得刚到公司上班的时候，充满了激情，很想小试一下牛刀，把自己学到的知识好好发挥一番。可开始工作时才发现，那些“老革命”说的“DTMF”“7号信令”“3H仿真器”“68K”听都没听过，顿时觉得自己是井底之蛙。从此不敢乱说话，更不可能提点“建设性”的意见了，只好夹着尾巴做人。

在地铁里看到报纸上明晃晃的标题——“@所有人，有经验是最大优势”。用人单位都希望招到有经验的员工，而不是生手。但我们没有办法让自己在短时间内获得经验，也无法在短时间内经历各种事情，而前人的经验是可以借鉴的。程咬金式的老工程师们可能只有三板斧，也不一定做出过惊天动地的事情，但他们一定经历了多次的成功和失败，有无数的经验教训，这是非常值得我们借鉴和学习的。

电子技术是一门理论和实践结合得非常紧密的学科。要想真正地掌握电子技术的诸多知识，不仅要靠大量的实践，还要靠经验。老师只教会了我们怎样做，但在做的过程中，出现了与预想不一样的情况时该怎么办？老师没有教，也没法教。

学校培养出来的学生，有一套思考问题的方法，是一块好的“毛坯”，好的“原木”，但仍需要“再塑”才能成器。这个过程就需要继承、实战、失败，再实战。

本书不再重复学校老师教的理论知识，而是把作者多年从事电子技术相关工作的成功经验和失败教训展示给大家，带你直接走进现场，身临其境，去体会，去感悟，少走弯路。

我们呈现给大家的是一些成功的经验、失败的教训和经历，而不是一本讲解基础知识的教材。内容和知识点尽量与其他书籍不同，也尽量避免与网络上的方法相同。如果能从网络上搜索得到，那本书就失去意义了。它是针对一个个独立的案例来叙述的，各个案例之间没有太多的联系，不具有系统性，读者可以不按顺序去阅读，但应具有一定的电子技术基础，这样读起来才顺畅。

书中的故事都是真实的，案例也都是自己所亲历的。虽未能包罗电子技术的方方面面，但所述都是从事电子技术工作中遇到的真实案例、感悟、观点。为了使读者读起来不枯燥，采用了生活化的语言，就像师傅带徒弟一样，轻松、自然。

很多人写书都要特别地感谢老婆和孩子的支持，这也是我想要说的话。

还要感谢罗毅、杨硕、刘刚，他们的大力支持，使本书得以顺利完成。

在动笔之前，感觉自己是满腹经纶，可开始动笔了，才发现自己是黔驴技穷，江郎才尽。可开弓没有回头箭，还是硬着头皮把它写出来了。由于本人水平有限，电子技术日新月异，加之出生在缺吃少喝、不仅缺钙还缺“锌”的年代，天生愚钝，故出错也是难以避免的，望读者毫不客气地指出，本人将感激不尽。

作　者

于天府之国成都

2017.5.1

目 录

第 1 章

听“老革命”讲那过去的事情

1.1 一次最差劲的修理

这件事已经很久远了，但还是记忆犹新：

从小就喜欢折腾的我，不知不觉学会了修手电筒。要是哪家手电筒坏了，一般会叫我看看。我捏捏电池，看变软了没有，如果变软了，就说明没电了。如果灯泡坏了，就用手指头弹一弹，顺着钨丝的方向弹，兴许还会亮的；但只限于旧电池时可以，新电池时，即使弹一弹亮了，又会坏掉。

由于有修手电筒的本事，有个大军哥就拿了台收音机叫我修。很高兴，一来可以看看里面长的啥样，二来可以显示一下自己的本领。收音机的故障是调节音量开关时咔嚓咔嚓地响。听人说过，是接触不良，用酒精擦擦就好了。

可是农村家里哪有酒精呢?！于是想起了汽油——父亲打火机用的汽油，拿出来心急火燎地往音量电位器（当时还不知道叫电位器，后来才知道的）上倒，一不小心倒了有一二两。还没来得及看效果，悲催的事情就发生了。眼看着收音机的壳子开裂了，不断地有新的地方开裂，顿时就傻眼了。

当时差点晕了过去。咋办？怎么也平静不下来，赶紧把收音机装到那个皮盒子里。赔吗？两头肥猪的钱都买不回来！一年到头，只有春节才能吃上一顿肉的年代，两头猪是啥概念，可想而知。告诉父亲吧，哪有那个胆啊?！

后来鬼使神差地叫人把收音机带给了大军哥，根本不敢想象他会怎样做，但他始终没有把实情说出来。

后来才知道汽油是有机溶剂，不能和一些塑料接触，接触会将其溶化。读者不信的话可以试一试。

虽然事过多年，但此事一直放在心头难以释怀。后来我在深圳买了一台相当好的收音机，准备送给大军哥。可是大军哥参军后就去了很远的地方，他家也没有其他人，根本就打听不到他的消息。这事搁浅至今，难不成这事要成为我永远的遗憾？

1.2 荒唐的垂柳和电线

这事说起来有点荒唐，却是真实的。

垂柳和电线没有什么联系，硬要联系在一起的话，那就是个“线”字，因为垂柳也有叫线柳的。这事还是我小的时侯，当时很想有一截电线，好把电池装在竹筒里，安个灯泡，DIY(当时没有这个说法)自己的手电筒。

隔壁的大男孩告诉我，用线柳(垂柳)在地上用脚踏，就能踏出电线来。于是我就拼命地踏，不管怎样踏，最终还是没有踏出电线来。当时对大男孩有踏出电线的本事充满了崇敬之情，但自己怎么也踏不出电线来，又觉得他骗了我。

多年以后和他说起这件事，他说：“真的吗？我没有说过这话吧？”我想，是他早就把这句玩笑话忘了。

看来学电子真的要从娃娃抓起，不要把兴趣爱好扼杀在萌芽时代。

1.3 最开心的实验

那是在小学毕业后，到了乡场去读初中的时候。认识了不少伙伴，也学到了不少新知识，见到了不少稀奇古怪的东西。

找到一些材料，开始制作矿石收音机。用装医用胶布的纸管，把一些细的电线缠在上面，有个二极管，有个可调电容器、耳机，大致就是图 1.3.1、图 1.3.2、图 1.3.3 的场景。折腾了整整一天，到了晚上，居然收到了中央人民广播电台的广播。那种开心比过年吃肉还要开心一百倍。那年头吃肉真的太不容易了，平时想起肉都流口水。

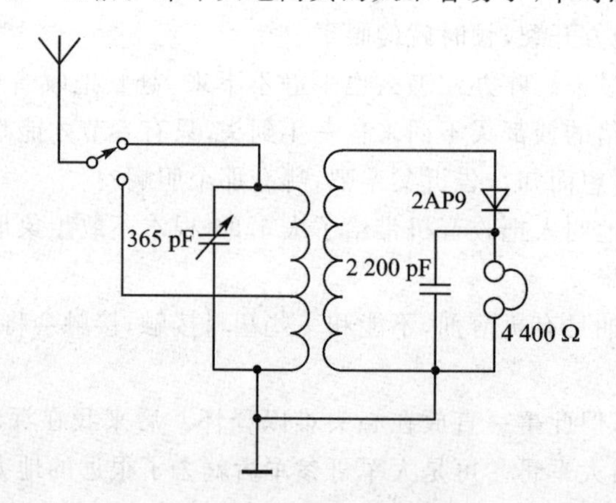

图 1.3.1 矿石收音机电路

那个晚上，我和弟弟通宵没合眼，但也没有认真听广播里到底说了些啥，全部陶醉在这件事情的成功上，那个东西居然能听到声音！哪里有心思去听广播里说的啥哟。

可以说，做实验不计其数，但这次是最开心、最难忘的一次。也正因为这些成功，才结下了我与电子技术的不解之缘。

图 1.3.2 矿石收音机材料

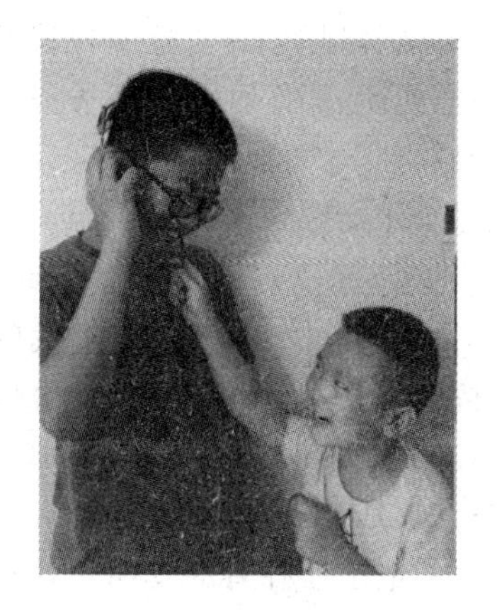

图 1.3.3 收听广播情景

1.4 永不磨损的磁鼓

记得录像机流行的年代，好不容易才凑够钱买回一台，真可谓“从泡菜坛子里捞出来的”。当时说这机器采用的是永不磨损的钛表面磁鼓。听到“永不磨损”几个字，总在想为啥要“永不磨损”呢？磁鼓“永不磨损”，其他部件也是“永不磨损”吗？要是其他的部件坏了呢？那这个“永不磨损”有意义吗？

几年过去，终于知道“永不磨损”真的没有必要。其实最好是所有部件寿命相同，这样才能使整个寿命变长。现在的手机就有寿命不一样的问题，电池坏得最快，能换电池的还好办，不能换的就只有一同归天了。

图 1.4.1 磁 鼓

当然，如果说“永不磨损”只是宣传用的广告词，那我就是多虑了。

不可否认，磁鼓做得这样好是件好事。如果我们设计时，能把各个部件的寿命都做得很长，最好同寿命，那就再好不过了。当然还要环保，要是能降解那就圆满了。不要像玻璃钢之类的那样坚硬牢固，不好重复利用。

没有见过磁鼓的，看看图 1.4.1 就知道长啥样了。可以看出，做得相当精致。

1.5 一个二极管打天下

如果你看到图1.5.1这个拉线开关有亲切感的话，那你可能就是爷爷辈的电子爱好者了。亦或是你在偏远的农村生活过，才会看到这样的东西。这是怀旧。

图 1.5.1 拉线开关实物

还得讲一个20世纪80年代的事情，一位初中文化（有些发明家恰恰是文化不高的人，因为他们没有被那么多的条条框框所约束，敢想又敢干，飞机都敢造）的电子爱好者的发明。这里不是为了炫耀这个技术有多了不起，而是让大家看看那些年、那些人到底干了些啥事情。

这个拉线开关里面有个轮子，有4个挡位，每隔一个接通，拉一下接通，再拉一下断开，如此反复。请看图1.5.2，拉线开关在K1到K4之间反复切换，实现开、关灯。

爱好者（记不得名字了），也可以叫发明人，巧妙地在图1.5.2的电路上加了个二极管，见图1.5.3。当开关在K3位置时，灯泡亮度减半，也就是半波整流（严格说不是很科学，对电网不利）。这样一来，这个开关就可以实现全亮（K1）、关（K2）、暗/亮度减半（K3）、关（K4）的循环。在亮度减半时耗电减半，同时也就节能了。

据说这个产品在当时卖得相当的火，钞票哗哗地来。当时我也很"火"，是上火。这么简单，为啥我就没想到呢？即便是想出来，也不一定能下决心把它生产出来。静下心来想，人家就是比自己高明。千万不要以为人家只会这一招，好主意可能多了去了。之后，我总是告诫自己，要学会羡慕，不要嫉妒，打不过的敌人，就跟他成为朋友。

这个简单的发明，也成了当时各大电子技术学校老师讲课的案例，讲得那叫眉飞色舞。

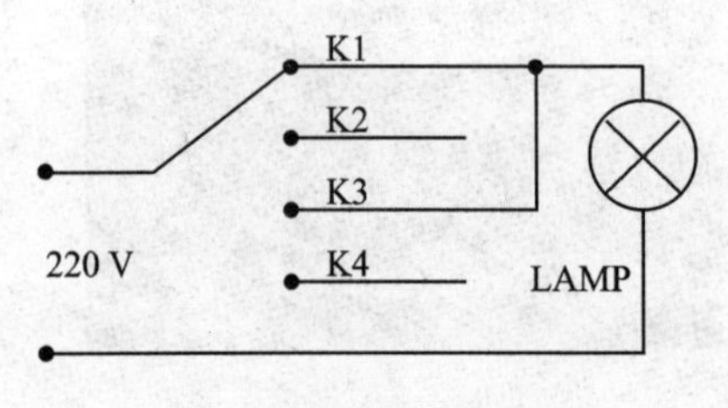

图 1.5.2 拉线开关电路

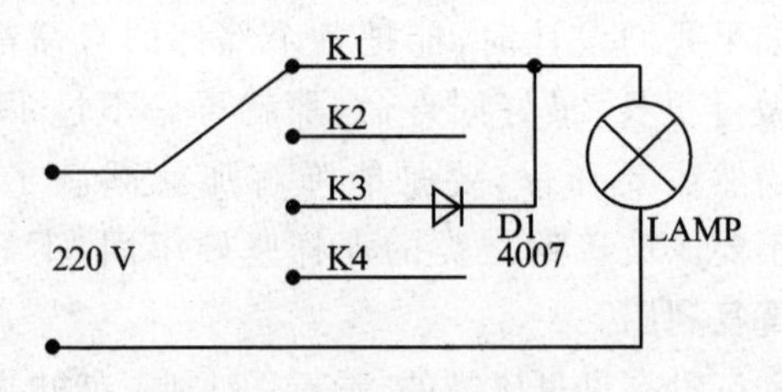

图 1.5.3 调光拉线开关电路

一些电热毯调温、电热取暖器调温、熬药罐的调温，也是采用这种方法。有没有想过为何不用可控硅来调温呢？可控硅不是还可以实现无极调温吗？

还要来个题外话，以前好多公厕里用两个同样功率（功率不同会一个亮一个暗）的灯泡串联使用，灯泡承受的电压减半，灯泡寿命也就相当长，避免经常更换。如果你也见过这种接法的话，那你就不要装嫩了，老革命当定了。

1.6 我的励志说

我不大喜欢励志故事，也不喜欢心灵鸡汤。有些东西是与生俱来的，成长环境、经历对人的影响都很大，几乎就决定了一个人的一生。励志故事对那些一时还没有开窍的人是有用的。但最好不要给30岁以上的人讲励志故事，会适得其反，即使有效，也可能将他逼上传销的道路。最好的办法是让他穷途末路，他自然就会大彻大悟。

还记得刚刚去深圳的时候，说实话，心里根本就没底。在赛格电子市场看到一块用单片机控制的8个LED灯循环闪亮的电路板，久久没有离开，心情也久久不能平静。连这个我都不会，未来我该咋办？一夜难眠，自己该何去何从？这么大一个城市能容下几千万人，难道就容不下我一人？

从此买书，买实验板。白天上班，晚上看书，日积月累，就这样走过来了。说来艰辛，但也乐在其中。至今虽未做出惊天动地的事情，但有了自己的一席之地，养活了家人，走了正路，觉得也是值了。

1.7 大师兄其人

大师兄是师兄弟几个中技术最牛的一个，年龄也比其他几个稍微大一点。叫他大师兄，不是因为他年龄最大，主要是因为他能力强，又非常勤奋的缘故，大家都是心甘情愿地叫他大师兄的。

大师兄生在一个非常普通的家庭，成天将自己关在房间里摆弄无线电。由于没钱买元件，冬天就到河里去淘金（因为夏天河里涨水没法淘，只有冬天才能淘），一双腿在冰冷的河水里泡一天，最好的时候一天可以淘到一克金，但大多数时候一天下来也就能淘到10来块钱的金。白天淘金，晚上就把淘回来的金沫子放在容器里，在火炉上融化成一个整体。那些淘的金，留了几克准备结婚给对象打戒指外，其余的都卖了，钱都用在了买元件上。

结婚以后，他就在县城里搞家电维修。电脑刚开始出现在普通家庭的时候，他就开始买配件自己组装。他自己组装的电脑，比别人家买成品花的钱还多。内存不够，买！买回来不对，又买！不小心硬盘又摔坏了，再买！就这样折腾，没日没夜。据他自己说，有时一周都没上床睡过觉，困了，就躺在沙发上睡一会儿。不仅不做家务，还把家里摆得乱七八糟，路都没法走。老婆对此很不满，负气回了娘家。好在老丈人还理解他，对他老婆好言相劝，才使他们的生活恢复了正常。在他玩电脑有所收敛的时候，大家发现他对电脑也是相当熟悉了，在电脑上编程，啥高级语言、汇编语言都会。

大师兄是玩家。一天安装十多次操作系统的事，总是让师兄弟非常佩服。

由于对电脑技术的精通，找他修电脑的人很多，在小县城里很有名气，也挣了一些钱，还买了自己的房子。

大师兄不是名校的高材生，英语水平不高，但他在用英文版的 99SE 时，却毫无障碍。

大师兄还在《电子报》上发表过几篇文章，我曾在网上搜过他的一篇《单片机控制的晶闸管三相灯光控制器》文章，如图 1.7.1。最为神奇的是，我的文章也有一篇被收录到这里，缘分！还记得他写这篇文章的时候，叫我帮他修改，他说“我去给你泡茶”的情形。

中国重要报纸全文数据库
1 湖北 赵生宏;十二路微电脑彩灯控制电路[N];电子报;2001年
2 福建 晨星家电;过零触发可控硅稳压器[N];电子报;2001年
3 成都 刘国君;2E系列可控硅功率控制器[N];电子报;2001年
4 四川 史为编写;可控硅的几种典型应用（下）[N];电子报;2002年
5 深圳 杨安勇;89C2051控制的电冰箱保护节电器[N];电子报;2002年
6 广东 阮树森;一款人体感应开关[N];电子报;2002年
7 江苏 鲁思慧;新型CMOS开关去抖器MAX6816及应用[N];电子报;2002年
8 深圳 张万金;单片机控制的晶闸管三相灯光控制器[N];电子报;2004年
9 山东 李保军;自动无功补偿用复合开关[N];电子报;2005年
10 范文;温度控制器的简单运用[N];广东建设报;2005年

图 1.7.1　中国重要报纸全文数据库截图

还记得，他将奋战了 5 天才装好的电子管功放机送给了我，我很感动，至今都经常想起这些事。

最可惜的是在 5·12 汶川地震中，他走了。他再也不能和大家谈笑风生了。他画的 99SE 封装库，大家至今都还在使用。

图 1.7.2 所示是我家的电子数字管时钟，它就是大师兄亲手所做，至今还在与岁月同行。

图1.7.2　数字管时钟

1.8　一个干扰，一段姻缘

这是一位资深的老专家给我讲的故事：他在北大读书时学的是电子计算机专业，他老婆和他是同班同学。当时他们做电子管放大器实验的时候，同学们都按时完成了，可他老婆（当时不是）始终没有解决一个干扰问题，用示波器看输出波形始终有毛刺，别的同学都走了，他好奇地去看为何有毛刺，也帮忙检查，查到最后发现灯丝供电连线与信号线靠在一起了，把线分开，毛刺就没有了。就这样两人慢慢好上了。他说感谢那个干扰，不然追不到他老婆。

后来他从事了航天事业，在香港设计集成电路。他把他设计的运放送给我几个，就是图1.8.1那个IC。IC的管脚至今都没有一点氧化的痕迹。当时他们公司叫利达微，芯片上可以看到有LD的字样，型号是LD082，这些都是用在航天方面的。

图1.8.2是嫦娥一号卫星发射时的纪念品，是他参加庆功会时发的，他特意多要了一个送我，至今保存完好。

那些难忘的记忆，都是一些芝麻大的小事，但却想忘都忘不掉。

图1.8.1　运放LD082

图1.8.2　嫦娥一号模型

1.9 意外的触电事故

记得那是一个暑假，学校有个过道要安装一个灯泡。当过电影放映员的校长亲自上阵，来了一回带电作业。他拿了把木椅子，把鞋子脱了，穿着短裤，站在木椅子上开始安装。

不一会，他的小儿子跑过去看热闹。小儿子一把抱住校长的脚，瞬间校长从椅子上摔了下来。这突如其来的场景把我给吓懵了，我赶紧把校长扶起来，校长说他触电了，我说咋会呢，不是有木椅子吗？他看看小儿子说，都怪他。我这才明白过来，他儿子光着脚站在地上，然后抱他光着的腿，这才触了电。

这不是编出来的故事，是真实的事情，有些事情它真的就有那么巧。

一不小心就出事。带电操作千万小心，一点也马虎不得！记住，被淹死的大多是会游泳的。

1.10 电脑为何从 C 盘开始

有个年轻人问我，电脑硬盘为何从 C 盘开始，而不是 A 盘、B 盘呢？

早期的电脑 A 盘是 3.5 吋，B 盘 5.5 英寸(1 英寸＝25.4 mm)，硬盘就从 C 盘开始编号了，然后就是 D、E、F……A 盘被现在的 U 盘取代了。3.5 英寸软盘驱动器见图 1.10.1，3.5 英寸软盘见图 1.10.2。

随着技术的飞速发展，这些东西也慢慢淡出人们的视线，变成了古董。当我们再看到它的时候，像看见多年不见的老朋友，特别亲切。

图 1.10.1　3.5 英寸软盘驱动器

图 1.10.2　3.5 英寸软盘

1.11　为何牛触电了，人却没有

记得在很早的时候看过一篇文章，现在来重温一下。文章里写到，一次下大雨，村民都赶紧回家，有个村民牵了一头牛，可是牛倒地不起，怎么也站不起来。

后来有个读书的青年看到有高压线断了，掉在地上，他意识到这很危险，他告诉村民是高压线掉在地上引起的触电。大家都觉得不可能，人都没触电，不可能只有牛触电。他给大伙解释了这是由于跨步电压引起的，牛的前后脚跨度大，跨步电压高就触电了；人的跨步电压还没到有感觉的程度，所以没有触电现象。

如果人或牲畜站在距离高压电线落地点8～10 m，就可能发生触电事故。这种触电叫做跨步电压触电，图1.11.1、图1.11.2是情景照片。遇到这样的情况，可以小步离开，或者双脚并拢跳离高压电线。

图1.11.1　跨步电压示意图

图1.11.2　跨步电压情景照片

在大街上看到掉落的电线不要去触碰，以防触电。下雨涨水的时候，大街上的地面景观灯漏电事故时有发生，得多加小心。

1.12 信用社的收音机被盗事件

当年在大家都还买不起收音机的时候，我们乡的信用社就买了一台电子管收音机。那声音真好听，我总是喜欢站在信用社门口听，经常听得入了迷。

后来信用社发生了一起盗窃案，居然把我给卷了进去。事情很简单，就是信用社的电子管收音机被盗了，钱和其他财物都没有被盗，锁没有被撬，窗户没有被撬，排除内贼的可能性。当时没有监控摄像头，也没有 DNA 检测啥的，这个案子查起来就有难度了，查来查去也没查出个所以然。就有人说有个小孩总喜欢来听收音机，也得盘问盘问。派出所的人把我叫去，各种的提问，我也如实地回答了。我都不知道他们到底要干什么，难道怀疑是我偷的？

聪明的警察还是从我说的话中找到了答案。就是我说看到一个开东方红拖拉机的大叔手里拿了一把锁，和信用社的那把一模一样(类似图 1.12.1 中的那种锁)。原来是，开拖拉机的大叔看到信用社的那把锁后，就去买了一把一模一样的锁，把挂在门上没有锁上的锁偷偷换了。信用社的人走的时候就用被换了的锁把门锁上。到了晚上，大叔用它换的那把锁的钥匙把门打开，把收音机偷走后，再用信用社原来那把锁锁上，就这样收音机就被他偷走了。

图 1.12.1 挂锁照片

后来开拖拉机的大叔被批斗了，还戴个尖尖帽游街。这种事情是历史的产物，估计今后不会再发生了。

经过这件事，让我明白了不能偷东西，一个邪念会毁了自己的一生。

1.13 王 水

可以说在教科书上很难看到有讲助焊剂的，所以还得在这里啰嗦一番。还记得很早的时候，不知道为何能用焊锡把洗脸盆(以前的搪瓷盆)窟窿焊好。好不容易才在街上打听到，原来修理师傅用了叫“王水”的东西。把王水点在打磨光的金属部分，焊锡就能焊上了。

好多年以后才弄明白王水是啥东西。王水和焊锡膏是一个原理，也就是助焊的，一是隔离空气防止氧化，另外增加毛细作用，增加润湿性，助焊和防止虚焊。松香也有同样的效果，但松香的助焊能力很有限，只能用在铜或已经上过锡的地方。

在电子产品中不到万不得已，一般不用焊锡膏。焊锡膏有腐蚀性，清洗不干净，会腐蚀元器件，一般用松香就可以了。有些焊锡丝里面已经有松香了，焊接一般不需另外加松香。

王水如图1.13.1所示，其颜色为浅棕色，是由1体积的浓硝酸和3体积的浓盐酸混合而成的(严格地说，是制取混和酸所用的溶质 H_2NO_3 和 HCl 的物质的量之比为1∶3)。王水的氧化能力极强，曾被认为是酸中之王。一些不溶于硝酸的金属，如金、铂等，都可以被王水溶解。

图1.13.1　王　水

1.14　电流到哪里去了

有个刚刚学电子技术的小伙子问我，他的电路板上电流是0.2 A，他用的电源是一个开关电源，开关电源的电流是10 A，他始终没有想明白，10 A的电流，只用了0.2 A，那其余的电流呢？是不是9.8 A都给浪费了呢？那可太吓人了。我告诉他，自来水没有放出来，水到哪里去了呢？他一下就明白了。

这种情况还真不是个案，类似的情况还不少。初学者总会闹笑话，在笑话中成长，在头发花白的时候再讲给年轻人听，又是一个有趣的回忆。

第 2 章

人员与设备安全

2.1 一次事故

这件事情发生在“文革”期间。有个大“走资派”要批斗。为了弄出点动静，一个“积极分子”找来了十几发电雷管和一些电线，还把学校实验用的电瓶也拿来了。

“积极分子”爬到一棵槐树上，把十几发雷管接好，把线从树上扔下来。瞬间，十几发雷管全响了，“积极分子”就像一片树叶一样飘了下来，当场炸死了。

后来才知道，“积极分子”把电瓶放在槐树下面，扔下的电线刚好碰到电瓶裸露的接线柱上，雷管就爆炸了。

由这个事情我们可以看到，任何一丝的马虎，都可能造成不可挽回的后果。

2.2 一眨眼就犯了个错

这事是听朋友讲的。有个年轻的父亲，给电子表换纽扣电池，小孩在一旁看。等他心急火燎地换好电池，再找换下的旧电池的时候，却怎么也找不到了。他怀疑小孩把电池吞到肚子里去了，就把小孩送医院检查，电池果然在小孩肚子里。还好，医生用磁铁吸了出来。这位父亲犯了错，好在及时发现了，不然后果就严重了。

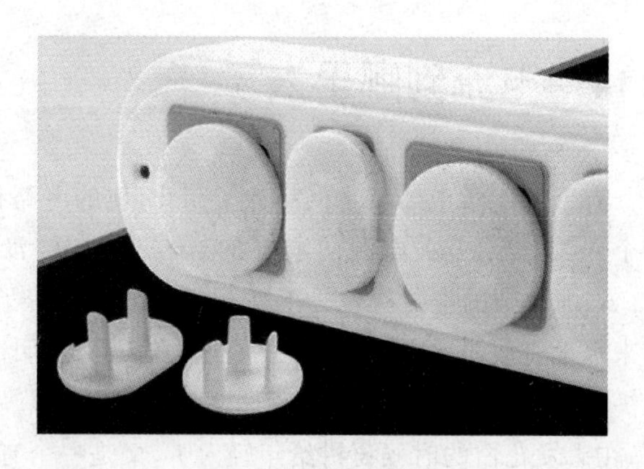

图 2.2.1 插座保护盖

奉劝家里有小孩的电子爱好者，别忘了把那些危险的东西及时收好。比如电源插座，可以买个图 2.2.1 所示的这种插座保护盖，把不用的插孔堵住，防止小孩用金属物体去捅。

2.3　并联电容不当的后果

开发一款 GPRS 模块产品，除了 GPRS 通信外，还有从模块输出的音频信号。音频信号通过一片 5 V 功放 IC 放大后接扬声器。单片机、功放用 DC12V 电源经 LM2576 稳压成 DC5V 为整机供电，如图 2.3.1。GPRS 通信正常，但是音频有杂音。

为了解决杂音的问题，首先想到的是滤波，怀疑是滤波不良。于是就拿 2 200 μF/25 V 的电容，直接并在图 2.3.1 的 C1 两端，没有焊接，觉得这样更快捷，更能感觉到声音的变化。并上电容后，声音依旧，还是有杂音。又将电容拿到 C2 两端并联，可是并过之后电路就不正常了。查了半天，发现单片机坏了。换个单片机，重新下载了程序，正常了。接着又将刚才的电容并在 C2 上，看到单片机接的发光二极管一闪，亮度比正常时大一些，然后单片机又坏了。一时没有想通，不敢再试了。最后才想明白，刚才电容在 12 V 电压处并联过，上面已充有 12 V 的电压，当把它并到 5 V 端时，这个 12 V 就加到了单片机上，单片机是 5 V 的，当然就损坏了。如果在 12 V 上并联后，把电容上的电放掉，再并到 5 V 上，就不会有这样的问题了。

还记得在很早以前修电视机的时候，电源部分电容上的电没放掉，手碰上了，打得跳脚。所以像开关电源等有高电压电容的地方要特别小心，断电后要将电容上的电放掉后再操作。

在设计有高压滤波电容的电路时，最好在电容两端并联一个泄放电阻，起到断电后将电容上的电放掉的作用。阻值可以选大一些，选小了则电阻会白白地耗电。

电容的使用需要注意，极性不要接错，要有耐压的余量，不然会炸掉。

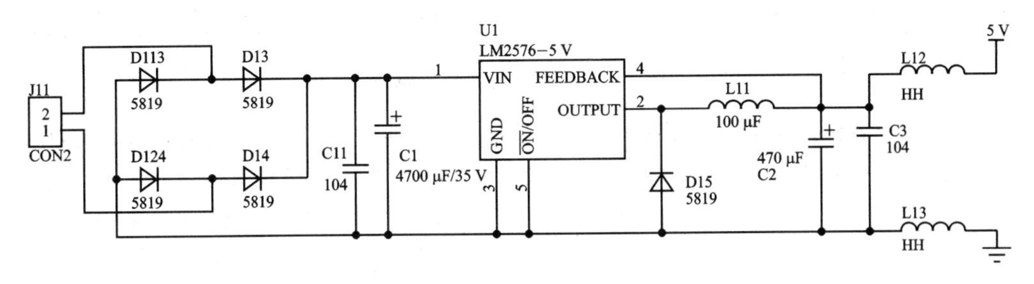

图 2.3.1　并联电容实验电路

2.4　易损坏的电容降压电路

电容降压电路在很多产品中可以看到。早期遥控开关就多采用电容降压，还有比如说小夜灯，也用到电容降压。电容降压的好处是不用体积大、价格高的变压器，但电容降压电路整个都会带电，也就是通常说的热底板，碰到任何部件都可能导致触电，所以要特别小心！通常的做法是，工作部分先用隔离电源调试好，再把电容降压

电路调试好，最后进行联调：

下面是降压电路的计算公式，读者可以参考：

以 C1 的容量为 0.33 μF 为例，电容在电路中的容抗 $X_c = 1/(2\pi f C) = 1/(2 \times 3.14 \times 50\ \text{Hz} \times 0.33 \times 10^{-6}\ \text{F}) = 9.65\ \text{k}\Omega$。

流过电容器 C1 的充电电流(I_c)为：$I_c = U/X_c = 220\ \text{V}/9.65\ \text{k}\Omega = 22\ \text{mA}$。

通常降压电容 C 的容量与负载电流 I_o 的关系可近似为：$C = 14.5\ I_o$，其中 C 的单位是 μF，I_o 的单位是 A。并在电容两端的电阻是泄放电阻，断电后将电容上的电放掉，以免触电。

有人说这种电路是阻容降压，有人觉得不妥。说阻容降压也不是没有一点道理，起作用的是电容，但电阻是保证安全的，所以叫阻容降压也是可以的。有单独用电阻降压的电路，不过电阻只有几十 kΩ。上面的近似计算公式非常实用，但是别忘了电容降压的功率是有限的，千万不要以为只要加大电容就能无限制地提高输出电流。牢记“松土不可深挖”的古训。电容降压带个继电器什么的还是可以的，大功率场合还得用其他的办法。

如果需要开发一款价格要低，体积又要小的产品，则可以不理会开关电源，就用这个电容降压吧。

电容降压电路大致有下面几种，如图 2.4.1，详情可网上查询。

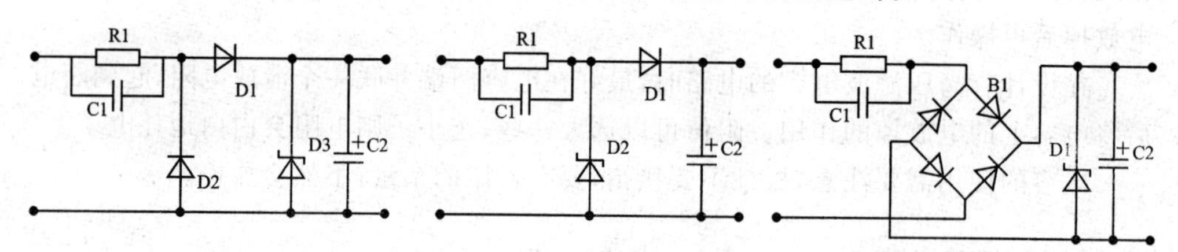

图 2.4.1　基本电容降压电路

选择电容降压电路中的稳压二极管，要根据降压电容计算出的电流值来确定，稳压二极管的标称电流值要远大于计算出的电流值，否则稳压二极管随时都有可能损坏。由于电容降压具有恒流的特性，适合给恒定负载供电。如果负载变小，稳压二极管上的电流就会增加，能量会消耗在稳压二极管上，容易损坏稳压二极管。

我要说的重点不是上面这些，这些只是一个铺垫。要说的是曾经开发过的一款产品中用到了电容降压，图 2.4.1 的几种方法都采用了，但老是损坏稳压二极管。稳压二极管损坏后，电压升高，单片机也坏了。有些稳压二极管通电之后很快就坏了，有的则坚持的时间长些。后来我发现它们大多是在通电过程中损坏的。通过多次实验，在电路上加电阻 R1，可起到缓冲的作用，如图 2.4.2 所示，之后就再也没有坏过。也就是在稳压二极管前串联一只电阻就可以了，阻值几百欧或更小些。图 2.4.2 中的 R2 就是前面提到的泄放电阻。

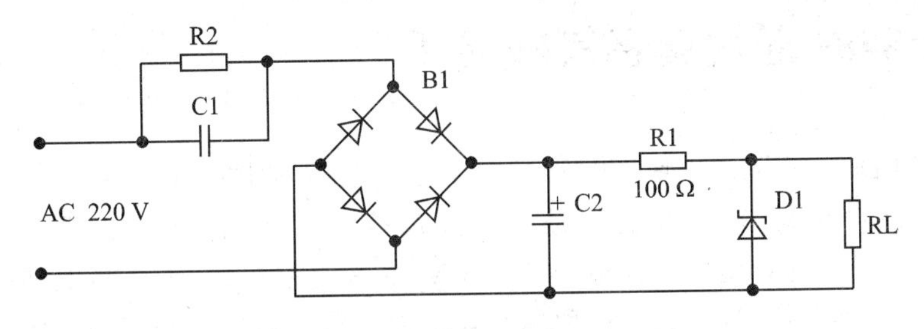

图 2.4.2 改进型电容降压电路

2.5 可怕的锂电

自从手机普及以来，锂电事故众所周知。我所经历的锂电池爆炸，发生在手机还没流行的年代。当时是在一个设备上使用了锂电，一个工人私下拆卸时爆炸了，好在没有伤到人。从图 2.5.1 可以想象出它的破坏力。从此我就埋下了惧怕锂电的种子。但话又得说回来，老虎那么凶，还是有人给驯服了。所以还是多懂点相关知识为好，摸透它的特性，就可以驯服它了。

使用锂电要注意，第一必须是正品，第二不要私自拆卸。同时要做到以下几点：

图 2.5.1 锂电爆炸后

1）储存的环境温度范围在－20～ 35 ℃，相对湿度在 45%～75% 。长期不使用要定期充电到容量的 10%～50%，这样可以防止损坏。

2）锂离子电池充电采用恒流加恒压的方式。也就是说，先以一个恒定的电流进行充电，当电压达到 4.2 V(视具体的锂电池而定)时转为恒压充电。

3）锂电池放电终止电压不低于 2.75 V(视锂电池的具体情况而定)。

4）禁止将电池浸入水中，避免受潮。

5）禁止在热源旁(如火、加热器等)使用或放置电池。特别要注意不要在高温下(如强烈阳光下或很热的汽车中)使用或放置电池，否则会引起过热、起火或者功能衰退、寿命缩短。

6）不要造成过载或短路，避免损坏保护电路。

2.6 RS485 芯片莫名其妙损坏

一款用 DC/DC 隔离模块供电的 RS485 通信电路，如图 2.6.1，输入电压为 5 V，输出电压 VCC 也是 5 V，其目的是起到隔离抗干扰作用。这个电路 VCC 供给 RS485 芯片，芯片能承受的最高电压为 5.5 V，芯片总是损坏，更换多次都有这个问题。曾怀疑是芯片质量问题，但这种芯片在其他电路中使用又好好的。经过检查发现，VCC 电压居然接近 6 V，其原因是 DC/DC 模块 VCC 端所带负载很小，所以电压就比较高，加上足够的负载后，VCC 确实是 5 V。RS485 芯片损坏是因为电压太高所致，其连接电路如图 2.6.1。后来只有在输出端 VCC 串联二极管 1N4007 来解决，如图 2.6.2，实物如图 2.6.3。利用 1N4007 的管压降将电压降低 0.7 V，将供给 RS485 芯片的电压降低，以后再也没有发生损坏 RS485 芯片的现象。

要注意，在购买器件时一定要买正品，买回来后最好先测试一下，看看特性是否符合要求，符合要求再用。

与其说 RS485 芯片莫名其妙地损坏，还不如说自己干事情莫名其妙。

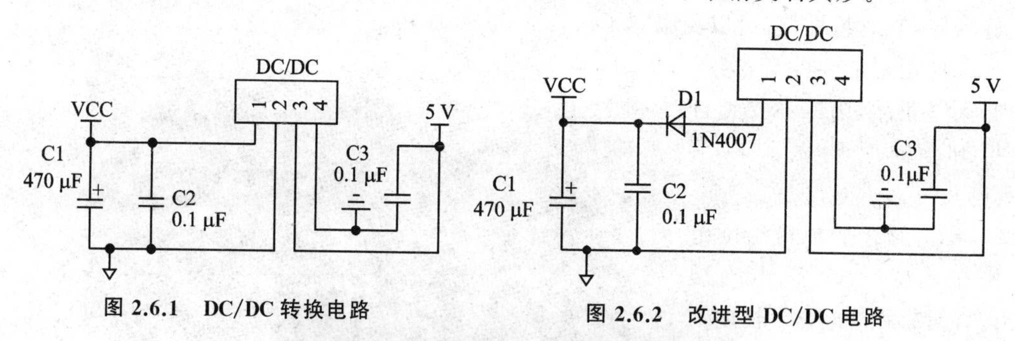

图 2.6.1　DC/DC 转换电路

图 2.6.2　改进型 DC/DC 电路

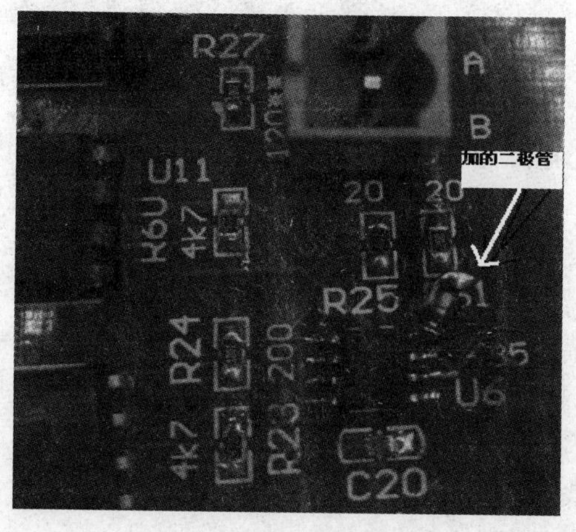

图 2.6.3　DC/DC 改进后实物

2.7　可控硅保护电路

先来看看下面这款带保护功能的稳压电路，如图 2.7.1。如果能在 5 s 内看出画图人的意图，那你也算老江湖了。学生问我，怎样才能考 100 分？我说，如果你知道老师出题的意图，那你就能考 100 分了。

由图可以看出，电路是一个整流滤波稳压电路，可控硅是保护元件。如果稳压后的电压超过 Z1 的稳压值 5.6 V，就会使其导通，导通后就会触发可控硅导通，然后 1 A 保险烧毁，这样就保护了后面的电路。

提醒大家，如果保险烧了，一定不要用铜丝或和原来不一样的保险代替，要用同型号的替换。如果更换保险后还烧，就不要再换了，说明有严重故障；如果再换有可能把故障范围扩大，查清故障并排除后，再上电不迟；不然噼里啪啦烧一堆，接下来就该吃后悔药了。

其实这个电路在接 1 A 保险的情况下，可控硅（电流要远大于 1 A）导通后就短路，通过烧掉保险丝的方法来保护后面的电路不是不可以；但也不要忘了，在这样的电路里，也有可能在保险丝烧毁的同时，可控硅也会同归于尽，这点值得重视。可控硅的电流要远大于保险的电流，当保险的电流选择不当时，不宜采用这种方法。常言道，汽车压罗锅，死了也直了，说的就是这类事情。

上面所说的类似保护电路，在开关电源等场合也有用到，如图 2.7.2，这个电路使用也比较普遍。压敏电阻电压超过限制电压就会导通，导通后将保险 FU 烧毁，保护后面的电路。只要元器件参数选取得当，用得恰到好处，是没有任何问题的。

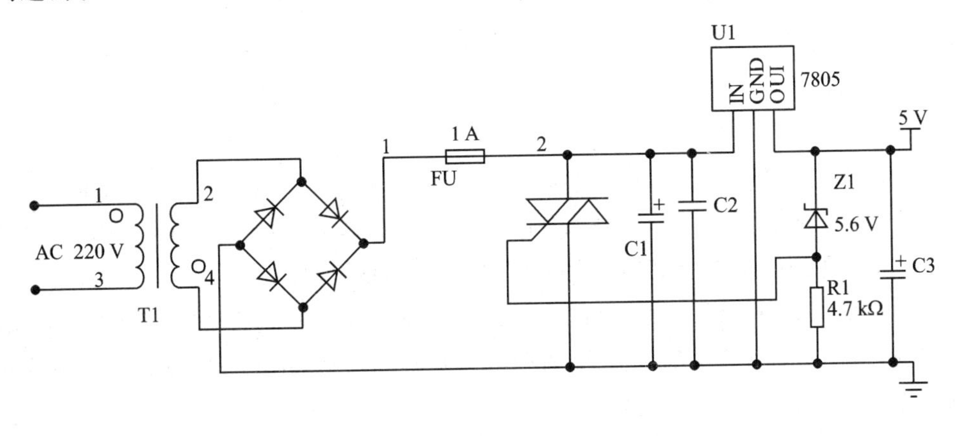

图 2.7.1　带保护的稳压电路

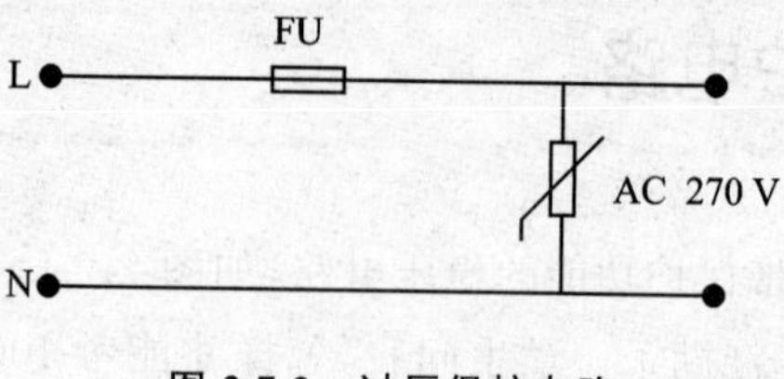

图 2.7.2 过压保护电路

2.8 给可调电阻垫个底

图 2.8.1 和图 2.8.2 的不同之处在于,图 2.8.2 加了个电阻 R(270 Ω)。在一个电路里,按图 2.8.1 连接,用来调节发光二极管的亮度,上电后,发光二极管就被烧毁了。不是有 2 kΩ 的可调电阻 RW 吗？怎么会损坏 LED 呢？

图 2.8.1 可调节发光二极管电路　　图 2.8.2 改进型可调节发光二极管电路

问题是 RW 当时已调到头了,也就是等于 0 Ω 了！即使调到中间,万一误调,指不定就调到 0 Ω 了,也就是根本无法知道可调电阻到底处于啥位置,充满风险。后来,改为图 2.8.2 就好了,不管怎样调,都有 R 在那里起限流作用。这就和喝酒前先吃点东西,醉得不会那么快是一个道理。

电阻 R 的取值计算:当 RW 的阻值为 0 Ω 时,R 应使得流过 LED 的电流在亮度为最大即可。假设发光二极管最大亮度电流为 I,那么 $R=(\mathrm{VCC}-1.5)/I$。只要做到 RW 的阻值为 0 Ω 时 LED 不为损坏时的最大值就可以了。

这里要说的不仅仅是这个 LED 的电路,其他地方用可调电阻也要注意,要能触类旁通,这样才能达到目的。比如,有些电路是不能开路的,也可以在可调电阻上并联一个适当的电阻,在可调电阻滑臂的时候,确保不为开路。

说点题外话:早期的发光二极管,实在是不咋地,在 5 V 电压的情况下,限流电阻 270 Ω,还是不怎么亮,手摸时还有热感。现在的发光二极管,5 V 电压时,限流电阻

2 kΩ 都还很亮。特别是晚上睡觉的时候,光线太亮真是不舒服。能不能在夜晚将亮度调得暗点再暗点,没必要时,干脆就不亮呢?

设计产品时要注意一些细节,使产品更加人性化。

2.9　0 Ω 电阻到底能不能当保险用

关于 0 Ω 电阻的用途,有多种说法。理论上讲,0 Ω 电阻是没办法当保险用的,因为 0 Ω 电阻上的压降也为 0,那么消耗的功率也为 0,也不会发热,它不会烧毁;但有人说,0 Ω 电阻不会是真正的 0 Ω,多少都有点电阻,所以还是可以当保险用的。这个也有道理,除非是超导材料,否则再怎么样都会有电阻的。

用实验来证明会更有说服力:将 1 V 的直流电压加到 0 Ω 电阻上面,电流在 8 A 时烧掉了。也就是说,0 Ω 电阻确实不是理想的 0 Ω。那么,它是不是就可以拿来当保险用呢?回答是:看情况。如果电流要求不严格,仅仅是为了在特殊的情形下用是可以的。比如,在开关电源的输入端串联一个 0 Ω 的电阻,可以防止异常情况下把电路板烧毁是可以的。其实有的设计是用很细的敷铜线当保险,但敷铜可能更难烧断。在要求比较严格的情况下,用专门的保险才是明智的选择。

0 Ω 电阻除了上面说的用途外,还可以当跳线、代替编码开关、电流检测点等用途。既然有 0 Ω 电阻,肯定就有其用处,天生我“材”必有用嘛。

2.10　排线的教训

在用 RS232 转 TTL 电平接头的时候,电路板按图 2.10.1 连接,开始一直顺利。这个连接是用排插直接插上使用的。可是有一次没有注意,不小心将排插插反了,电源正负极刚好接反(即 1 脚和 4 脚反了),结果把单片机给烧了,不仅可惜还挺麻烦。后来改成图 2.10.2 的接法,再也没有出现过这种情况了。从图 2.10.2 可以看出,如果插反了,电源正极接的是 TX,负极接的是 RX,而单片机管脚是不会因接了正极或负极而烧毁的,容易损坏的只是电源接反的情况。

使用可拔插的排线时,排列顺序要有讲究,要避免误插损坏元器件。在使用多个接插件时,一定要注意尽量不使用位数相同的排线,哪怕是留有空位也没关系,这样就不会造成误插。当然也可以采用不同形状的接插件加以区别。在机箱里使用相同的接插件时,只要保证不会造成误插即可,比如利用排插线长度的限制防止误插。

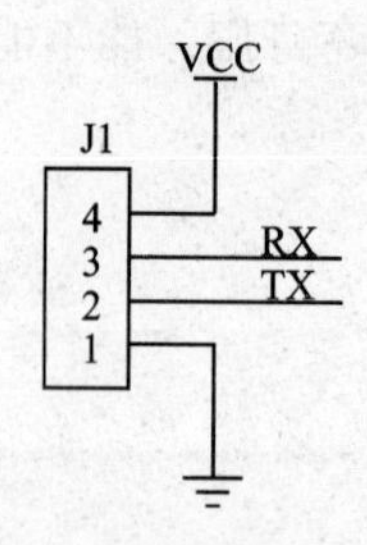

图 2.10.1 RS232 程序下载连接图

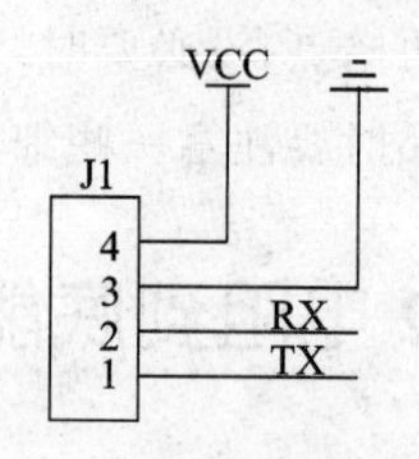

图 2.10.2 RS232 改进后的程序下载线连接图

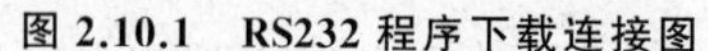

2.11 硬件延时互锁电路

在电工技术里,互锁是非常重要的概念。比如,电动机的正反转控制电路,如图2.11.1,接触器 KM1 和 KM2 是绝对不能同时吸合的。即使是控制电路没有同时吸合的可能,也要互锁。因为如果接触器粘连,或有异物(如虫子)将接触器卡住,即使控制电路断开,而触头不能断开,那么就会造成短路。一般是利用辅助触头来实现互锁,从图 2.11.1 控制部分可以看出,接触器线包串联对方的辅助触头实现互锁,线包 KM1 串有 KM2 的辅助触头,线包 KM2 串有 KM1 的辅助触头。如果 KM1 没有真正断开,KM1 的辅助触头就不会闭合,KM2 就不能吸合;同理,KM2 也一样。这样就避免了同时吸合造成的严重后果。

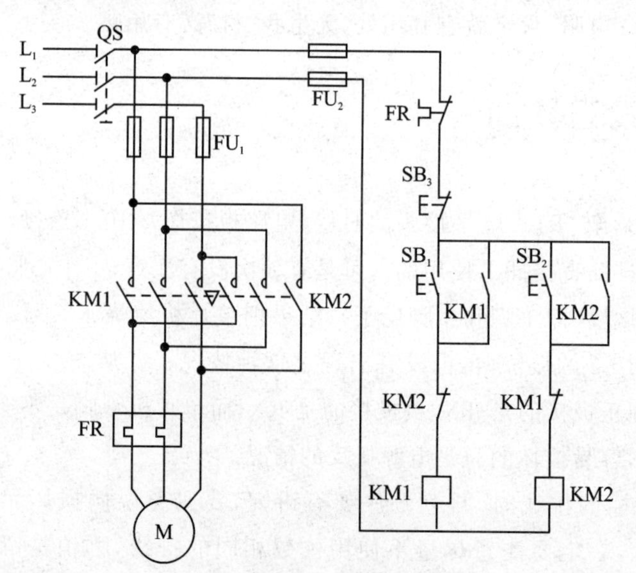

图 2.11.1 电动机正反转电路

我们来看图 2.11.2,这是一个线路防盗的主电路。夜晚 KM2 闭合供 220 V 照明电压，到了白天，KM2 断开，KM1 闭合，给线路供 12 V 交流，作为防盗用的信号。KM1 和 KM2 利用辅助触头互锁。就此看，是没有任何问题的。但在实际使用中发现，保险 BX 在切换时有烧毁的现象。经过分析，不是保险本身的问题，也不是保险的额定电流选小了，而是因为 KM1 和 KM2 切换太快所致，KM2 断开后 KM1 立即闭合，由于线路有电容、电感等的存在，KM1 吸合瞬间将保险 BX 损坏。简言之，KM2 断开后，需要延时才能将 KM1 闭合，反之亦然。

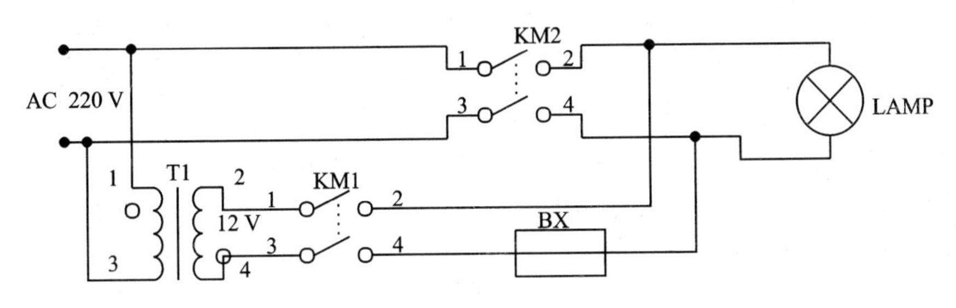

图 2.11.2 线路防盗前端电路

为解决上面的问题而设计的电路如图 2.11.3 所示。由 R1、R8、D5、C2 组成对电容 C2 的慢充快放电路，充电时通过 R1 对 C2 实现，放电时通过 D5、R8 实现，R8 远小于 R1，放电较快。另一部分 R3、R7、D6、C1 原理与此相同。P10 与单片机连接，非门 U1A 是为了为控制 J1、J2 状态相反而设。当 P10 为高电平时，通过电阻 R1 为 C2 充电延时，延时后 Q2 导通继电器 J1 吸合。当输入端 P10 变为低电平时，C2 上的电通过 D5、R8 快速(R8<<R1 充得慢，放得快)放电，继电器 J1 很快释放，同时 U1A

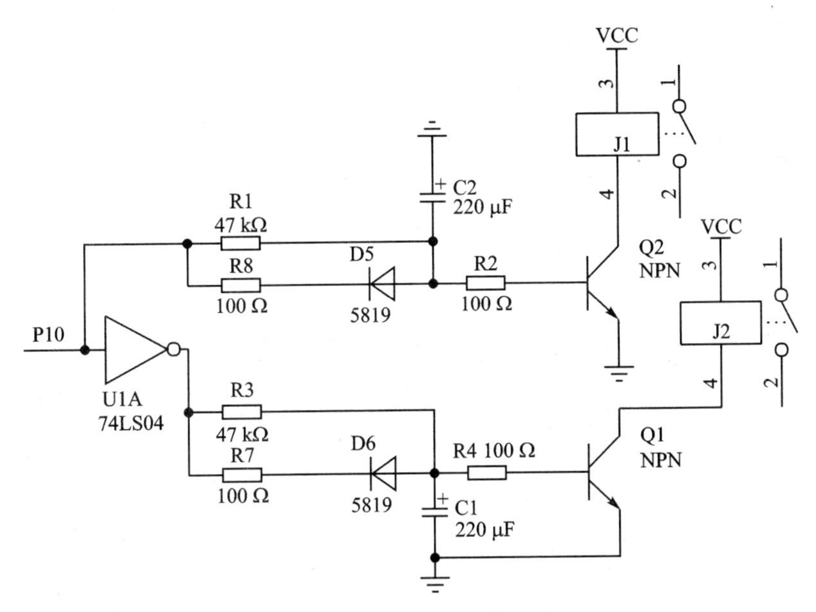

图 2.11.3 延时互锁电路

输出为高电平，通过 R3 对 C1 充电延时后使 Q1 导通，J1 释放的时间远小于 J2 吸合的时间。如此反复，就实现了断开—延时—闭合的循环过程。使用这个电路一直很正常，再也没有损坏过保险 BX 了。Q1、Q2 使用达林顿管。J1、J2 的触点驱动接触器，接触器要用辅助触头互锁。

有人可能会说，直接用单片机的两个管脚单独控制，可以实现延时，很容易做到的嘛。是的，单片机很容易实现这个功能。但是我们知道，单片机如果异常，比如死机等，假如同时出现高电平，那就可能使两个继电器 J1、J2 同时吸合。所以，这也是无奈之举，但也是万全之策。

图 2.11.4 是图 2.11.3 所示电路的延伸应用。图 2.11.3 所示电路的继电器 J1、J2 始终有一个导通，无法实现同时断开。我们把图 2.11.3 所示电路改成图 2.11.4，用单片机的两个管脚分别控制。大家知道，单片机在上电瞬间管脚会有高电平出现，死机后管脚电平难以确定。如果两个继电器闭合与断开要避免冲突，不能同时吸合(哪怕是极短的时间也不行)的情况，那就要避免风险。

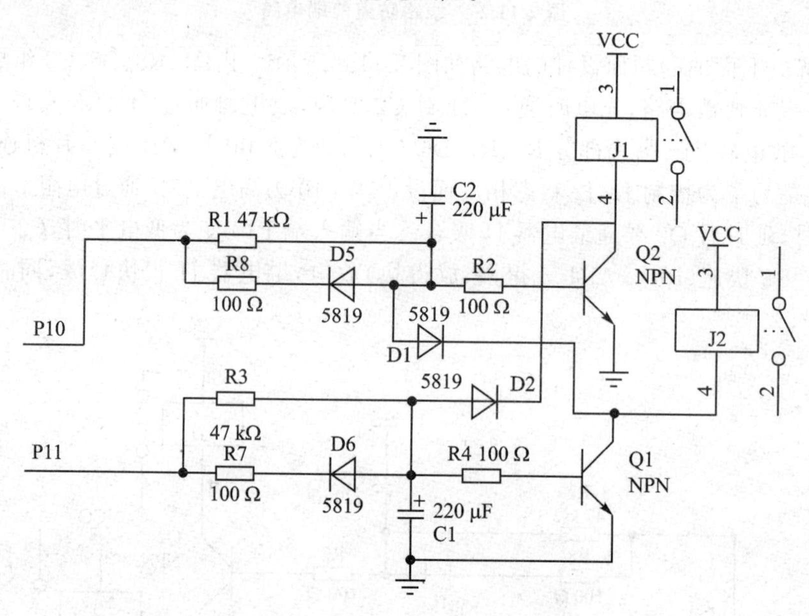

图 2.11.4　两路控制的延时互锁电路

我们用图 2.11.4 所示电路来避免两个继电器同时吸合的问题：如果 P10、P11 有一个为高电平，一个为低电平，当 P10 为高电平时，通过 R1 向 C2 充电，延时后 Q2 导通 J1 吸合。Q2 的 C 极为低电平，通过 D2 使 Q1 基极拉低锁死 Q1(使基极为低)，此时 Q1 不会导通。当转换时，P10 为低电平，P11 为高电平，C2 通过 D5、R8 快速放电，Q2 截止时 J1 释放。而 R3 对 C1 充电较慢，J1 释放后一定时间 J2 才会吸合，J2 吸合通过 D1 锁死 Q2(使基极为低)。如果出现 P10、P11 同时为高的异常情况，由于 C1、C2 的容量差异，以及电阻 R1、R3 的差异，总有一个先充到三极管导通的电压，一个导通后，另一个就被锁住（导通三极管的C极变成低电平，通过二极管把另一个三极管的B级拉低）。当P10、P11都为低时，Q1、Q2都截止，J1、J2释放，J1、J2没有同时吸合的问题。

注意，这个电路如果用在要求极其严格的场合，还是需要后面的接触器利用辅助触头实现互锁的，以防万一。前面反复强调的安全问题，那也是有原因的。记得有一次湖南的一个服装城发生火灾，损失上亿元，当时就有人说可能是我们的节电器故障引起的。听到这话，真的太吓人了，弄不好得坐牢，这可不是闹着玩的。后来得知那场大火是电视机起火造成的，我们才松了一口气。如果不对安全问题引起足够的重视，那后果真的是吃不了兜着走，甚至兜都兜不走。

2.12　接反了的插头

你有没有见过图2.12.1这样的连接方式？我是在建筑工地的工棚里亲眼见到的。既然都看到了，还是把它呈现给大家。你看有何不妥？有安全隐患吗？插头A在插到插板之前，要是手摸到插头A，后果就很严重了。很显然这是一个外行干的。

不懂就不要乱来。看到有问题，立即纠正！

我们再来看图2.12.2所示电源线插头的设计。公头总是插到有电的插座上，插上后虽然有电，但这时金属部分已经摸不到了。母头的金属部分（有电）一定是不易触摸到的，这样才能确保安全。所以我们在设计的时候一定要注意这类问题，注意公头与母头的连接，不要让公头在没有插上时有电。千万不能出安全事故，不仅是人身的安全，还有设备的安全，两者都很重要。

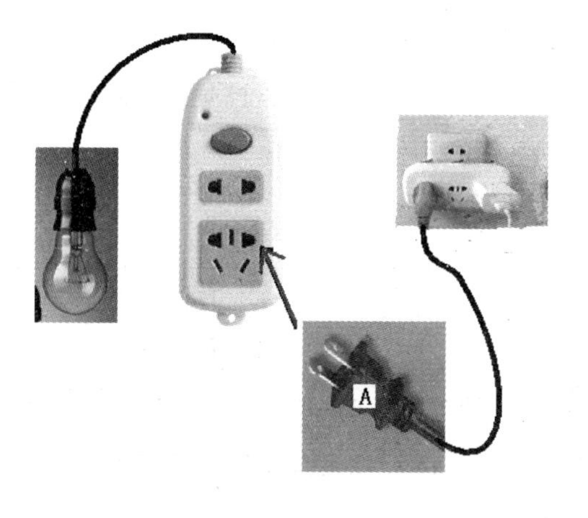

图2.12.1　错误的插头连接图

图2.12.2　电源线插头

2.13 防电源接反电路

如果在设计的产品上有外接电源输入，则要考虑用户误接电源产生的后果。特别是有极性的电源，极性可能接反；接反了就有损坏后面电路的风险，同时也有损坏电源的风险。在电路上加二极管就是防接反方法之一。最好用管压降小的肖特基二极管，如图 2.13.1。这种方法的缺点是二极管上有压降，会消耗电能。如果负载电流不大，可以使用这种方法，简单易行。

还有用图 2.13.2 的方法，这个电源接反时，会将保险烧掉，同时对电源也有一定的冲击。要注意如果没有保险，千万别这样，有损坏电源的可能，这种方法要根据具体情况选用。

图 2.13.3 是用 MOS 管做成的防电源接反电路。电源接反时，MOS 管 Q1 是不会导通的；接对时，通过 R1、R2 分压，W1 稳压使 MOS 管 Q1 得到栅极电压而导通。W1 上有压降，还得益于 MOS 管里的寄生二极管，由于这个二极管提供了通路，在 W1 上才有压降。这里的 D、S 是反着接的，这在某些应用里是可以的。它不像普通三极管 C、E 不能接反，MOS 管导通后，可为后面供电。由于 MOS 管的导通电阻是毫欧级的，比用图 2.13.1 好多了，特别是在大电流时，这种用法就显出它的好处了。这个电路稍微复杂一些，用在高档设备上较为合适。但也有为了让用户感觉“高大上”，故意把电路弄得很复杂的大有人在。

还有图 2.13.4 的防反接电路，其缺点是用二极管多，耗电更大。

如果大家都按规矩来做，就不会有这些麻烦了。比如，电源正极用红色线，负极用黑色线等。大家可以想想，如果要制造能防止逆行的汽车非常麻烦，还不如大家都遵守交通规则，你说呢？

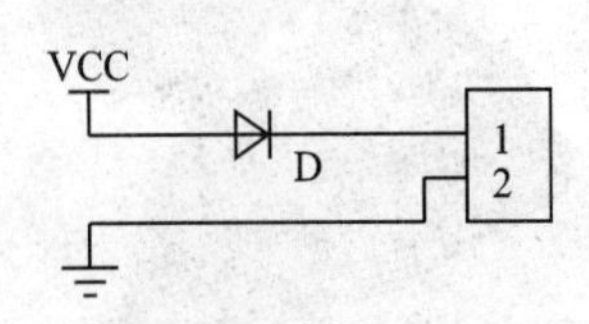

图 2.13.1 串联二极管电源防接反电路

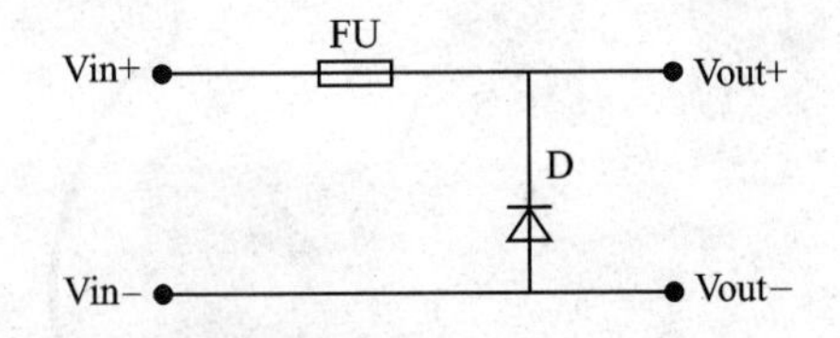

图 2.13.2 并联二极管电源防接反电路

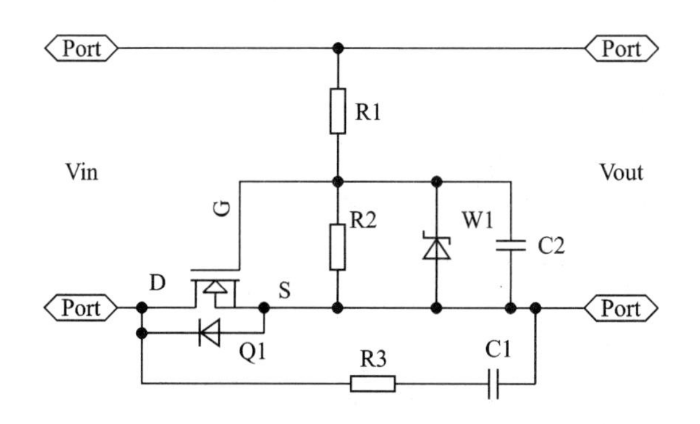

图 2.13.3　MOS 管电源防接反电路

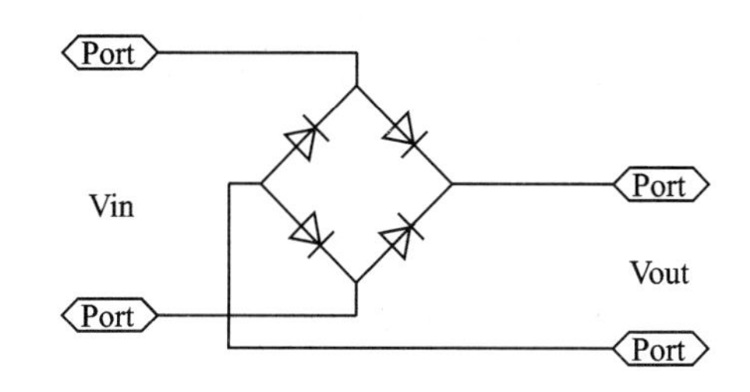

图 2.13.4　全桥防接反电路

2.14　春节期间烙铁一直在发热

每年春节想回家的心情，估计很多人都体验过。车票不好买，还要买礼物，好多事情要做，忙得不可开交。恰巧在要放假的那天，不知道是哪位做实验把空开（“空气开关”的简称）弄跳闸了，检查发现必须换新的才行。老板一看这不是一两下能搞定的，当即就宣布放假。大家立刻像离弦的箭一般没了踪影。

等到春节后回来，第一件发现的事情是烙铁没关，是走时检查空开故障时忘了关的。还好，没有引起火灾。如果起火了，那后果可不堪设想，想起来脊背骨都发凉。

后来就按图 2.14.1 做了个开关。电路原理是：来电后可控硅没有被触发，负载没有电。当按下开关（常开）AN1 后，可控硅触发导通。导通后，由于 R4、D、C1 组成触发电路，通过 R3 触发可控硅继续导通并保持，AN1 释放后也能维持。需要关闭时，按下 AN2（常闭）后可控硅失去触发信号而关闭，AN2 即使再闭合也不会再次触发。但在实际使用时发现，这个电路只有在停电后，再来电才是关闭的。平时很少有停电的现象，忘记关电源（未按 AN2）还是会一直有电。看来治了标还没有治本，脚痛医脚的医生都是这么干的。

之后就直接改用单片机控制，电路如图 2.14.2。上电后，继电器不吸合，按下 K1 后继电器才会吸合，吸合后开始计时，8 h 后自动关闭。如果需要提前关闭，在定时结束前，按一下 K1 即可提前关闭。这就解决了忘记关闭的问题。还有一种方法就是，用本书中介绍的智能插座实现智能控制。

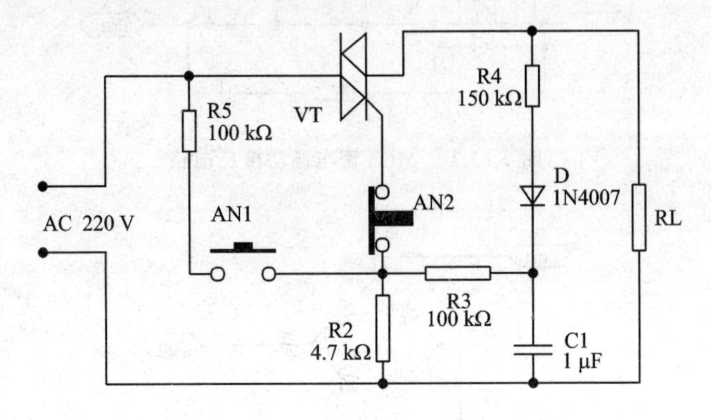

图 2.14.1　停电自动关闭电路

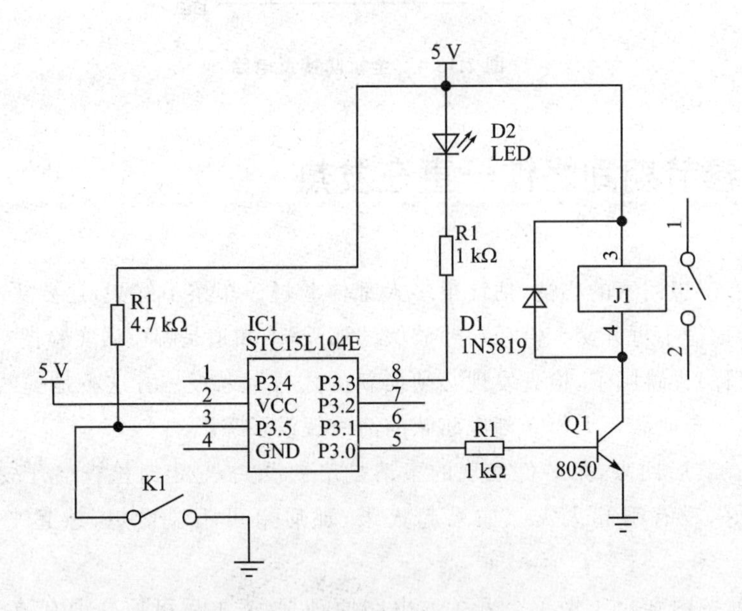

图 2.14.2　单片机控制定时开关电路

2.15 说说安规电容

安规电容是指在使用的过程中，即使电容器失效，也不会导致触电或损坏其他元件，不危及人身和设备安全。无论电容以哪种方式发生故障，失效或损坏都不会出现短路，只能出现开路，这就是安规电容不同于其他电容的特点。普通电容不具有这样的特点，普通电容损坏有可能会导致短路，这就是它可恶的地方。如果在有安全隐患的地方使用，就没有安全保障。一个好的产品，安全保障是最基本的要求。

我们来看一个开关电源的电路图，如图 2.15.1。变压器 T 的左边是热底板，是带电的，触及任何部件都会导致触电。T 的右边是输出部分，通过变压器隔离，是不会有安全问题的。我们要特别注意的是电容 C6，它的作用是抗干扰，为满足电磁兼容而设。如果图 2.15.1 中电容 C6 失效，无非两种情况，要么开路，要么短路。开路不会对后面有影响，开路就相当于没有接；短路就会将前面的带电热底板直接与后面连通，后面也就带电成了热底板。如果人触及后面部分，就会有触电的危险，但电容 C6 是安规电容，就不会有这个问题。当然安规电容还有耐压等级、容量等参数，这里不是讲开关电源，就不详述了。至于图 2.15.2 中的 X 电容、Y 电容，只是根据它连接的结构形式起的名字而已，看上去像字母 Y 所以就叫 Y 电容了。

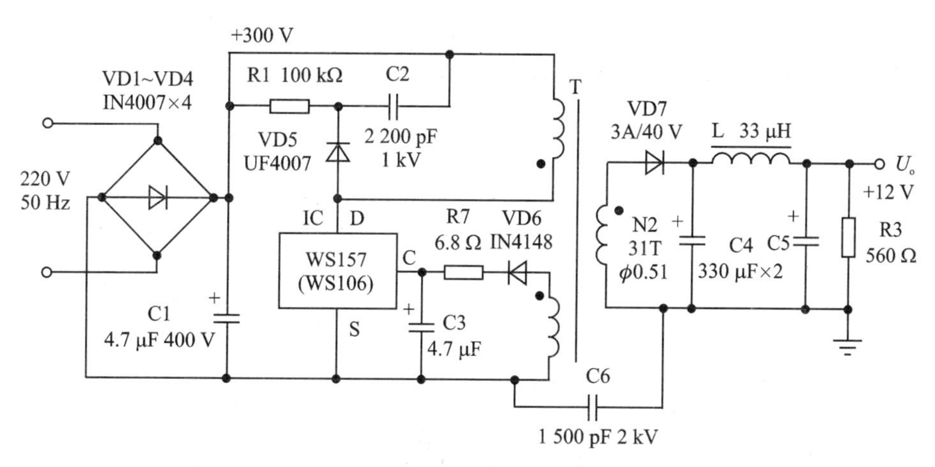

图 2.15.1 开关电源电路

但是要注意，这里 X 电容和 Y 电容不仅仅是接法上的不同，还有如下不同点：

(1) 连接方式不同。跨接在 L 和 N 线间的是 X 电容，用来消除差模干扰；而 Y 电容是跨接在 L－GND 和 N－GND 之间的电容，用来消除共模干扰。

(2) 容量不同。X 电容是 μF 级的，而 Y 电容是 pF 级的。

(3) 材料不同。X 电容是金属化聚丙烯薄膜电容，Y 电容是高压瓷片电容。

图 2.15.1 中由于电容 C6 的存在，用测电笔可能测出图右侧＋12 V 输出是带电

的，但这并不影响使用，也不会有安全隐患，这一点一定要注意。那么，如何才能确定后面测得有电但又是安全的呢？用氖泡测电笔，在前后分别测试，观察氖泡的亮度。如果前后亮度差别比较大，说明是没有问题的；如果亮度没有差别，那么就要用其他方法测试好再使用。可以从图 2.15.1 看到，是由于 C6 的存在，才会在+12 V 端测试时使测电笔发光。

顺便提醒大家一句，廉价的电子式测电笔往往是测不准的，没有把握时不要轻易使用。在现场安装时，先在有电的地方确认测电笔是好的，再进行后面的操作。我遇到过这种倒霉的事情，当时房间灯坏了，拿测电笔测试，测电笔没有亮，于是就开始操作，结果触电了。后来才发现测电笔是坏的，其实是有电的，这回算白白地挨电打了，那滋味比碰到麻筋难受多了，当然也长记性了。

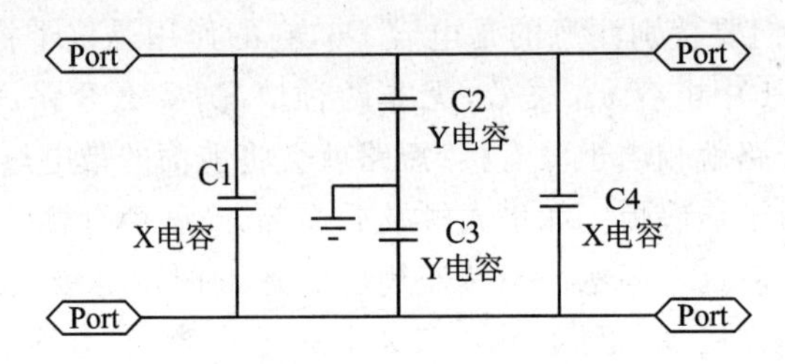

图 2.15.2　X 电容 Y 电容电路

2.16　交流稳压器电路设计的安全性

下面说一下调压器的设计，图 2.16.1 是一个采用自耦变压器作交流稳压器的简单电路。输入的是 220 V 交流，通过接通不同的绕组实现稳压。控制电路检测输入电压，并控制 K1～K4 的开闭达到稳压的目的。不知道你有没有看出这个电路的问题所在。当然，正常情况下是没有问题的。往坏处想，假设 K1 闭合后，触点粘连无法断开，这时 K3 又闭合了，我们看会发生什么事情：这时 K1 到 K3 的两组线圈短

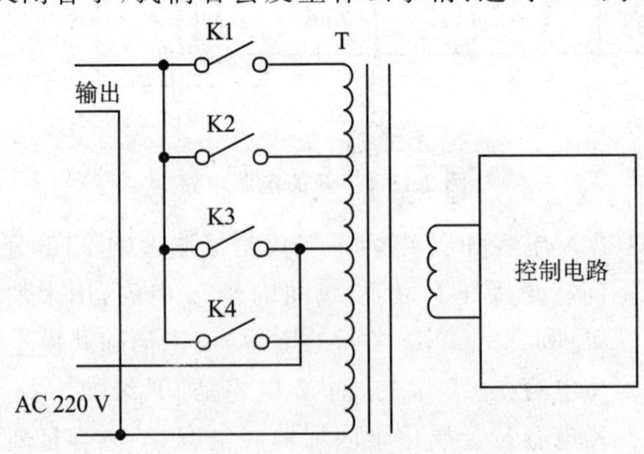

图 2.16.1　交流稳压示意图

路！由于每组线圈都有电压，这种情况就可能损坏变压器，甚至造成更严重的后果。这个设计是有问题的，不能用于实际。

在考虑问题的时候要注意，实现了某个功能的同时，会不会在某个特殊的或异常的情况时出现不好的后果，这种思维方式非常重要，这又往往是刚入行的人最容易忽略的问题。多作一些可能的假设是必须的，万一有瑕疵呢。

我们再来看图2.16.2的电路，这里用的是单刀双掷开关切换档位，实际用的是继电器。以K1、K2为例来说明，假设K1触点粘连，K2动作，K2与下面的触点接触，吸合后没有任何线圈被短路，这样无论继电器如何跳动，都不会有问题，这个设计就很完美。右边的电路比较简单，就是根据输入电压的高低分别切换各个继电器的触点，K1～K6随电压的升高依次吸合，或随电压的降低依次释放，实现稳压。

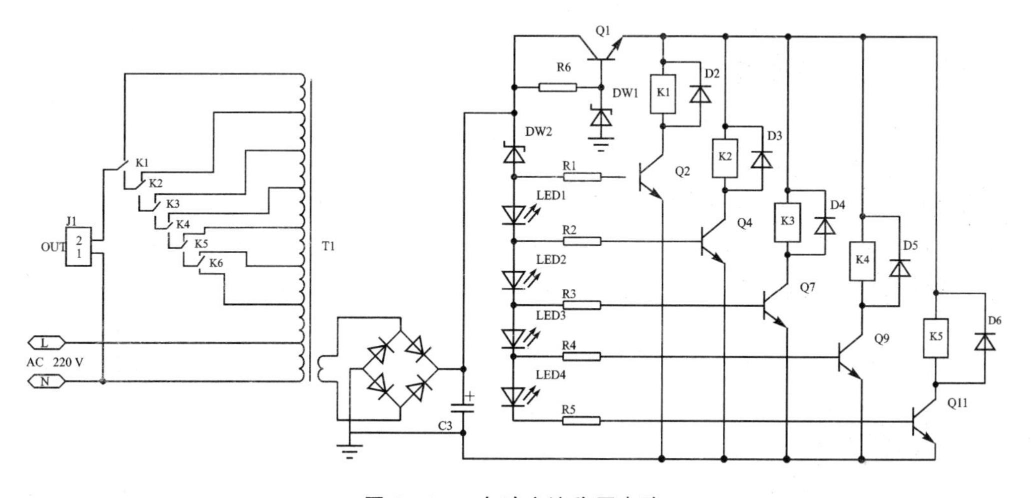

图 2.16.2 自动交流稳压电路

2.17 值得探讨的稳压电路

在网上看到一幅图，如图2.17.1。该图有啥问题没有？只说1N4007和3.3 V稳压二极管：5 V电压通过两只1N4007后，电压为$U=5.0\ \text{V}-0.7\ \text{V}\times 2=3.6\ \text{V}$，也就是3.3 V稳压二极管上有3.6 V的电压，稳压二极管必然会导通，这个电流非常容易损坏3.3 V稳压二极管，即使不损坏，也会发烫、耗能等。稳压二极管必须在额定电流范围内使用，并且要有足够的余量，一般都有限流电阻。如果这个电路的3.3 V稳压二极管上串联限流电阻，那又不能稳定输出电压。所以，用这种方法来稳压是不妥的，不如直接就用3.3 V的稳压芯片，如LM1117－3.3 V来稳压，还不需要画蛇添足地接1N4007和3.3 V稳压二极管，何乐不为呢？

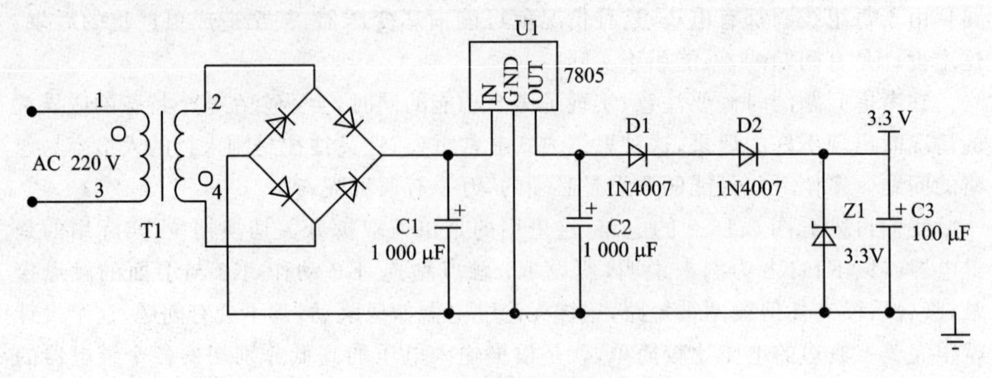

图 2.17.1　3.3 V 稳压电路

2.18　巧用隔离变压器

不知道你有没有这样的经历：在实验的时候，把空气开关（简称空开）弄跳闸，把其他人的电脑弄得突然断电，几个小时没有保存的文件给弄丢了，自己也怪不好意思的；或者在调试带电底板时，不小心被电打一下，弄得心烦意乱。这些事我都经历过。后来就订做了一个 200 W（功率视需要而定）的隔离变压器，如图 2.18.1。这个变压器输入 220 V，输出两个 110 V，一个 12 V（10 W）。在用于隔离时，把 6、7 脚接在一起就可得到 220 V 输出电压。连接时要注意同名端，否则输出电压不对。当需要 110 V 时，直接从 5、6 脚或 7、8 脚接出来就可以了。12 V 电压可供电路板低压供电。当然有人说，变压器再多加几个抽头不是更好吗？

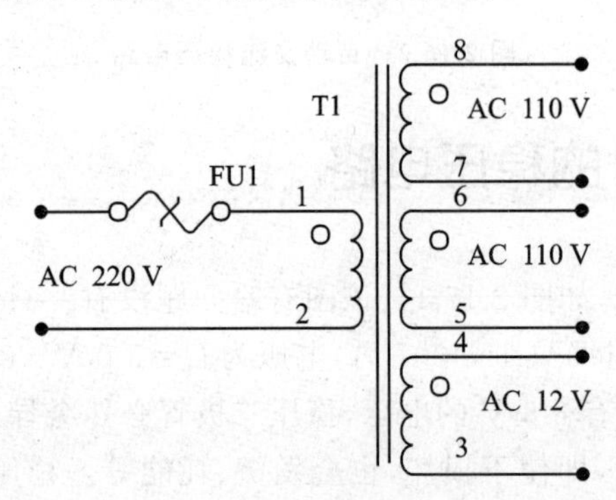

图 2.18.1　隔离变压器

我们来看看这个变压器的好处。它可以得到隔离的 220 V、110 V、12 V 电压；可以防止触电，特别是像开关电源、电容降压电路等的调试，特别有用；可以防止过载引起的跳闸，由于变压器有过载能力，即使输出短时间过载，也不会烧毁，不会引起跳闸，这个特点非常有用。当有过载时，变压器会发出咯噔一声，你就知道过载了，赶紧断电。要注意，用变压器防止过载和直接用保险丝来防止短路、过载还是不一样的。

单用保险丝的方法还是可能引起跳闸等更大的故障。当然用变压器时，保险还是要用的，再加个空开，必要时在隔离变压器上加过载保护更好。看看市售的直流电源都有过载保护功能，预防短路等。

2.19　切纸机开关的设计

切纸机有非常锋利的切刀，将要切的纸放在刀下，需要用手在刀下操作。如果因为操作失误，或切纸开关误动作，那后果是很严重的。

我们来看切纸机的切纸开关的设计，如图 2.19.1，左右各一个开关，两个切纸开关同时按下，才能完成切纸操作。由于两开关分布在左右两边，有一定距离，一只手是没法同时操作两个切纸开关的，两个切纸开关是不带锁的，只有两只手同时按下，才能完成切纸操作。这个设计的好处是，当操作切纸开关时，手就远离切刀，两只手都不会在切刀下，两只手都要用来操作开关，强迫双手远离切刀。在摆放切纸时，即使有一个开关误触发，但另一个没有触发，也不会产生误动作。两只开关有一定距离的设计非常好，它可以防止用一只手操作两个开关。切纸机还有钥匙开关，在不使用时将其锁住，只有专业人员才可以操作，确保安全。

图 2.19.1　切纸机操作

2.20　家用电器的辐射

辐射污染会影响人体的循环系统、免疫和生殖及代谢功能，严重的还会诱发癌症，并加速人体的癌细胞增殖。辐射还影响人的心血管系统，表现为心悸、失眠、心律不齐、白细胞减少、免疫功能下降等，所以要防止辐射对人体的危害。下面来看看家用电器的一些辐射情况，尽量去避免身体受到辐射的危害。

1. 电吹风

说到家用电器的辐射，往往会忽略体积较小的电吹风，其实它是“辐射大王”。电吹风确实是高辐射的家用电器，特别是在开启和关闭时辐射最大，且功率越大辐射也越大。在使用电吹风时，通过收音机、电视机等都可以感觉得到辐射带来的干扰。特别是对于早期用室外天线接收信号的电视机，一使用电吹风，电视机屏幕上就可以看到雪花点。

2. 电　视

显像管电视在高压电源的激发下，不断向荧光屏发射电子流，从而产生高压静电，并释放大量的正离子，同时还能产生波长小于400 μm 的紫外线。液晶电视产生的辐射比显像管电视小得多。

3. 电　脑

电脑显示器和主机是电脑辐射最大的两个部件。电脑辐射是孕妇流产、不育、畸胎等病变的诱发因素之一。孕妇最好少用电脑，不得不用电脑时，要注意与显示屏保持一定的距离。早期的显像管显示器辐射大一些，液晶屏的稍微好点。

4. 手　机

手机辐射到底对人体有多大危害，如何把危害程度降到最低，成了手机用户最关心的问题。手机辐射的危害到底有多大，至今也没有很确切的说法。

手机在信号不好的时候辐射会更大。据测定，手机在车内或信号不好的地方接通产生的电磁波辐射强度要比在其他场所高好多倍。因为手机的发射功率会随信号的变差而自动增大，发射功率越大，辐射越大。

5. 微波炉

一般情况下，质量好的微波炉只是在门缝周围有一些辐射，不足以对身体造成什么伤害。使用微波炉时，身体要尽量离微波炉远一些。距离与辐射关系密切，距离越远、辐射越小。

第3章 稳定性与可靠性

3.1 现场与实验室的区别

那是一年夏天,在长沙安装城市路灯远程控制与线路防盗设备,天气特别的热。

现场安装完的那天下午,正要吃饭时,恰逢晚上路灯照明时刻。只见路灯亮起后,刚装的线路防盗设备无一例外地报警了!奇怪呀,在公司里不是好好的吗?此时此刻,真不知道说啥好,赶紧开车到了现场。

打开配电柜,看到报警设备上的报警灯闪个不停,确实在报警。小心翼翼地把设备从柜子里挪到外面——咦,报警灯不乱闪了,也不报警了。于是把设备又放到配电柜里——又报警了!如此反复数次。又去其他配电柜实验,结果都一样。好在都是一个结果,说明是同一个问题。只要解决一个,其他如法炮制就是了。

仔细想想设计的电路,触发报警的是一个比较器的输出端,如图3.1.1所示的OUT。输入端的基准电压设在0.5 V,另一端报警为检测端IN。这里只画出电路的局部,是问题的关键部分。比较器第6脚基准电压由R2、R3分压得到0.5 V,当比较器5脚超过0.5 V时,比较器7脚输出高电平触发报警。用万用表量6脚电压,无论在配电柜里面还是外面都是0.5 V,说明这个基准电压还是稳定的。接下来再测5脚的电压,在配电柜外0.3 V,配电柜里0.7 V——是这个0.7 V电压触发报警的。但此时不该报警,触发报警的部分并未触发。由于IN端引线比较长,与其他设备靠的也比较近,感应信号使5脚电压升高到了触发报警的电压值,属误触发报警。IN端在正常触发报警时有3 V电压。于是决定提高6脚基准电压为1 V,改变电阻R3的阻值。改好后一试,问题解决。改好一个很容易,但改好分布在全城的所有设备,4个人花了一个通宵。等改完所有的设备,天已大亮。

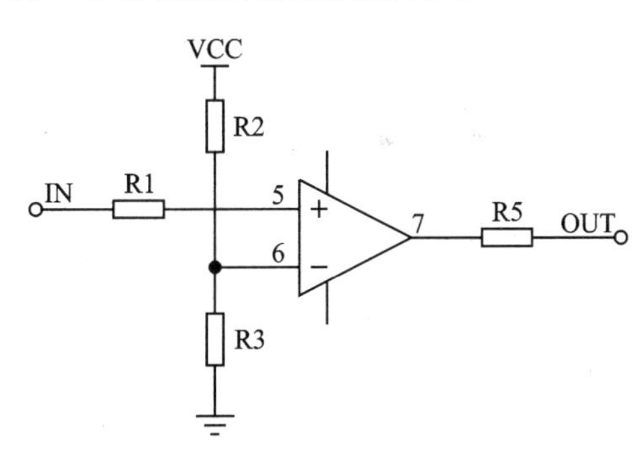

图3.1.1 比较器电路

后悔没有先装一两台样机试好再全面安装，那样也就不会造成这个局面。

由这个案例可以看到，实验室设计的产品本身不一定有多大问题，但现场情况五花八门，电磁干扰无处不在！无法事先预料，先装一两台样机试好再进行大规模安装为上策。

整改事小，声誉受损事大。

3.2 EMC 对话

这个话题有点大，不是三言两语能说清楚的，我只想简单说说实际现场使用的一些方法。EMC 的书很多，我也买过好几本，看完书后，知道了用电容、电感、电阻等元件抗干扰的方法。EMC 的书虽各有不同，但说的都是一回事，无非就是有的重实际，有的重理论。重理论的书，微积分一串一串的，头都弄大了。我不管那么多微积分啥的，我只想把干扰干掉！干掉干扰的方法书上有现成的，大家都知道。问题在于知道在什么时候用什么方法，才是最重要的。这好比唱歌的技巧容易学会，但在何时使用何种技巧，那是难以学会的，技巧用不好会适得其反。下面的一段对话，如果理解了，再加上所学的理论知识，差不多就可以对付干扰了，实践证明真的是这样。

甲：为啥要抗干扰？

乙：因为有干扰。

甲：有怎样的干扰？

乙：不知道。

甲：那你必须弄清是哪种干扰，电场的？磁场的？传导的？共模的？差模的？先查清干扰的来源，要看是高频还是低频，是强电还是弱电，是动态还是静态，是来自空中还是来自线路。周围设备的性质，必须摸清，要看设备的电路工作情况，从设备下手，与哪些设备相连？与哪些设备最近？自身有何弱点？弄清这些，就容易分析出干扰来源与性质。比如接触器动作引起的干扰，那就要从接触器本身查起，还要查接触器闭合后有哪些负载等。

乙：按你这么说，干扰来源应该可以查出来。

甲：知道干扰的类型和来源，就采用相对应的措施。看准了病，下药就不难了。不要以为随便安几个 EMC 的元件就可以抗干扰，一定要"对症下药"。

乙：有道理。

甲：用对方法才是解决问题的关键，不要凭感觉做事。举个例子：你去挖条引水的沟，你心里想，水应该按照挖的沟流淌，等水放来的时候，你才发现前面地势低，后面地势高，水根本不会往高处流，这就是你的想法和实际的偏差。如果现场的配电柜里有干扰，查出是里面的高频设备引起的，只要把高频设备关了就正常了。于是你就拿根导线来，盘上几圈接到大地，但还是不行。问题在哪里？问题就在盘那几圈，盘的几圈就成了电感，高频通不了，咋会到大地呢？这和挖水沟不是一样的吗？

乙：确实是这样。

甲：要采用排除法找到干扰源。就跟警察查案子一样，从多个嫌疑人中，排除没有作案条件的，逐步缩小范围，直到查出坏人为止。可以用关闭、切断、替换等手段去排查。查到源头后对源头进行分析，看是哪类干扰，再想办法解决。遇到疑难杂症可以用试探的方法，比如要排除一个火花干扰，可以用光耦隔离、电源隔离、线路套磁环等方法实验，最终达到解决问题的目的。

乙：好，以后就用这些办法来解决干扰问题。

3.3 狂闪的 LED 指示灯

一块电路板上有 RS232 接口、指示灯、单片机、液晶屏等。电路板做好以后，把代码编译下载进去，各个功能都实现了。

在无意之中发现把电路板挪到桌子上的某个地方，板子上的 LED 灯就开始狂闪不停（程序上没有这样的闪法），而且其他功能也不对了；把板子放回原先位置又正常了，拿起来在空中也是正常的，只要放到桌子的那个地方灯就狂闪，像变魔术一样。

叫来同事看这个现象，大家都觉得奇怪，有同事还拍了视频。一阵嘻嘻哈哈过后，我就陷入了痛苦之中。咋办？那么多本 EMC 的书白看了？可想从书上找到答案，门儿都没有。

把板子挪过来，挪过去，如此反复，狂闪依旧，发呆地看着…… 按理说板子布线没有问题，但这肯定与某种干扰有关，折腾了半天没有任何结果。是不是软件的问题？我们把板子上的串口线和电脑连接，再来实验，狂闪现象消失了！于是就来研究程序，发现这个程序的串口是开启的，LED 指示灯闪动与串口接收数据有关，是串口收到了数据才使 LED 指示灯狂闪的。那为何接上串口线就不闪了呢？应该是没接串口线时为悬空状态，受到了干扰，相当于收到了数据。由于收到的数据断断续续，使单片机不停地中断接收数据，指示灯也就跟着狂闪了，以致于没有时间去执行正常程序，所以就失控了。于是把串口接收程序关闭再试，再也没有出现狂闪的现象了。

后来的一些实验也发现在串口悬空的情况下，的确有可能收到数据，收到的数据大多数时候是“0”。开通了串口的就一定要将串口线接上，没有使用串口的，在程序里就将其关闭。

这个案例告诉我们，单片机没有使用的部分，最好就不要让它工作，特别是悬空的设备要处理好。

活到老学到老，还有三分没学到。

3.4 维修后的 GPRS 模块为何老是掉线

我经常说，一个电路的设计，如果把电源部分做好了，就成功了一半，这话有点夸张。但是反过来说，如果电源部分没有做好，一定不会成功是不是呢？我们必须弄清哪种情况用变压器，哪种情况用开关电源，哪种情况用锂电池——这是常识。

搞音响的都用变压器，因为变压器做电源无谐波，纹波也小，功放机里都是一个大的变压器，很沉。开关电源在音响上用，虽然效率高，体积小，但纹波是难以接受的。难以想象，一首好听的音乐里有苍蝇般嗡嗡的声音混在其中是啥感觉。

工业控制用开关电源就多了，高效，小型化。去大型机房里听听那些开关变压器发出的此起彼伏的吱吱声，你就知道它是大行其道，不可或缺的。

大家公认的最干净的电源是电池，特别是充电电池。但是电池又会造成环境污染。

话说到这里就想起了耍猴戏的，演出前在那里把锣敲得当当当的，老是进入不到“演正片子”的时候。

还是进入正题吧。一款 GPRS 模块坏了，用户说找人修理过后，老爱掉线了。打开仔细观察，滤波电容只有 220 μF，看看焊点，是换过了的。GPRS 模块最大电流在安培级，这么小的电容肯定是不行的，于是换成了 2 200 μF 的，一切正常。

滤波电容至少得按 1 mA 电流配 3～5 μF 的容量较为靠谱，当然这不是绝对的，也要看场合。比如，音响发烧友就喜欢用大容量的电容，把大容量电容叫作“大水塘”，光一听“大水塘”三个字，你就会想到容量不会小。又比如，用于电池供电时，用个 0.1 μF 的电容，就算对得起观众了，就算不用滤波电容也没有啥了不起的。

3.5 低电压供电传输线径小的教训

安装门铃对讲机的时候，使用了自己设计的一台 12 V 的直流电源。现场安装的人说，带不起负载。但之前是作过带载实验的，实验时把几个低压灯泡点得雪亮雪亮的，怎么会带不起负载呢？现场测电源测出来的电压是 12 V，到设备就不足 8 V 了。一问才知道电源与设备距离比较远，供电线又比较细，负载电流也比较大，带不起负载是线路压降大造成的。后来改用较粗的线就正常了。在电压较低的情况下，一定要考虑线路损耗，要不就提高传输电压。这又一次让我想起给学生讲为何要用高压输电的情景。记住，$V=IR$ 这个初中时已学过的公式。

直流电有远供电源的说法，就是把直流 200 V 以上的电源供到较远的地方，再降压使用，就是为了避免线路传输带来的损耗。在电信上可以看到有这样的设备。直流远供电源基本工作原理：即将已有的局端直流－48 V 基础电源，经局端设备升压为直流高电压(280 V/380 V)传输至远端(负载)设备,再经降压至负载设备所需的标准输入电压为远端(负载)设备供电。其目的都是为了降低线路损耗。

3.6 不要忽视温度特性

我们来看图 3.6.1,D1 用 1N5819,LED 会亮吗?不会。当我们用温度调到 300 ℃的电烙铁给 D1 加热呢?加热后,LED 亮了,也就是 1N5819 再也不是二极管了,直通了。

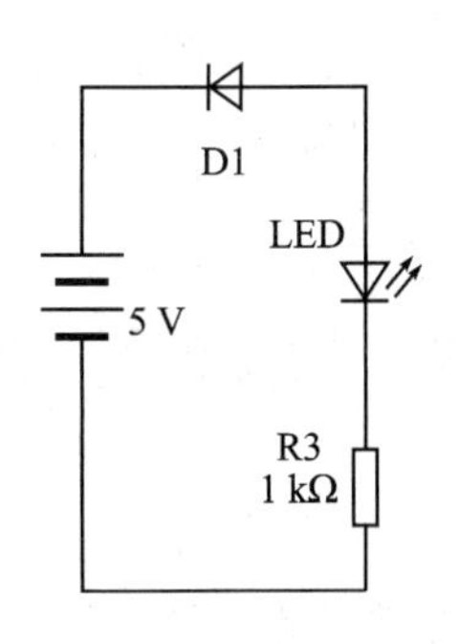

图 3.6.1 温度实验电路

一定要注意产品使用的环境温度,并根据使用环境来选择元件。一般说来,商业级器件的工作温度范围是 0~+70 ℃,工业级的是−40~+85 ℃,军品级的是−55~+125 ℃。

凡是温度超过 125 ℃,那就得特别小心了。元器件在较高温度下特性变化比较大,甚至失效。特别是石油方面的产品,在地下使用时一定要明白,每深入地下 100 m 温度的增加情况。温度随深度而增加的变化速度叫做“地温梯度”。在不同地区,地温梯度有所不同。在我国华北平原,每深入 100 m,温度增高 3~3.5 ℃。在欧洲大部分地区,每深入 100 m,温度增高 2.8~3.5 ℃。如果是地下 3 000 m,温度有多高呢?可以算一算。如果不重视温度问题,设计的产品到现场是无法使用的。

还记得在东北的一个城市安装的路灯远程控制设备,是在夏天安装的。可是到了冬天,一场大雪之后,所有设备都不工作了。当时派人去现场检查,一直找不到原因。雪化了,自然又都好了。后来才查到是无线模块温度范围不对,是模块在低温下无法工作所致。事先是知道温度的重要性的,可到头来还是明白人干了糊涂事。

3.7 单片机的好坏说

经常在网上看到关于哪种单片机更好的讨论,非常热烈,吵得不可开交,甚至惹急了骂人的都有。最怕看到网友骂人了,所以不得不说一说。

没有哪种单片机是完美无缺的,只是特长不同而已。比如低功耗、低电压的单片机,就不要指望它有多稳定,抗干扰能力有多强;稳定性、抗干扰好一些的单片机,就不要指望低功耗、低电压。当然,不是说同样电压的单片机性能上就没有差异。比如,就目前而言,大家都热衷于 STC 单片机,性价比也蛮高的。我实验了多种单片机,发现新茂单片机抗干扰能力比其他要好一些。

在使用的时候,根据需要来选就是了。比如,用干电池供电的设备就选低功耗的,干电池供电的场合估计干扰也不会那么厉害;要在复杂电磁环境中使用的,就选电压等级高、耗电相对多一点、稳定性好的。只要学会用其长不用其短就对了。千万不要有让身高 2.0 m 的人去练体操，让身高只有 1.2 m 的人去打篮球的想法。这和用人一样，用其长，避其短。

没有哪样东西全是优点，没有缺点。人也是这样，体力好的，智力不一定好；逻辑思维力强的，记忆力不一定有多好；耳朵好使的，视力不一定好。这是我个人总结的"能力互补"说。也就是说，一个人在遗传等先天性条件已经确定了的情况下，各方面的能力之和是一个常数，不同的人其常数会有所不同，对一个特定的人而言，一方面的能力强，另一方面就会弱。这也和老祖先的"命里只有八分米，走遍天下不满升"之说有雷同之处。

3.8 "磁环程"的故事

有个现场安装变频器的程姓工程师，经常跟我说磁环有多么多么重要，并且把使用磁环的奥妙也告诉了我。他对磁环相当的痴迷，就连衣服口袋里都有不少大大小小的磁环。一个磁环有这么神吗？好像咱就没有接触过 EMC 似的，真没有让我服。

有天晚上，他约我去神舟电脑总部给中央空调安装变频器。一番折腾之后终于安装完毕。通电一试，不行，失控。一条长几十米的控制线上干扰很严重，无法工作。于是他就从口袋里摸出几个磁环在信号线的两头套上了，将控制线在磁环上穿了好几圈，再通电试，行了。我瞬间就明白他为何老是说磁环的事了。不得不服！后来我就干脆把他叫"磁环程"了。安装现场就如图 3.8.1 的那番景象。让我佩服他的还有一点，就是他把安装现场打扫得干干净净，就连小线头都捡走了，现场看上去比刚来的时候干净得多。

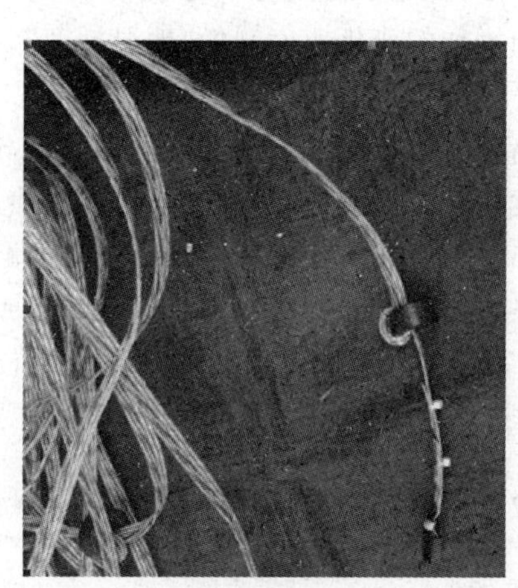

图 3.8.1 磁环安装

现场的情况非常复杂，如何做好 EMC 不是看看书就可以完成的。在现场可是容不得你拿什么仪器去检测，要靠经验，要多从实践中总结。

莫怕吃苦，多去现场，就可以获得给钱都不一定有人卖的宝贵经验。

3.9 小心累死"看门狗"

有很多文章把"看门狗"说得非常重要，多么多么管用，只要有异常，有"看门狗"在怕啥呢。但是，如果一个设备要靠"看门狗"来使它稳定可靠，是非常可笑的。"看门狗"频繁动作，不断地复位，程序反复从头开始执行，那么这个设备就非常不好用。特别是在重要场合，中途复位可能会导致数据丢失等不良后果。

单片机受到干扰后，如果程序失控（乱转，走神，有的叫程序"跑飞"），而不是真正的死机（死机就是完全不能动了），程序照样执行了"喂狗"，"看门狗"也是起了作用的，这时就于事无补了。这好比家里有狗，小偷给狗喂点吃的，东西照样被偷走一样。"看门狗"频繁动作，就好比每时每刻都有小偷光顾，看门的狗非得累死不可。

无论是软件"看门狗"，还是硬件"看门狗"，应该只是在极端的情况下发挥作用。我们要在没有开启"看门狗"之前，设备已经非常稳定的情况下，再加上看门狗以防万一，那才算完美。

"看门狗"的具体实现这里就不讲了，好多书上都有，而且讲得都很清楚，如果再来写，就成了东抄抄西抄抄，又得挨骂了。

3.10　简单却烦人的电炉丝接头

图 3.10.1 所示是老式的电炉，现在几乎没人用这种电炉了。我想用这个电炉的接头来说明一个技巧问题。由于高温电炉的接头很容易接触不良，甚至烧断，这是因为在接头处温度较高，非常容易氧化造成的。我们把电炉丝接头处弹簧状的电阻丝拉长后，与发热部分拉开距离，就易于散热了，然后再套上瓷管，如图 3.10.2 和图 3.10.3，一来绝缘，二来可以散热，并用螺丝压紧接头，防止接触不良，这样就非常好用了。这个办法在注塑机加热块上使用，效果非常好。

图 3.10.1　电　炉

图 3.10.2　瓷　管

图 3.10.3　陶瓷连接器

3.11 用光纤通信作隔离和抗干扰

在 160 kV 的高压可调稳压电源上，使用光纤通信，取得了非常好的效果。

高压设备分为两个部分：一部分是低压控制部分，与电脑相连，完成电压调节，过流检测等处理；另一部分是高压部分，完成高压发生、处理等。由于高压部分为电压高达 160 kV 的等电位，如果低压控制部分与高压部分用金属导线通信，就会有太大的安全隐患，并且容易引入干扰，所以决定用光纤来实现通信。

采用的收发器件是 HFBR－1522(发射）和 HFBR－2522(接收)，详细参数可以上网查询，实物如图 3.11.1。其通信距离与传输速率有关，如通信速率在 40 Kbit，可以传输 120 m。图 3.11.2 是生产厂家提供的，图 3.11.3 是实际使用的发射部分电路图，图 3.11.4 是接收部分电路图。注意，要实现收发双向通信需要两套这样的东西，一收一发。光纤可以根据长度定制。光纤的隔离、抗干扰效果非常好，而且可以远距离通信。

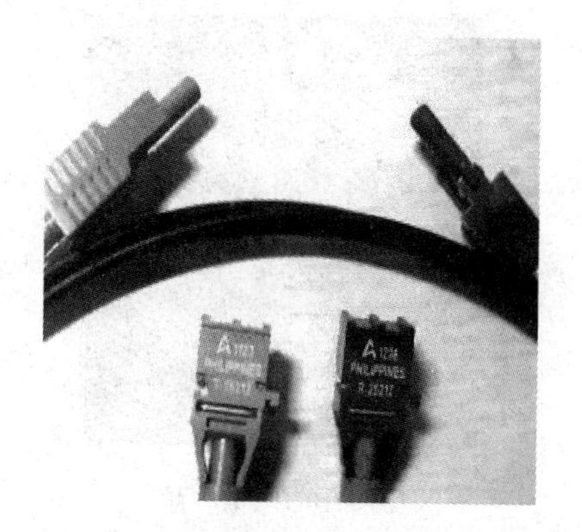

图 3.11.1 光纤实物与应用

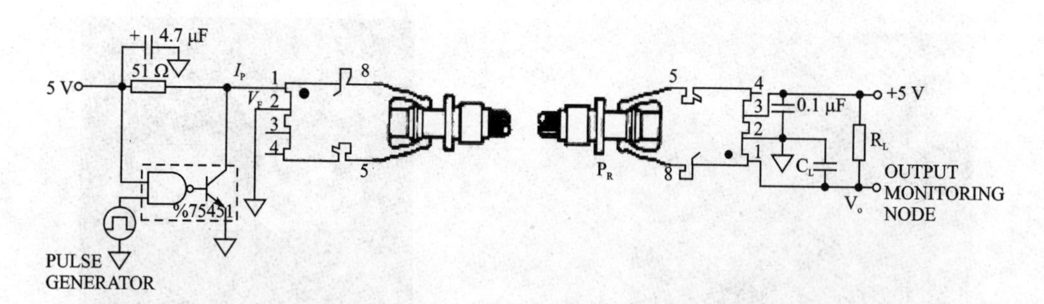

图 3.11.2 光纤收发器

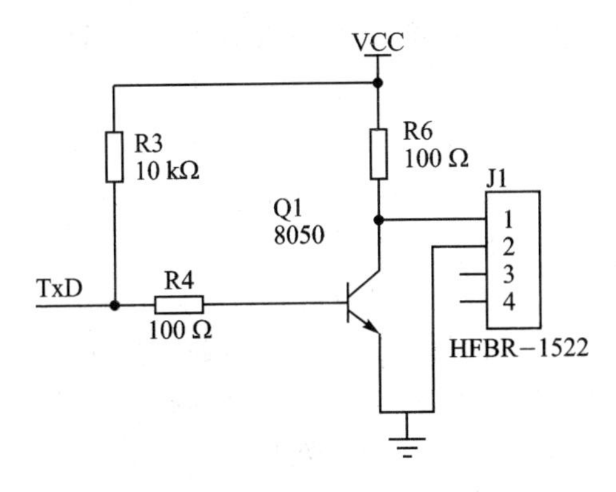

图 3.11.3 光纤发射电路

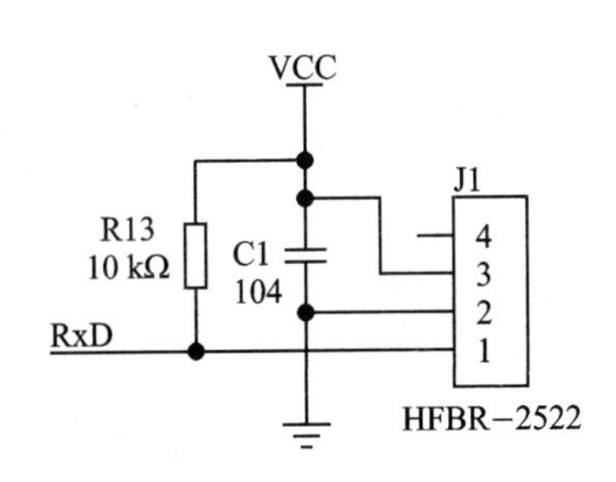

图 3.11.4 光纤接收电路

3.12 需要特别重视的"104"电容

有一个升压电路,需要把直流 3.6 V 升到直流 12 V。首先是查找资料,最后确定采用 SX1308 芯片,丝印标记 B628,查得参数如下:

输入电压范围:2～24 V。

输出电压范围:Vin to 28 V。

开关频率:1.2 MHz。

效率:96%。

内部限制电流:4 A。

封装形式:SOT－23－6L 封装。

输出电压:

$$V_{OUT}=V_{REF}\times\left(1+\frac{R_{16}}{R_{17}}\right)$$

$$V_{REF}=0.6\ \text{V}$$

根据图 3.12.1 画了一个电路板,买回一些元件,焊接好后一试,不行!问题是负载一加上去,输出电压立即就下来了,也就是带不起负载。怀疑是元件质量问题,又在其他卖家买了些元件再试,还是不行!

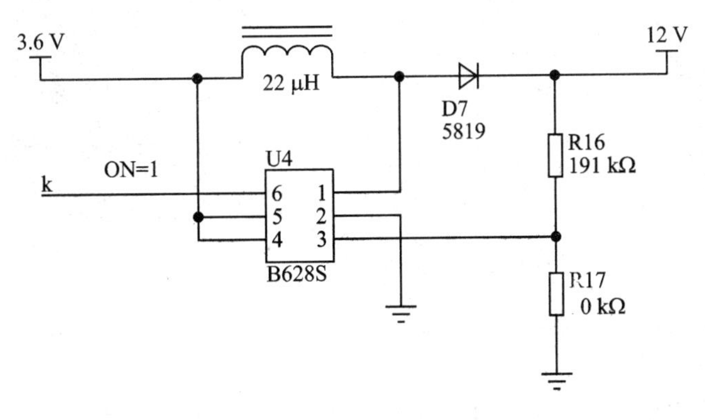

图 3.12.1 SX1308 升压电路(1)

在网上查,其他人也遇到过这个问题。通过激烈的讨论,最终还是没人给出有效解决的方法。

最后只得在网上买了个 SX1308 的成品可调升压模块,拿到后一试,很好。然后就用先前买的元件,一个一个地更换到买回的电路板上,想看看是哪个元件不行;但把所有的元件都更换了,都很正常——元件没有问题!

郁闷之后,比较买回的板和我画的图,不同之处在于,买回的板上输入、输出都并联有电容“104”。把买回板上的 104 电容取下,问题出现了,也带不起负载。这才发现在搜到的资料里,有的画有 104 电容,有的没有画 104 电容。我在画图的时候,认为有大的滤波电容,104 电容不会有什么大的影响就没画。最后,在自己的板上加两个 104 电容后,一试正常了。

后来按图 3.12.2 设计,很好用。图 3.12.3 是买回的电路板,输出电压是可调的。就这么一折腾一个多礼拜过去了。说光阴似箭,其实光阴比箭不知快了多少倍。

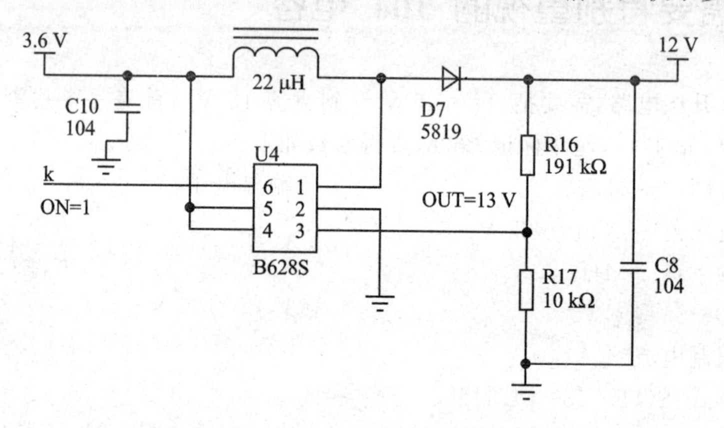

图 3.12.2 SX1308 升压电路(2)

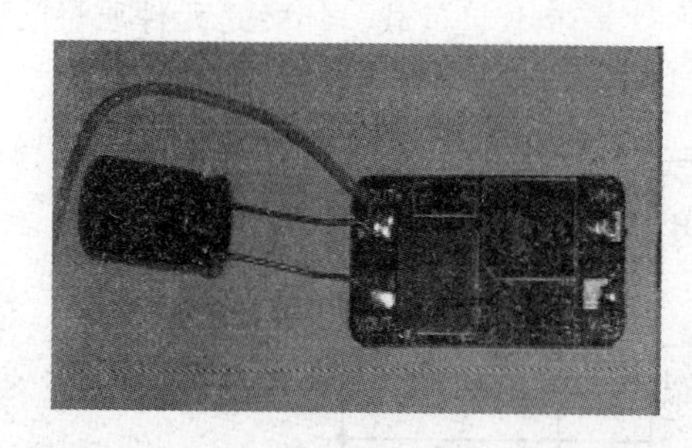

图 3.12.3 SX1308 升压电路板实物图

“104”(0.1 μF)电容是个比较特殊的电容,在很多地方用到,用于滤除高频的干扰,也有用“103”(0.01 μF)电容的。要注意的是,两个 0.1 μF 的电容并联,其效果与一个 0.2 μF 的电容是不相同的。我们来看一下其他 104 电容的应用电路。从图 3.12.4 中可以看到,C1、C2、C3、C4 都是 104 电容,并没有用一个电容来代替,而是多个并联使用。图 3.12.5 是并联电容的 PCB 图。

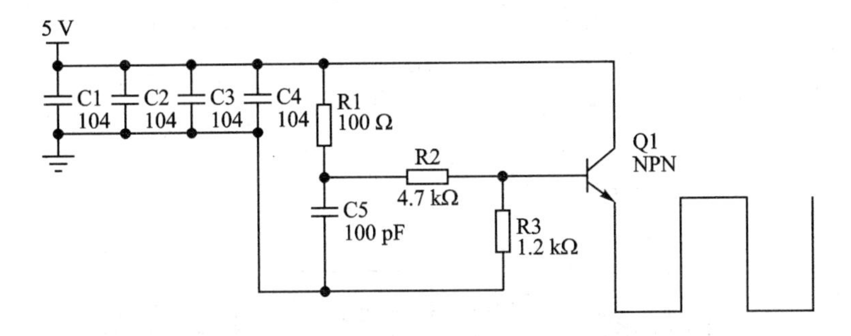

图 3.12.4　电容并联电路

图 3.12.5　并联 0.1 μF 电容的 PCB 图

还有一个关于 104 电容的例子，就是线性光耦 HCNR201（实际使用的是 LOC110）的电路。这是用在振动监护仪上的电路。为了隔离输出，起到抗干扰的作用，就选了这个线性光耦。找到一个参考图，如图 3.12.6，心急火燎地将图画到了自己的电路里。调试时才发现在输入电压较低的时候，并不线性。所谓线性就是在坐标上看是一条直线，但这个图就做不到。换电阻，换光耦，都无济于事。调了整整一天，还是没有解决。回过头来又去查 PDF 文档，发现了图 3.12.7 的接法。经比较可

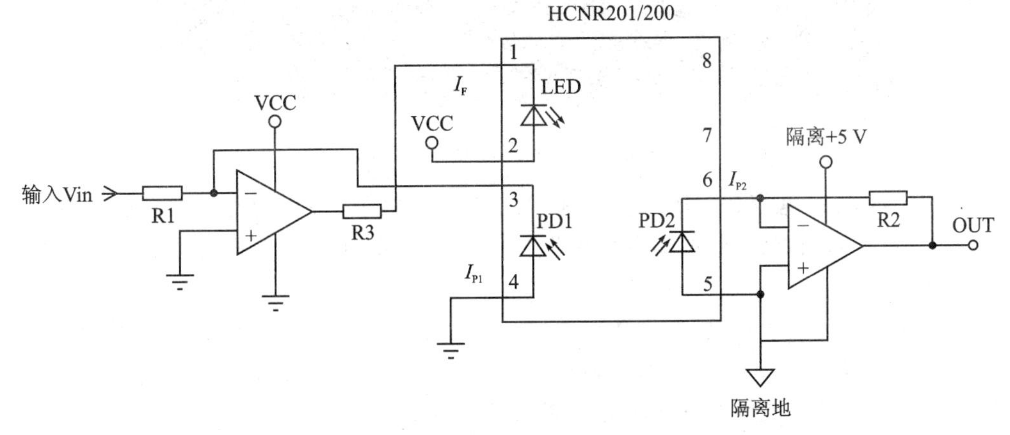

图 3.12.6　线性光耦 HCNR201 电路(1)

以看到，图 3.12.7 比图 3.12.6 多了 C1、C2 两个 104 电容。于是在电路板上并联两个 104 电容，再测试，对了！而且效果非常好。电路原理和其他元件可以参考 PDF 文档，这里不赘述。实物见图 3.12.8，这里使用的光耦是 LOC110。

104 这个特殊的电容，还在安规电容里用到 104 这个值。

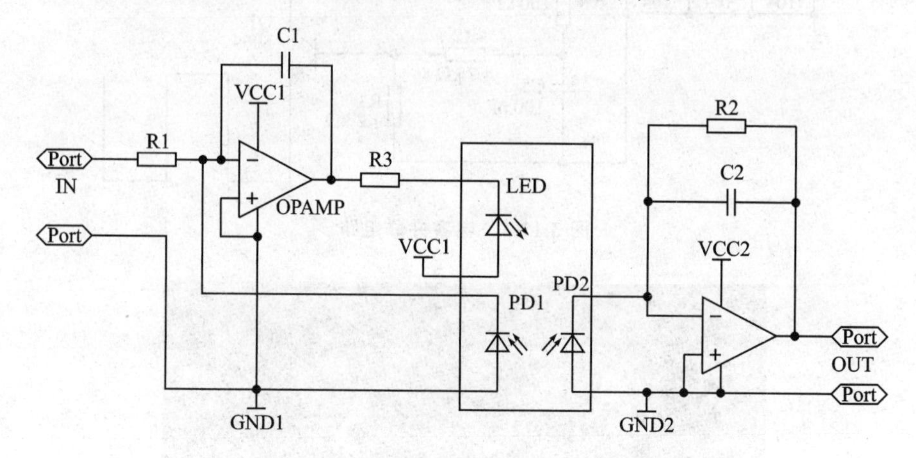

图 3.12.7　线性光耦 HCNR201 电路(2)

图 3.12.8　LOC110 应用实物图

用于滤波的电容，对于数字电路，“104”就可以了，最好每个 IC 的电源都加“104”。对于高频电路，一般需要“104”、“102”、100 pF、10 pF 等多种电容并联及组合等使用。

滤波电容与电容的等效电路有关，与频率有关。比如 39 pF 的电容适合 900 MHz 的电路，10 pF 的电容适合 1 800 MHz 的电路等。

下面列出了不同频率下适用的滤波电容的容量值：

小于 100 Hz　　10～0.1 μF

100 Hz～1 kHz　　0.1～0.01 μF

1 kHz～10 kHz	0.01～0.001 μF
10 kHz～100 kHz	1 000～100 pF
大于 100 kHz	100～10 pF

也许有人会说,“104”的滤波电容,大家都知道,为何还要这样反复讲呢?记得有一本国外翻译的比较有名的书上说,在使用运放的时候,如果你知道退耦电容的使用,你就进入了高手的行列,这就告诉我们其重要性了。当然这话得反着听,不是知道退耦电容的使用,你就真的成高手了;但如果你连退耦电容的使用都不知道,那你一定不会是高手。同意吗?

3.13 RS485 现场接线

一个智能农业控制系统的施工现场,在连接 RS485 总线的时候,按照图 3.13.1 的方法连接。这个通信距离很短,不到 10 m。按理说 RS485 在波特率不高的情况下,传输距离 1 km 应该是可以的,但我们这样连接就是不行。后来改用图 3.13.2 的连接方式,但这样距离就远了。RS485 工业总线标准要求各设备之间采用菊花链式连接方式,两头必须接有 120 Ω 终端电阻。

如果不能满足图 3.13.2 的接法,就采用带光耦隔离的 RS485 集线器,如图 3.13.3。这种方法的好处是各模块互相独立,一个出问题,不会影响到其他模块;缺点就是增加成本。

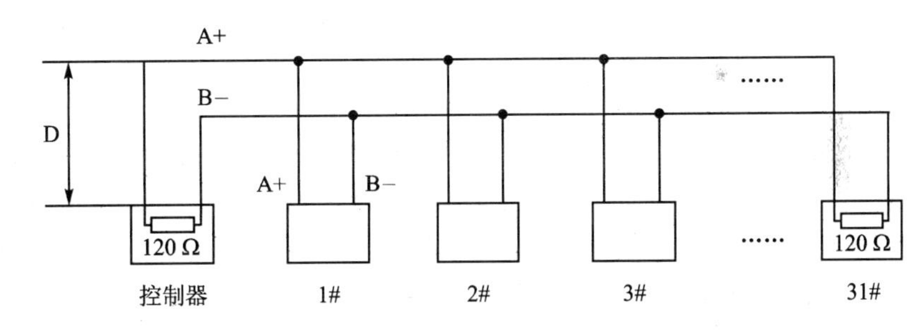

图 3.13.1 RS485 错误连接方法

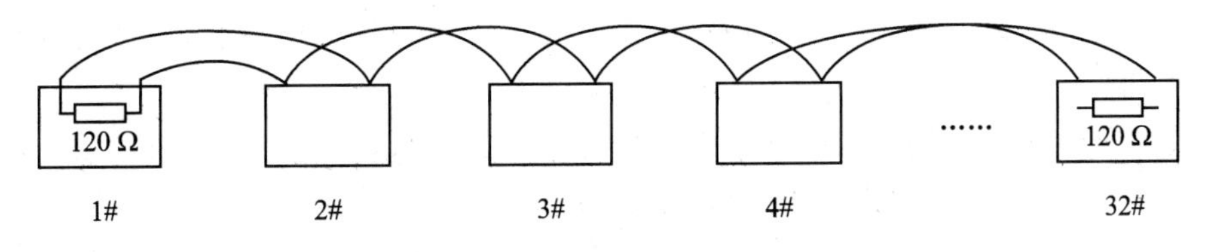

图 3.13.2 RS485 正确连接方法

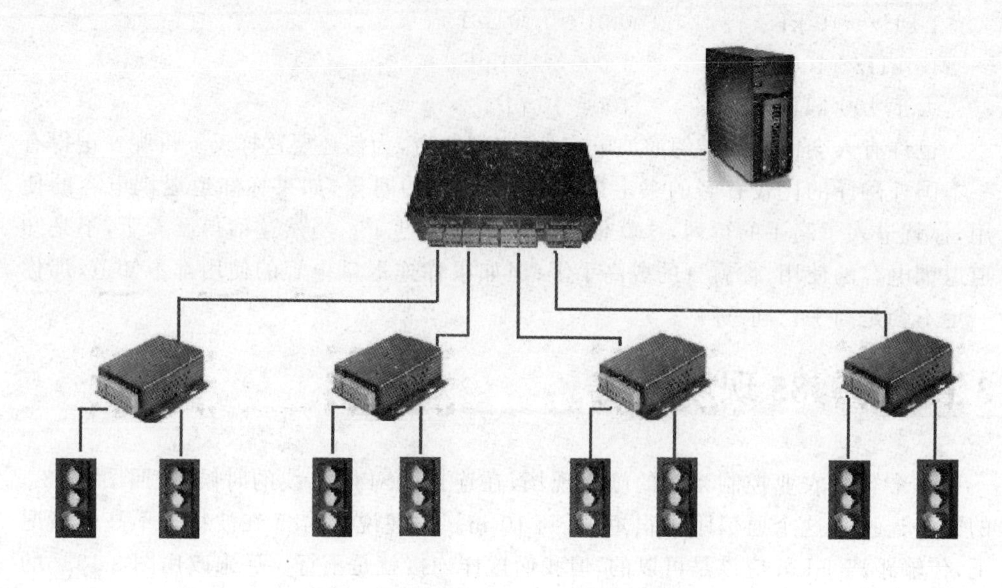

图 3.13.3　带光耦隔离的 RS485 集线器连接

3.14　给我余地还你稳定

稳定性、可靠性、寿命等都是对电子产品的考核指标，特别是在一些重要的场合，对这些指标更是有较高的要求。一个产品除了设计参数准确外，还可以采用对元件降额使用的方法，以保证产品的性能。

电容的温度与寿命密切相关。一般情况下，电容的寿命随温度的升高而缩短，特别是电解电容器这个特性更明显。一个极限工作温度为 85 ℃的电解电容器，在温度为 20 ℃的条件下使用时，一般情况可以保证 180 000 h 的正常工作时间；而在极限温度 85 ℃的条件下工作时，一般情况仅仅可以保证 2 000 h 的正常工作时间。可以看出温度直接影响了电容的寿命。如果现场温度在 85 ℃，那么为了有较长的使用寿命，就不能再选耐温 85 ℃的电容了，我们可以选 105 ℃或 125 ℃的电容，这样就可以使寿命变长。

电阻也可以降额使用。比如用功率比所要求的大一到二倍，就可以使得发热的承受力加强，可以延缓老化。

三极管也可以采用比实际功率大的代替。但要注意，大功率的三极管放大倍数比小功率的放大倍数小得多，不要机械地盲目更换，要具体情况具体分析，东施效颦的方式会被人笑话。三极管以大代小还有个好处，就是可以有效避免冷击穿。成品的设备，在没有把握的情况下，不要轻易更换元器件，曾经有人把收音机上的 3DG6 换成 9014，收音机就不能用了，因为它俩的参数根本不一样。

继电器也可以用触点电流大一些的代替电流小的。

电流、耐压、耐温等方面降额使用，是一种延长寿命，提高稳定性、可靠性行之有效的方法。

3.15 娇气的MOS管

MOS管的优点：

（1）它是电压控制器件，这一点像电子管；控制比较容易，电路设计容易一些。

（2）体积小，重量轻，寿命长。

（3）输入阻抗高，噪声低，热稳定性好，抗干扰能力强，功耗低。

MOS管的缺点：

（1）对静电比较敏感，容易被静电击穿。

（2）不像三极管那样普及，大家都习惯用三极管，三极管参考电路多一些。

有些MOS管很娇气，连摸都摸不得。之所以这样说，主要是因为它对静电敏感，容易损坏。从包装运输（要用防静电袋、将管脚短路等）、焊接（需要将烙铁接地或把烙铁拔掉）到人体接触（需要戴静电手环等）各个环节都得小心谨慎。总之，MOS管一不小心就损坏，特别是小功率MOS管更易损坏。容易损坏就导致不愿意使用，但MOS管优良的性能又是那样让人着迷。比如，MOS管作开关使用，就比三极管好得多，其控制简单，导通电阻很小，小到毫欧级。

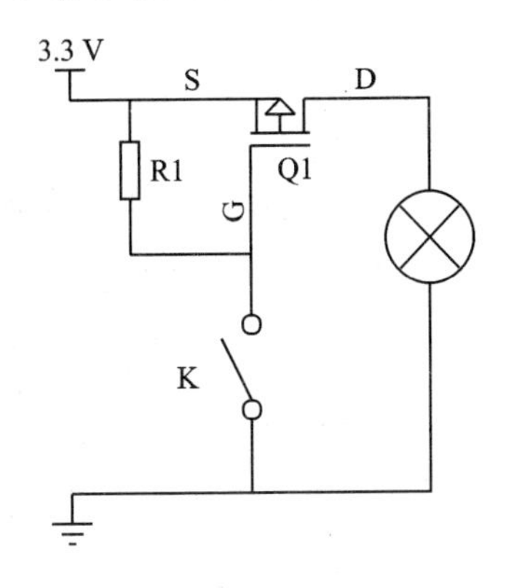

图 3.15.1 MOS开关电路

我们来看一个MOS管的开关电路，如图3.15.1。如果Q1使用IRF9530N和SI2301两种PMOS管，是不是都能通过K来控制灯泡的开关呢？用IRF9530N肯定不行，用SI2301就可以。这是因为电路的电压为3.3 V，SI2301栅阈值电压＝0.45 V，SI2301是电流2.3 A、耐压20 V的P沟道MOS管；而IRF9530N的栅阈值电压是4.0 V，栅压要大于4.0 V才能导通，这里电压仅为3.3 V，没有足够的导通电压，根本无法导通。还要强调一点，这个电路的Q1不能用NMOS管。用NMOS管做上驱，栅压要比电源电压高10 V以上才可以导通，像这个电路没有那么高的电压。

3.16 充电宝给手势定时器供电的尴尬

刚做好一款手势定时器，拿去给大家演示。由于不方便用交流稳压电源供电，就把充电宝带去。充电宝的输出电压正好和手势定时器一样，都是5 V。

兴致勃勃地给大家演示，接上充电宝后，指示灯亮了，电源有了，但是失控了。不管咋弄都不行，把人都给急死了。但也没办法，丢人就不说了，到底啥问题呢？怀疑是换地方引起的，于是拿回去，仍用充电宝供电——不行！改用交流稳压电源——行！看来就是充电宝的问题了。于是在充电宝的输出端并联一只 1 000 μF/16 V 的电容，再试——正常！虽然锂电池电压非常稳定，但在升压（3.7 V 升到 5 V）后没有足够的滤波，导致后面的负载不能正常工作。不管前面电压有多稳，滤波电容有多大，稳压或升压后仍需要足够的滤波。这一点其实早就知道，但没有引起重视，这就出了这档子丢人事。

滤波电容不能少，包括“104”等滤高频的电容。稳压前后都要滤波，不能互相代替。

3.17 从一个单火线取电电路图看 IRL3803S 的使用技巧

首先，从 IRL3803S 的参数，如图 3.17.1，可以看出它是一个 N 沟道，耐压为 30 V，电流 140 A 的 MOS 管。

IRL3803SPBF	Infineon Technologies AG	Trans MOSFET	N-CH	30V	140A	3-Pin (2+Tab) D2PAK Tube

图 3.17.1 IRL3803S 参数

我们看图 3.17.2（只截取了部分）。这个电路图来自网络，由于讨论很激烈，所以拿到这里来说说 IRL3803S 的使用技巧。

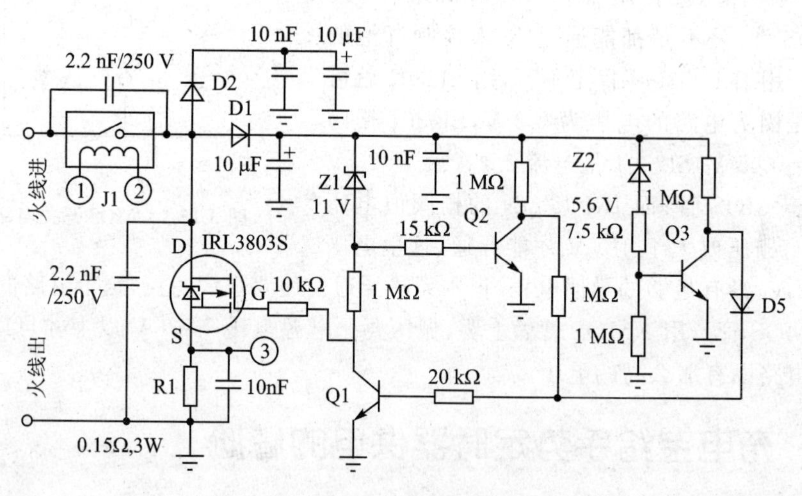

图 3.17.2 火线取电电路

J1 在闭合的情况下（J1 断开后工作的部分电路没有画出），加在火线进和火线出（前面还串有负载）两端的电压波形如图 3.17.3。从图 3.17.3 可以看出，正弦电压是从0逐步上升的，这个电压加到MOS管上，同时还通过D1加到后面的电路上。电压在0～5.6 V时，图3.17.3的A点处，Z2不会导通，Q3的B极为低电平截止。0～5.6 V电压通过1 MΩ电阻、D5使Q1导通，MOS管IRL3803S的G极为低，MOS管关断。当电压逐渐上升超过5.6 V时，Z2导通，三极管Q3的B极有足够的电压使其导通。由于D5的阻断，Z2、Q3不再对Q1产生影响。由于Q2是截止的，通过两个1 MΩ的电阻使Q1继续导通。由于D5的隔离作用，不会因为Q3的导通拉低Q1的B极电压。0～11 V电压通过D2整流，取电为其他电路供电。电压升高到大于11 V后（电压为图3.17.3的B点处），Z1导通，Q2也就导通了，这时Q3也是导通的，Q1截止，MOS管IRL3803S的G极为高电平并导通。MOS管导通前最高电压为11 V，小于MOS管的耐压值30 V。MOS管导通后，其D-S间的电压很低（导通电阻很小，压降也就很低），也远远低于它的耐压30 V。也就是说，在MOS管IRL3803S导通前最高为11 V，大于11 V后MOS管IRL3803S就导通了，导通后压降更小，都在MOS管耐压30 V内。这就是为何能把耐压只有30 V的MOS管用在220 V场合的道理。正弦波的负半周时，由于MOS管IRL3803S内部的寄生二极管在负半周时会导通，在负半周期间不能为取电电路提供电能，还要靠正半周时储存的能量使其电路工作，这样就完成了整个正弦周期的过程。图3.17.3是加到火线进出端的电压波形，A点为Q3的B极电压，B为Q2的B极电压。

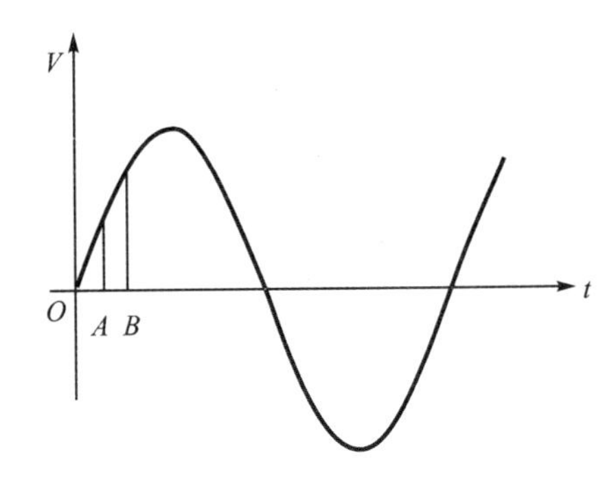

图3.17.3　取电控制波形图

3.18　电子管功放电源滤波电感

自制一台6P3的电子管功放，焊接完后开机试听，声音是有了，可是交流声不比音乐声小。检查了半天，还是觉得电源部分不对。电源部分电路是参考其他资料，按图3.18.1电路连接的，输出滤波电容由100 μF逐个并联加大到1 000 μF，有所改善，但还是有明显的交流声。在这么高的电压下，1 000 μF的滤波电容已经不小了，还不能根除交流声，只能想其他办法了。于是参考图3.18.2所示电路，发现这个电路有滤波电感。当时手头没有大的电感，就用10 W电源变压器的初级代替，装上后开机

试听，效果很好，没有交流声了。这才明白为何好多电子管功放的电源用的滤波电容并不大，10 μF 的都有，但一定都有大的滤波电感，H 级（亨级）的已经很大了。由此看来，电感的滤波效果不容小觑。

注意，音频设备有干扰凭耳朵就可以听出来，解决起来还相对容易。但数字电路往往是看不见摸不着的，用示波器都未必能看得出来，所以更应该引起高度重视。

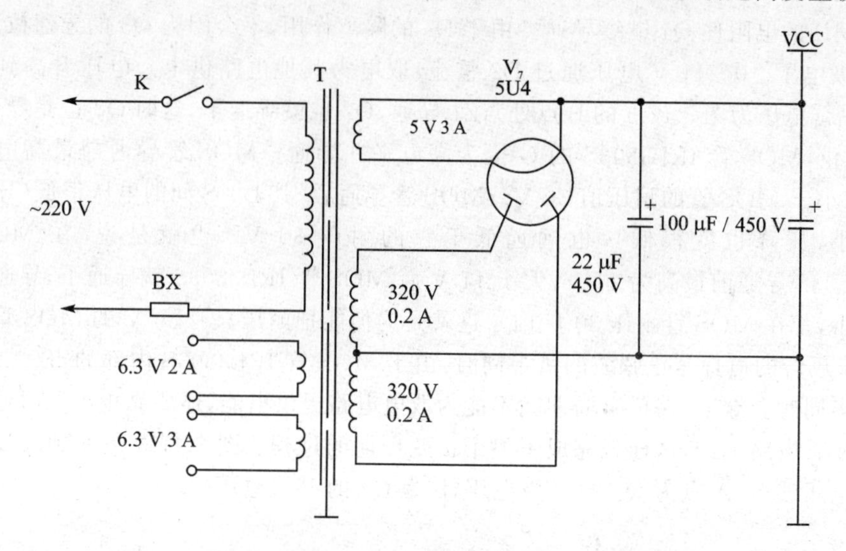

图 3.18.1　电子管电源电路

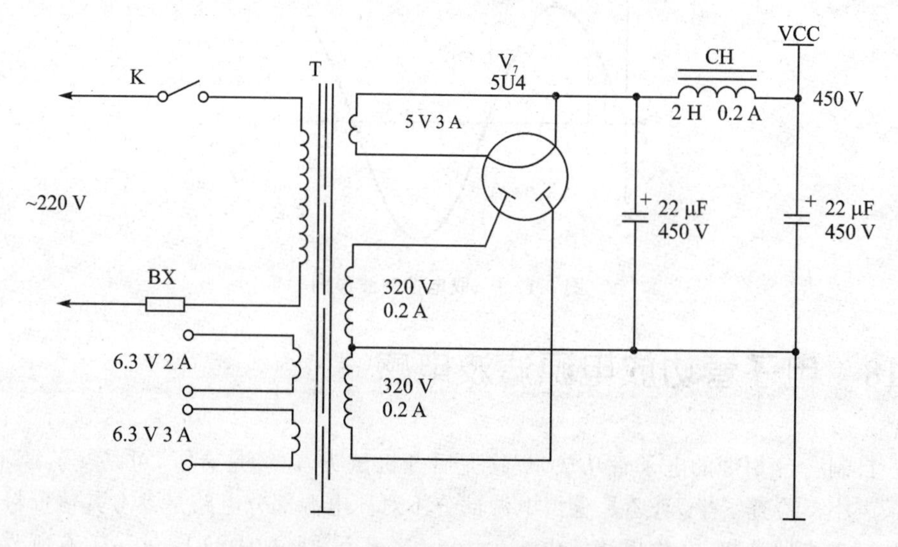

图 3.18.2　有滤波电感的电子管电源电路

3.19 电子管灯丝连接的故事

小汪装了一台 EL34 的电子管功放，几个日夜的奋战，终于开机试听了——出声了，但交流声也毫不示弱地显现了出来。加大电源滤波电容到 2 200 μF；加滤波电感，电感量都加到 5 H 了，交流声依旧。改电路连接，加滤波，没日没夜地改来改去，不管怎么改就是有交流声。

当他发现自己饿了的时候，才发现老婆孩子没有踪影了。他知道大事不妙了，因为前几天已经为加班加点弄电子管功放的事儿和老婆吵过了。联系不到老婆，只有找老丈人了。果然，老婆带上孩子回娘家了。好在老丈人非常理解他，把老婆劝了回来。人是回来了，但交流声还依然存在。这回只有收敛点了，有空才弄一下。他给我发了一份他的图纸，还发了内部的照片。我看了后，又发给他下面的这些内容：

灯丝绕组要采用独立供电，灯丝用交流时，如果 6.3 V 绕组有中心抽头，要就把抽头接地。电流较大的灯丝供电时，要尽量使用直流。在电子管放大器中，灯丝的 50 Hz 干扰早已判为是造成整机信噪比过低的罪魁祸首。可以采用直流电压为灯丝供电，灯丝交流电压供电时必要时采用悬浮供电的方式，将电子管灯丝任意一端接地，在灯丝两端接可调电位器，将中间抽头接地，调节电位器使交流声消除。

他把灯丝 6.3 V 电源的中间抽头接地后，交流声再也没有了，声音非常干净。

这台电子管功放刚刚做好，就叫他老丈人抱走了。难怪他老丈人那么支持他的工作，原来他老丈人也是发烧友。

3.20 声音很响的继电器

学校里买回一台自动打铃钟，大家都很高兴，再也不用轮流敲钟了。敲钟不要紧，问题是上课上得很起劲的时候，往往就忘记敲钟了，忘记敲钟的后果是一节课可能上一个多小时。有了自动打铃钟，尽管礼拜天也响个不停，大家还是满意的。

可是好景不长，打铃钟经常失灵。该打铃了，它就是不打，有时两节课并成一节上了。还有就是里面的继电器发出的噪声很大，着实听得人心烦。

由于我是教电子技术的，修理打铃钟的任务自然而然地就落在了我的身上。检查了半天，发现触点接触不良，打磨了一下就可以按时打铃了，但还有噪声的问题。由于电压很不稳定，测出电压太高，用调压器调到 220 V 试验，继电器噪声就小了些。于是就串了一只二极管在继电器线包上，噪声小了一些，但还是没有彻底解决。

心想，要是直流驱动应该就不会有噪声了吧。就改用全桥整流供电，问题图 3.20.1，输出波形如图 3.20.2，但还是有噪声。于是就又加了个滤波电容，如图 3.20.3，输出波形如图 3.20.4，可通电后，立即就冒烟了。这才想起，继电器线圈是电感，咋能供给直流呢？那整流后没有并电容前为何没烧呢？看看波形就知道，虽然整流了，但波形并不是直流。电感只能串联在直流电路里,而不能并联,并联等于短路。

原因是找到了,可继电器线包已经烧得漆黑了。由于在电子市场买不到同样的继电器,只得到厂家去买。这段时间敲钟的事就很自然地落到我的身上,有点自讨苦吃的感觉,但我的失误,不能让其他人来背黑锅呀。

等把继电器买回来装上,噪声依旧。想来想去,觉得是继电器质量不太好造成的,试着在两块衔铁上垫了个薄的软橡胶垫子,噪声终于没了。继电器的外观如图 3.20.5。

不吃一堑,估计长不了一智。

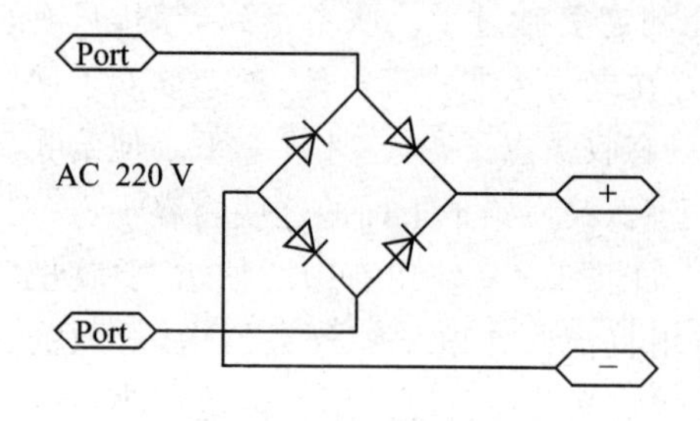

图 3.20.1 整流电路

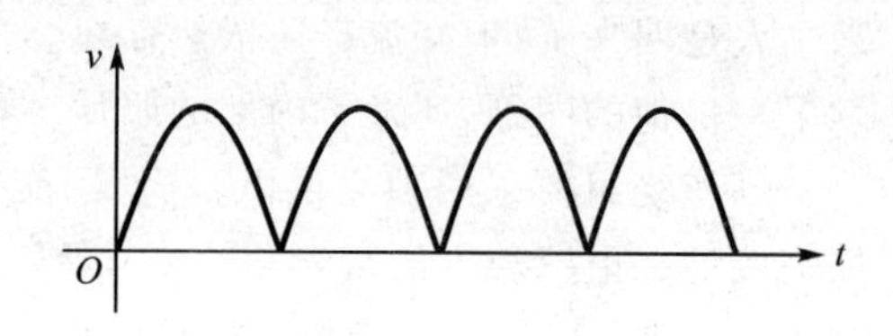

图 3.20.2 整流波形

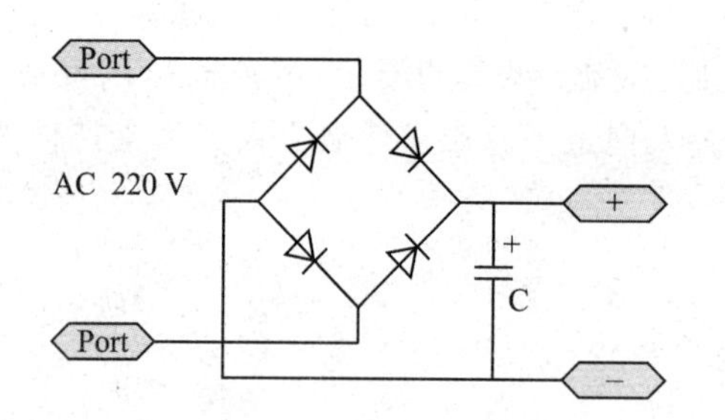

图 3.20.3 整流滤波电路

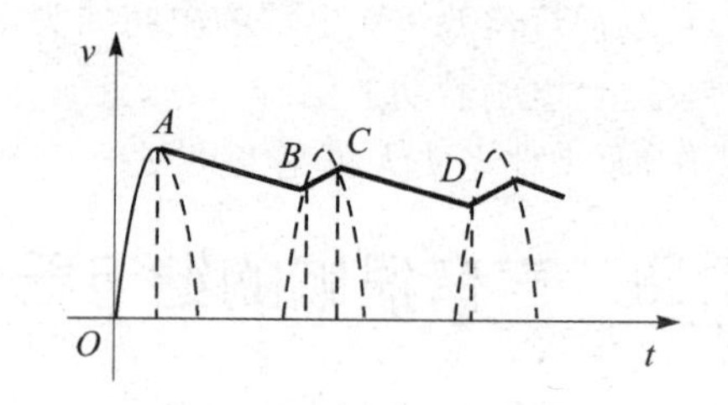

图 3.20.4 整流滤波波形

图 3.20.5 继电器

3.21　一款设计得不好的恒温箱

为了做温度实验，买回一台恒温箱，如图 3.21.1。经过实际使用才发现相当的不好用，将温度设定在 125 ℃，把电路板放进去，等一会儿去看，居然在 150 ℃以上！赶紧把电路板拿出来，再把门关上，只有静静地等待，过了一个多小时，温度慢慢降到 125 ℃了；但是不能开门，如果温度稍微降一点，又会升到远高于设定的温度，然后又慢慢下降。这个恒温箱根本没法用！“恒温”两个字，用这里太不合适了。

为了研究这个恒温箱，在恒温箱电源进线处加上功率测试插座进行观察：通电时全功率输出，当温度达到设定温度时功率变小，说明温度达到设定值时，电路将加热停止了，按理是没有问题的；但停止加热后，温度继续往上升。为什么没有加热温度还会上升呢？其实很简单，是因为热惯性。检测传感器的温度达到设定值时，加热部分已经远远超过设定温度，即使停止加热，加热部分的热继续传到传感器位置时，已经很高了。由于有保温层，这个温度要自然降温是比较缓慢的。

有没有办法解决这个问题呢？有！我们还是以设定温度为 125 ℃为例来说明。在加热的过程中，随时检查温度上升的速度，根据加热的速度提前间歇加热或停止加热。然后边加热边检测边计算，根据上升的速度进行估算，找出加热的方案，越接近设定温度，加热的时间越短，即使加热到设定的温度值，也需要间歇加热，只是加热时间更短，间歇更长，以此来弥补自然散热的部分，加热的波形如图 3.21.2。严格地说，这个加热过程可以用 PID 来实现。按上面方法改造后，恒温箱非常好用。

在设计产品时，一定要多动动脑筋。设计出的产品自己先使用，如果自己都不满意，用户怎么会满意呢？这个恒温箱硬件是没问题了，只要厂家把程序改一改就完美了。

龙都画好了，咋不点睛呢？遗憾！

图 3.21.1　恒温箱

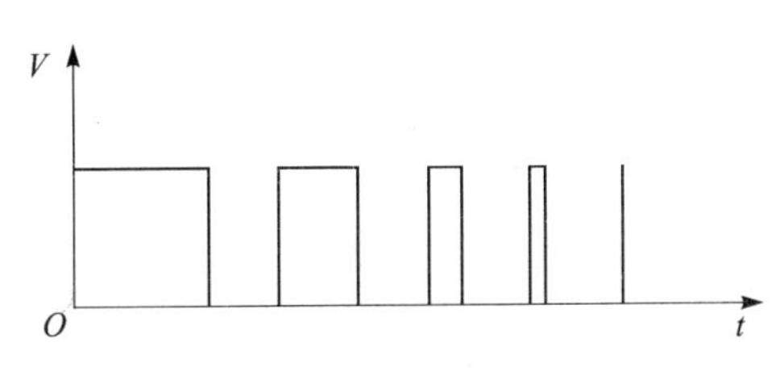

图 3.21.2　控制加热波形

3.22 液晶屏与数码管

液晶屏在产品中的使用越来越多。相比数码管来说，它可以显示汉字、图案等丰富的内容，大行其道也就不奇怪了；但是，在恶劣环境下，液晶屏的缺点就显现出来了，比如，使用温度基本都在 50 ℃以内，超过就会开裂、显示不清楚等。而数码管的温度范围就大得多，而且可以远视、夜视，可以在较为恶劣的环境下使用；缺点是显示内容简单。在选择显示器件的时候，要根据环境、显示内容、造价来定。

液晶屏的电气参数如表 3.22.1。

表 3.22.1 液晶屏参数

项目		符号	最小值	最大值
电源电压	逻辑电压	V_{dd}/V	0	7.0
	LCD 驱动电压	$(V_{dd}-V_{ee})$/V	0	6.5
输入电压		V_i/V	0	V_{dd}
操作温度		T_{op}/ ℃	0	50
储存温度		T_{stg}/ ℃	−20	70
相对湿度		φ/(%)	—	90

从上面的参数可以看到：

正向电流：20 mA。

工作温度范围：−30～+50 ℃。

3.23 用 74HC164 驱动数码管的郁闷

一个用在配电柜里的电路板，上面有 4 个数码管，局部电路如图 3.23.1。数码管的驱动采用 74HC164。为了程序好写，没有采用动态扫描的方法，而采用静态显示的方式，当有数据需要刷新时，就将数据传输至数码管。

电路板还驱动几个继电器，型号为 JQX13F，继电器再驱动大的接触器控制路灯的开关。当继电器切换时，数码管上的数字会乱显，把已经显示出的数据弄得面目全非。

改程序无济于事，于是就从硬件着手解决。怀疑是继电器驱动的接触器电流太大，对数码管的显示产生了干扰，把继电器驱动的接触器断开，只留继电器工作，图 3.23.2中 KM 不工作，现象依旧。把继电器断开，图 3.23.2 的 J1 取下，正常了。看来，问题出在继电器的动作上。把继电器装上，在继电器线包两端并联电容“105”“104”“103”“102”仍然无济于事。图 3.23.2 继电器驱动是用光耦隔离的，继电器部分供电是变压器单独的绕组，是和其他部分分开的，按理不会从驱动干扰到数码管。考虑到可能是 74HC164 的时钟、数据线受到的干扰，就在数据和时钟线上接上拉、下

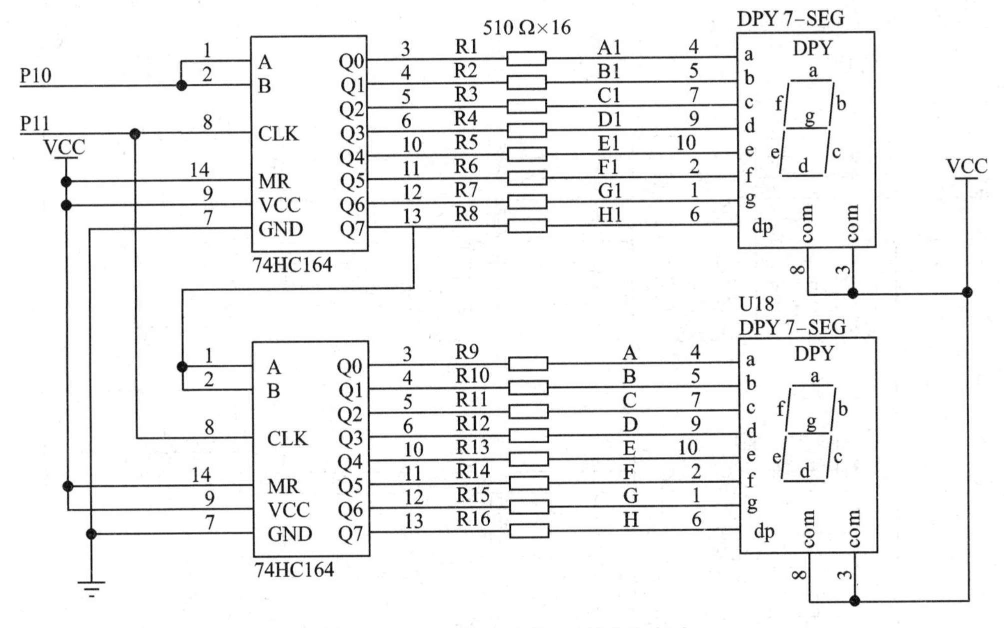

图 3.23.1　74HC164 数码管驱动电路

拉电阻，都没有改善。于是就从电路板的电源变压器 220 V 输入端想办法，加装专业的电源滤波器，问题还是没有解决。看来这个 74HC164 是非常的脆弱，到此已无计可施。查找相关资料，这个问题普遍存在。既然如此，得另想办法，不能再耗时间了。改用 74HC595 驱动数码管的电路，如图 3.23.3，仍用静态显示的方法，彻底解决了显乱码的问题。

采用数码管驱动专用芯片 TM1640 会更加方便、灵活。

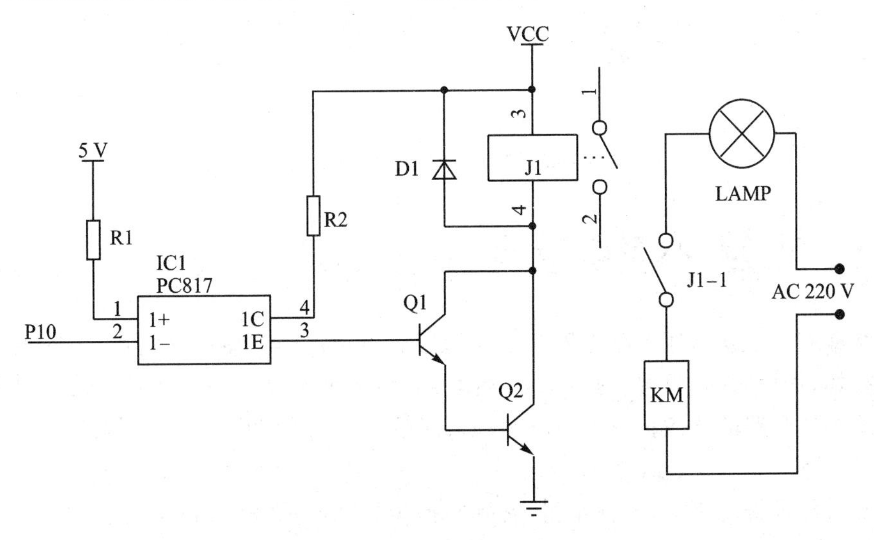

图 3.23.2　继电器隔离驱动电路

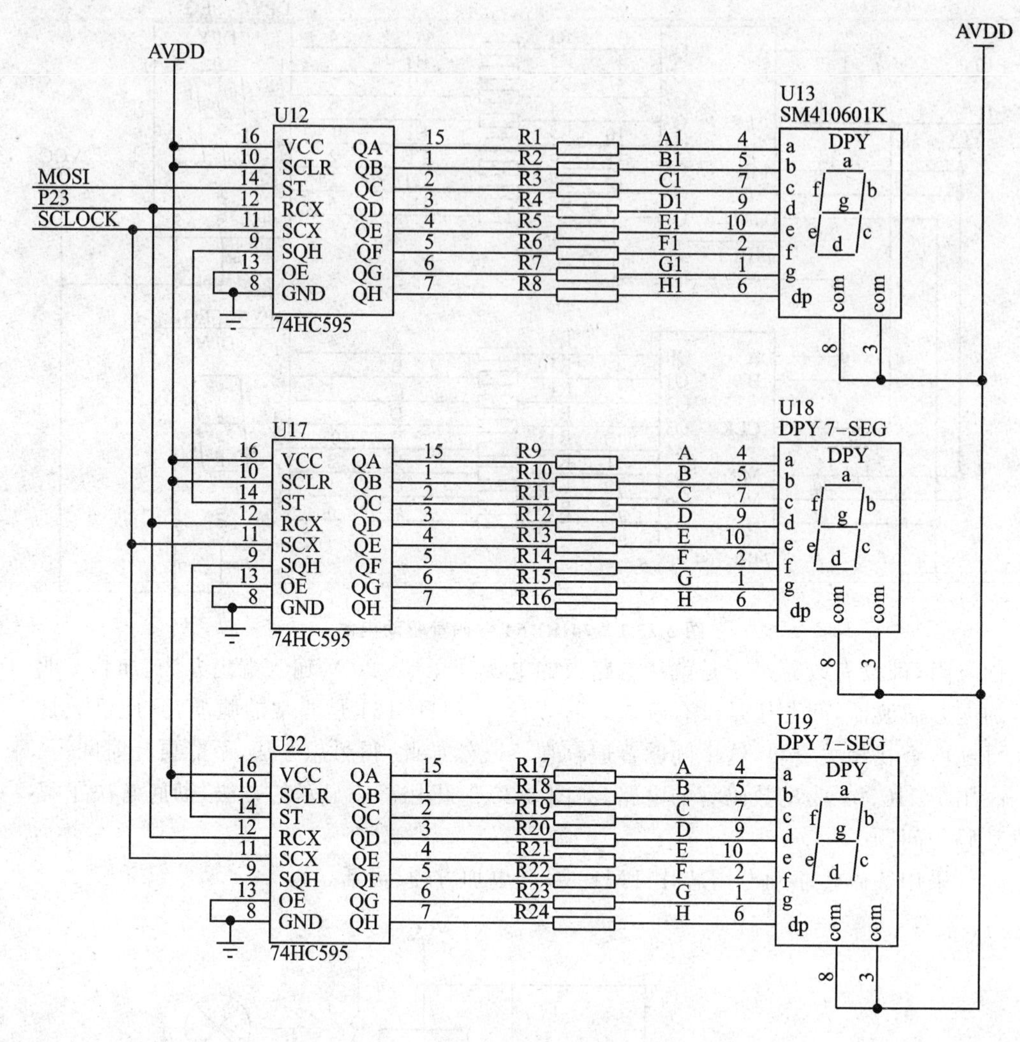

图 3.23.3　74HC595 数码管驱动电路

3.24　引“狼”入室的接地

在深圳的惠盐高速公路上安装了路边紧急电话。因为盐田是雷区，三天两头将设备损坏，那段时间，只要一打雷，心就紧张。后来就想办法加装 TVS 等，还把地线接到了高速公路的防撞护栏上，如图 3.24.1(不是当时的照片)，可是后来损坏的频率更高了。

在去修设备的路上，坐在车里，看到防撞护栏在眼前呼呼而过，就想到我们的设备地线是接在防撞护栏上的。再仔细看，防撞护栏都在水泥路面上，而且地基也是在干石坡上。到现场用摇表测量，接地电阻居然在 10 kΩ 以上。这哪里是在接地呀，简直就是接的引雷的天线!

只得花功夫重新安装接地线了。几经折腾后,把地线接好,测量接地电阻已经小于4 Ω了。后来没有发现设备被雷击的现象。

其实说被雷击了,也不是真的被雷击了,只是雷电感应。真正的雷能防住,那得了解一个雷释放的能量有多大;否则,别逞能。

图 3.24.1 防撞护栏

3.25 防止 RS232 芯片损坏

在安装门禁系统设备时,发现 RS232 芯片很容易损坏,而出厂前却没有发现这种情况。在出厂前通电测试,用手摸 RS232 芯片没有发烫,是冰凉冰凉的。从 PDF 和设计原理看是没有问题的,可到现场就出问题了,用手摸芯片还有点发烫。后来在原电路上增加了两个 100 Ω 的电阻 R1、R2 限流,如图 3.25.1。从此就再也没有损坏 RS232 芯片的现象。现场的接线会受到各种干扰,致使接线上感应较高的电压,影响到芯片的正常工作,导致芯片损坏。

有些时候,理论设计是一回事,而现场实际情况却是另一回事,得有灵活机动的战略战术。游击战用好了可以打败正规军,抗日战争就是例证。

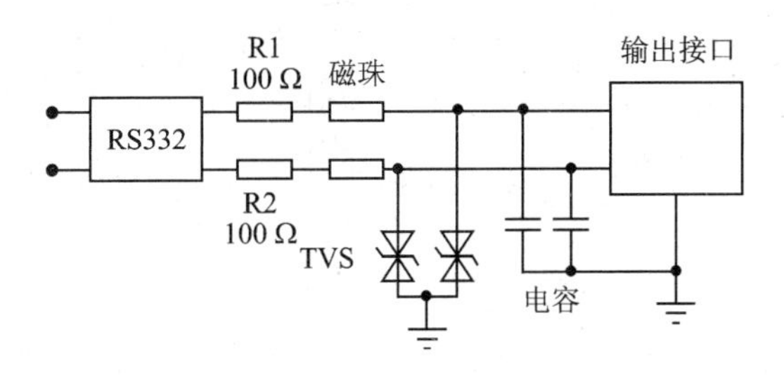

图 3.25.1 RS232 保护电路

3.26 小巧玲珑的磁耦 ADuMxxx

为了抗干扰,在设备上采用 4N25 作隔离串口通信,失败了。查找 4N25 的 PDF 资料后发现,是因为速度不够,4N25 无法支撑高速率的数据传输。看到没,想当然是会吃苦头的。接下来采用 6N137,如图 3.26.1,它的最大传输速率是 10 Mbps,这回行了。要注意,左右两边电源要隔离,或用变压器的不同绕组实现隔离,或用 DC/DC 隔离。如果这里用了光耦,但其他地方又连通的话,那是起不到隔离效果的。这个电路好是好用,但感觉体积稍大,外围元件还多,不好布板,加之光耦毕竟有光衰的毛病,还是不满意。

后来找到一种 ADuMxxxx 的磁耦,如 ADuM1201,感觉不错。与光耦比,特点如下:

(1) 体积小,可以节省 80%以上的 PCB 面积。

(2) 耗电少,每个通电仅需 0.8 mA。

(3) 速度快,速率可达 10 Mbps。

应用电路如图 3.26.2。这是个串口隔离电路,喜欢的话,可拿来即用。

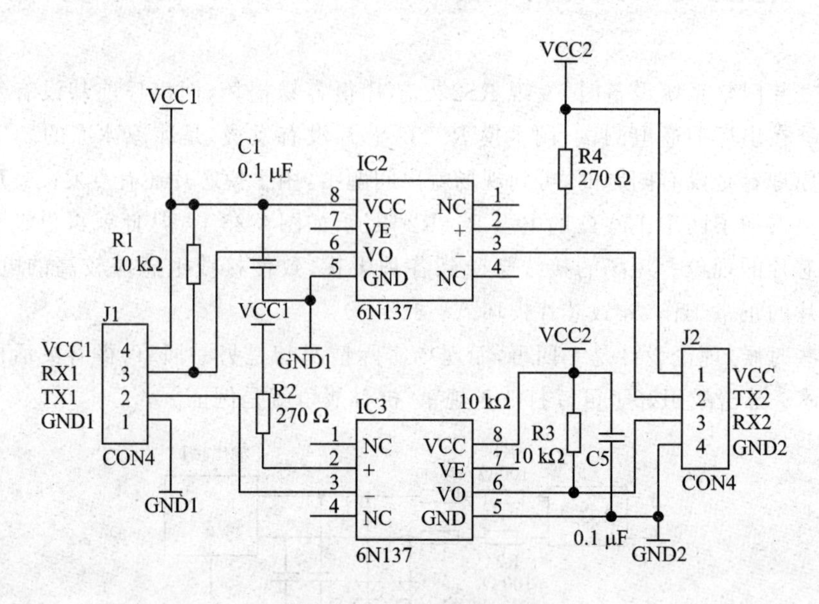

图 3.26.1 光耦隔离电路

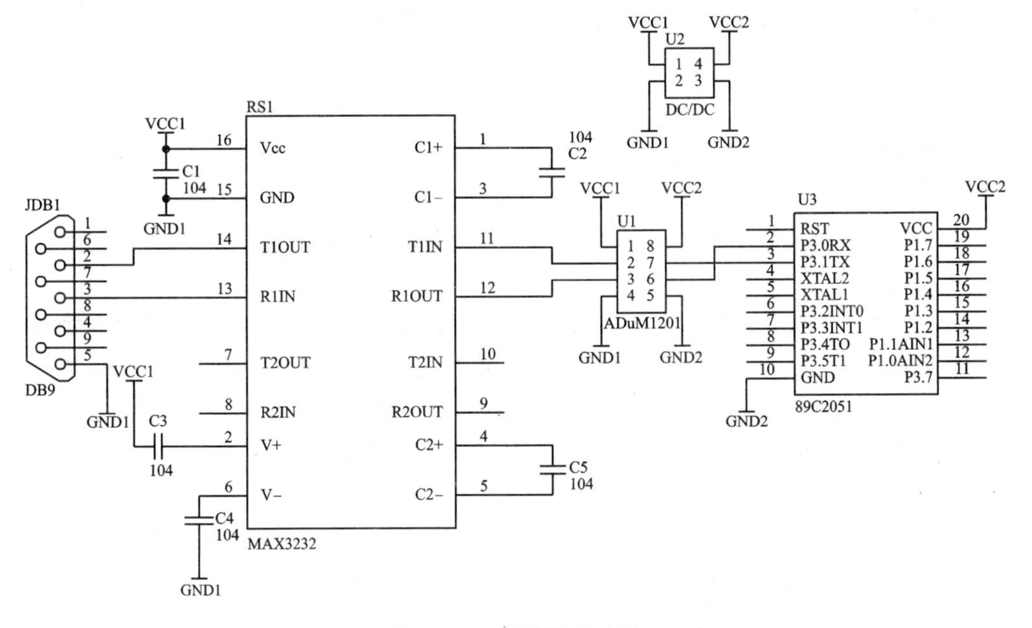

图 3.26.2　磁耦隔离电路

3.27　也来漫谈接地

EMC里五花八门的知识，我们没法在这里一一说道，在好多书上有详细的叙述，这里只想说说接地。因为接地这个概念比较特殊，各种说法也不尽相同，在实际应用中也异常复杂，所以只能泛泛而谈。

“地”通常指的是大地，一般说的都是地球这个“地”。其实电位相对较稳定的设施，都可以定义为“地”，比如飞机，比如神舟飞船。“地”这个概念在强电里面是非常明确的，都是针对人员与设备安全而言，防止人员触电，防止雷击，保护设备。至于干扰的问题，在强电里没有太重视，原因很简单，强电电压等级比弱电高太多了，对强电来说，可以忽略不计。当强电干扰了弱电的设备，抗不住，就乱动吧。特别是大功率设备的启停、变频器、逆变器等产生的谐波、浪涌、尖峰等，对弱电而言，真可以叫吃不了兜着走。

有人对强电里的接地保护机制不太理解，干嘛动不动就将相线给短路到地呀，短路不是要跳闸吗？但是要不这样，请问还有啥好办法？这是在人生安全与短路跳闸哪个更重要的抉择问题。还记得司马光砸缸不？缸重要还是人命重要？

再来说复杂而又可怜的弱电设备的接地。如果你触摸到一个设备的金属外壳，突然被“电”了一下，再摸又没事了，你是如何看待呢？是静电所致，而且金属外壳没有接地或接地不好，是不？那我又请问，为何要将金属外壳接地呢？金属外壳接地后，将静电泄放，那么壳内就是零电位，对可怜的电路来说就等于在“襁褓”里，不是很安全吗？这就是屏蔽接地的效果。要不然静电积累会使设备不能正常工作。

地球的电位是零吗？我们可以不管地球是不是零电位，但它比较稳，视为零而已。像飞机飞上天后，它也可以认为是一个小地球，飞机外壳的电位也是相对较稳的，也可以认为是“地”，千万不要以为只有地球才配作“地”，要不然，为了飞机电路的工作稳定，还得在地球上拖一根连着的地线，只要你去想象这个情景，就会觉得有点可笑，放风筝呐?!

是不是所有电子设备都要接地呢？肯定不是，比如手机就不用接地，真要接地就麻烦了。有些设备不是很复杂，而且也远离强干扰，加之接地也不现实，还是可以不用接地的，但这些设备都会采取有力的措施来解决干扰问题。比如，动圈话筒的放大电路可以把它装在金属屏蔽体里，不然有你好听的，感应的交流噪声直接弄得你生不如死。

接地不好时怎么办？有些地方接地只是个摆设，根本没有良好接地，接地电阻很大。这个时候，接了还不如不接，接了或许就成了“引狼入室”。

接地是用导线还是通过电容呢？如果只是消除高频干扰，可以通过 1.3 μF 的电容接地，叫直流浮地；交流接地，用导线也是可以的。

强电的地和弱电的地是接在一起吗？理论上讲是不可以的，但实际很少看到单独接地的。要埋接地电阻小于 4 Ω 的接地线，不是一件容易的事，能不能接在一起，只能视现场具体情况而定了。

如果是为了泄放积累的静电，未必要直接接地，可以串电阻后再接地。

电路板也有一个“地”，一般是电源的负极，也是把它看作电位相对稳定的基准而已；但对整个电路板而言，它又如醉酒一般飘来荡去，又不得不与更稳定的大地连接。电路板的“地”，可以悬浮在机箱里，如果有感应静电，则可以通过一个电阻（不一定用导线直连）或电容与机箱连接，机箱与大地相连。

电子设备的接地标记是 PE。

第 4 章

电路与产品设计

4.1 “流连灯”的设计过程

“流连灯”这个名字是诗人木棉古丽取的，它在关灯后还会亮一会儿，以防在关灯或停电后环境突然变黑而发生碰撞。它是一种高效、长寿、节能的 LED 灯。

1. 来　源

它的来历有个故事。记得春节回农村老家看望父母，父亲从厨房关灯后往外走，由于关灯后看不清路，把腿给撞肿了。父亲说，这个灯要是关了还能再亮一会儿就好了。母亲说关了灯还亮一会儿，简直就是在说瞎话，但我却就此萌发了设计这款产品的念头。

2. 构　思

起初觉得这个还是非常简单的。在灯泡里面装个锂电，通电后充上电，关灯后放电，点亮一会儿再关闭就 OK 了。但后来一想，这个锂电有两个缺点，寿命短、易爆炸，还要充放电电路、延时电路，另外，锂电能不能放到灯泡里也是个问题。还想到用超级电容，可以利用超级电容储能的特性，在关灯后实现延时照明，却不知道超级电容要支持一个几瓦的 LED 灯亮 1 分钟左右，要多大容量，体积有多大，能不能放到一个小小的灯泡里。

3. 寻找相关资料

首先查找有没有这样的产品，或类似的产品，这点非常重要。每当我们要设计一款新产品时，第一件事就应该想到这点；若不然，你设计的产品可能早就有了，或者可能早已过时。特别是一些简单的东西，你能想到，很多人可能早就想到了，千万不可自以为是。

还得提醒大家，如果你有一个新的创意，却查不到有这个东西，要想想为啥没有这个东西，是其他人没有想到，还是技术上难以实现，或是其他原因，必须一一弄明白。

举个例子，有人说某个地方河里有好多鱼，很容易捕到，而且街上还没有人卖，这不是商机吗？那就错了。你可以把鱼捕到，拿到街上去卖，保准有人揍你一顿，等你明白过来才知道，这里的人根本就不吃鱼，因为鱼就是他们的祖先。这不是自讨苦吃吗？

再举个例子，如果你做智能家居产品，要用单火线取电，为无线收发控制部分供电。当你设计出来后才发现，小功率的灯泡在关闭状态时会有闪动，这才发现问题的严重性。不服气再去买个专门的取电模块回来，虽然商家说得天花乱坠，有鼻子有眼的，其实和你做的并没有多大差别，你不停问厂家咋回事，他告诉你电流只能微安级，而你的模块耗电却在毫安级，这时你就该崩溃了。最后有位大咖告诉你这是通病，你才如梦方醒。

回到正题，接下来查找关于 LED 灯泡的相关电路；弄清驱动器的工作原理；确定一个驱动 LED 的方案。

我们需要的是电路不那么复杂，价格也不高的产品。它具有的突出优点应该是：既可以像普通灯泡一样照明，又具有延时熄灭的功能，安装要方便。

4. 实　验

画出图 4.1.1 的电路进行实验，图左边是 LED 恒流驱动，这里就不祥述了，很容易找到相关资料。变压器 T1 右边，二极管起隔离作用，电容 C3 就是超级电容(由于耐压的原因，需串联多只，这里只画出一只示意)，LED 两只一组并联，然后 5 组串联，共 10 只。

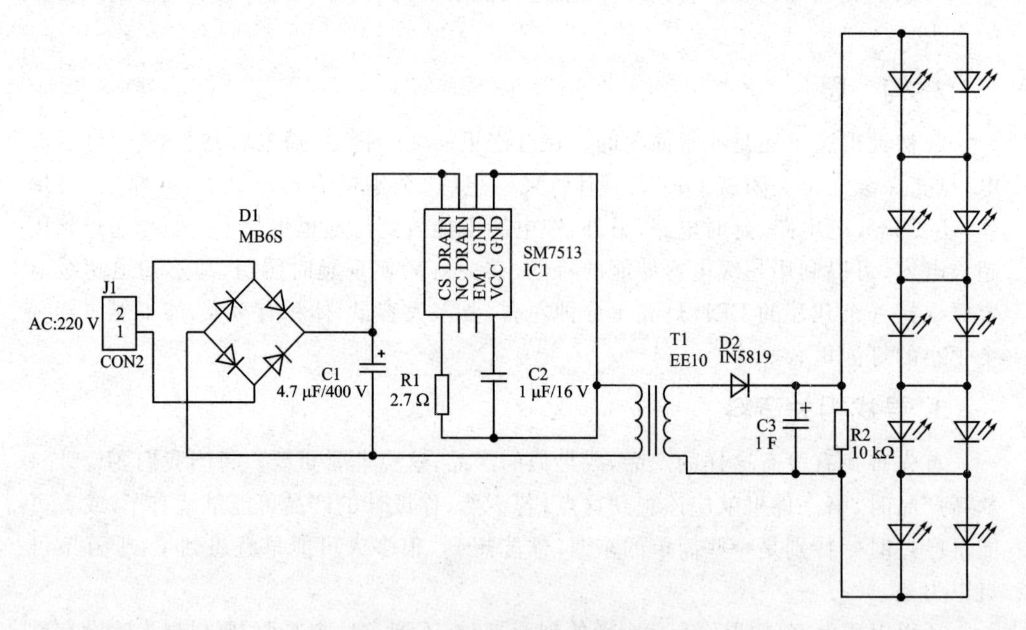

图 4.1.1　无法实现延时照明的电路

心想，通电后，驱动器一方面点亮 LED 灯珠，另一方面为 C3 充电。关灯后，电容 C3 向 LED 灯珠放电，继续照明，直到电放完为止。到此我们没有看出有何不妥。

通电实验，开灯后 LED 缓慢亮起。缓慢亮起是因为前面驱动电路是恒流输出，电容两端电压从 0 V 开始上升，为电容 C3 充电，由于电容容量已是法拉(1F)级，充电过程在 1 分钟左右。充满后，电容上的电流为 0，全部电流流过 LED，达到最大亮度。缓慢亮起感觉还是蛮好的，不那么刺眼，有太阳从东方冉冉升起的感觉。

关灯后，LED 亮了不到 1 秒钟就不亮了，是电容容量不够？电这么快就放光了？虽然 LED 不亮了，但测得电容 C3 两端电压有 15.6 V，按理说，没电了就不应该有这么高的电压。一番折腾后，用一个钨丝的低压小灯泡并在电容两端，亮得很呢！说明储存的电能还是有的，只是在 LED 上放不出来。后来发现 LED 管压降为 3.2 V，5 组压降就为 15.6 V，电容两端电压也为 15.6 V，两者电压相等，电流从何而来呢？电容上的电压得超过 15.6 V 时 LED 才会亮。两边电压相等没有电流，LED 不亮其实是正常的。就这样失败了，受到一点小小的打击。没关系，成功与失败，在研发过程中太正常不过了，千万不要告诉别人你没有失败过，否则人家会觉得你吹牛，或者从来没有搞过研发。

通过一番思索后，改电路为图 4.1.2，C3 是 10 μF 普通电容，超级电容是 C4、C5。通电后，电容 C4、C5 两端的电压充到 12.8 V(4 组 LED 压降 3.2 V×4=12.8 V)电压。电阻 R3 是限流电阻。三极管 B 极为 R6、R7 的分压，得到高电平使 Q1 截止。关灯后 Q1 的 B 极为低电平，Q1 导通，C4、C5 通过限流电阻 R3，对下面 3 组(3×3.2 V=9.6 V)LED 放电。由于电容 C4、C5 上的电压为 12.6 V，超过 3 组 LED 所需电压 9.6 V，LED 就可以点亮了。限流电阻 R3 的大小决定关灯后的亮度与延时时

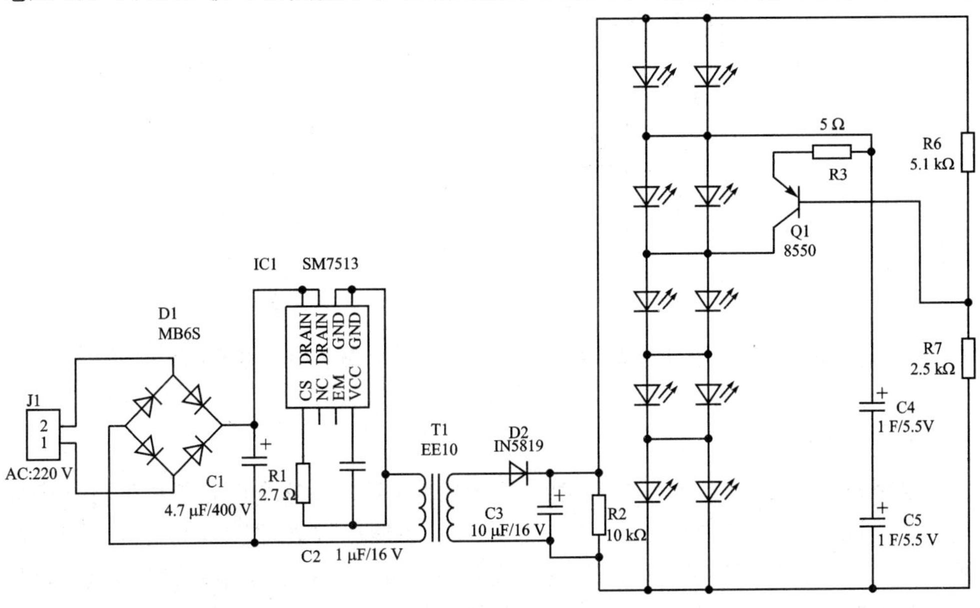

图 4.1.2　延时照明电路

间。还要考虑C4、C5串联时的均压问题,否则C4、C5上的电压不相等会损坏超级电容。最后使用的超级电容是2.2 F的3只串联。在图4.1.2电路中,可以亮1分钟以上;关灯后,是缓慢熄灭的,感觉又像是夕阳西下了。

图4.1.3是均压电路。这个电路可以使电容C3、C4、C5两端电压控制在电容耐压范围内。滤波电容串联使用的电路,都要考虑均压的问题,千万不要以为用两个电阻就可以实现均压。图4.1.4电路也能实现均压,电阻用大了,起不到均压的作用;用小了,自身要耗电,难以达到两全其美。均压电路用图4.1.3实现,就可以克服用电阻均压的缺点。图4.1.2电路里的C4、C5用图4.1.3的电路替代(3只电容),实际使用的是3只,再加上SM7513驱动芯片组成的恒流驱动电路,就构成了整个电路。恒流驱动电路这里就不再说了,这个比较简单,容易找到相关资料。

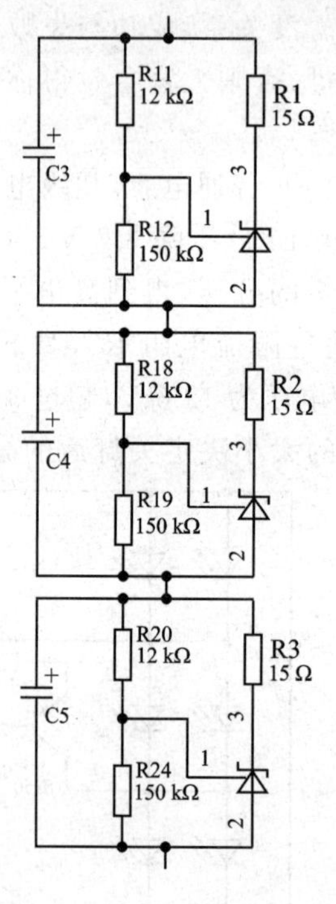

图 4.1.3　TL431 均压电路

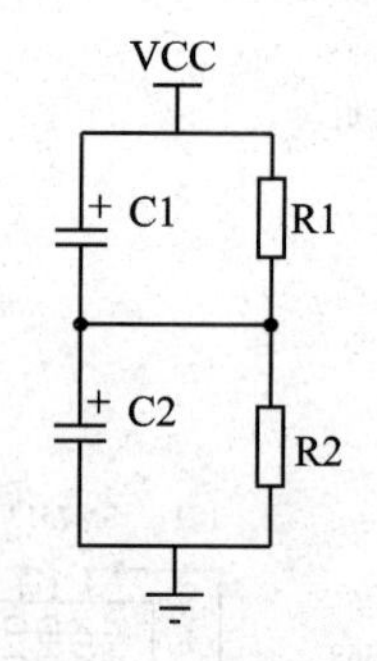

图 4.1.4　均压电路

5. 结　构

电路板在画之前,就要考虑形状、大小、散热等问题。这个电路板根据灯泡壳体的形状,只能做成圆形的。还好,三只超级电容还能放进去,图4.1.2讲的是两只超级电容,实际使用3只,道理是一样的。安装见图4.1.5,把整个电路都装在灯泡里,再把驱动器放在上面,很合适。图4.1.6是灯珠连接线。

图 4.1.5　LED 灯泡机构

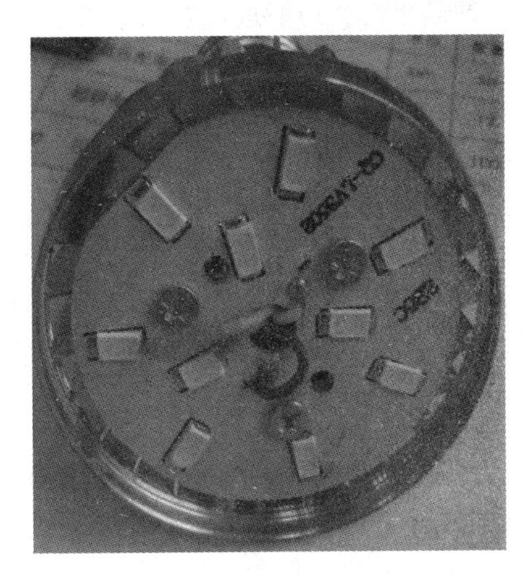

图 4.1.6　LED 灯珠连线图

图 4.1.7 是延时板和驱动器照片。

图 4.1.7　LED 延时与驱动器

6. 检　验

产品出来还要经过检验才能出厂。有国标的，要按国标来检验；没有国标的新产品，就要制定企业标准，并通过标准委员会组织的专家小组来评审并备案，通过专家的认定并备案了的标准才是合法的。制定标准有严格的规定，包括字体、字号、行间距、标题等都必须按制定标准的规范来编制。企业标准见附录 A，它是备案了的企业标准。

检验分为型式试验和例行试验（出厂检验）。型式试验是为了验证其全部性能的实验，可能是破坏性的实验。如跌落实验，就有可能将其损坏，即便没有损坏也可能破坏外观，这项试验一般是抽检，不需要对每个产品都做这样的型式试验。而例行试验是厂家对产品的功能是否满足要求而作的一些非破坏性的实验，也叫出厂检验。

产品出厂前还要进行老化，一是通电老化，二是温度老化。产品出现故障往往就在初期，使用一段时间后，出现问题的几率就非常低了，往往大家都忽视这一点，不老化，拿出去就出各种问题，这点要引起重视。

型式试验要在质检所进行(最初还是要自己做这些试验，自己检测没有问题了，才拿到质检所去检验)，质检所出具检验报告后，产品才可以销售。由于对灯泡的要求有国家标准，可以自己去查一查标准的各项要求。附录A给大家一个企标的样板，是通过评审并且是备案了的，供参考。

7. 包　装

产品的包装除了要美观外，还要有明确的标志、生产厂家、电话号码、执行标准、是否有专利等信息，还要考虑运输的问题，特别要避免暴力托运的情况。图4.1.8是产品外观照片。

图 4.1.8　产品外观

8. 说明书

每个产品都要有说明书，说明产品的使用方法，使用注意事项。如果没有详细说明，用户在使用过程中出现了问题，是要负法律责任的。应该注意规避风险，比如儿童玩的遥控飞机，要写上“在家长陪同下使用”等。下面是这种灯具的使用说明书。

LED 延时熄灭灯(简称:“流连”灯)使用说明书

本产品获得国家专利：　ZL2015 2 0628337.7

安装前请仔细阅读说明书

一、功能介绍

一般情况下，客厅或过道等场所在关灯后光线会突然暗下来，即使周围有微弱的光，也会形成视觉暂盲现象，对眼睛造成伤害，更易造成碰撞、摔倒等不良后果。特别是对老人、小孩、孕妇的危害更大。本产品开灯后，正常照明，关灯后持续发光一段时间，再缓慢熄灭，人可在这段时间离开，确保安全，保护视力。灯泡通电后逐渐达到最大亮度，实现软启动，同时使用铝材散热，恒流驱动，寿命更长。安装方法与普通灯泡一样，使用非常方便。

二、主要特点及适用范围

1. 流连灯通电30秒以上才具有延时熄灭功能。

2. 壳体采用铝合金及PC材料制成，表面抛光拉丝及静电氧化处理，具有防尘、散热、效率高、寿命长、结构新颖等特点。

3. 本产品适用于家庭、学校、宾馆、办公以及公共场所等。

三、主要技术参数

1. 额定电压：AC 220 V。

2. 额定功率：3 W。

3. 防触电保护等级：Ⅰ类。

4. 外壳防护等级：IP20。

5. LED 颗数：10。

6. 产品尺寸：H＝95 mm，　W＝50 mm。

7. 使用环境：相对湿度＜90%；工作温度－40 ℃～＋55 ℃。

8. 接口：E27。

四、安装要求及维护

1. 必须按相关规范进行安装。

2. 安装前必须先切断电源。

3. 使用本产品请仔细检查产品接口与原有接口、电压是否相符，切勿误用。

4. 确定本产品安装好后再通电使用。

五、注意事项

1. 请一定按照说明书要求进行操作。

2. 关灯后，如果取下灯泡仍在发光，不会对人产生危害。

3. 专利产品，仿冒必究！

9. 专　利

如果产品是一款有自身特色的产品，为防止他人抄袭与仿造，就要申请专利来保护自己。专利也有利于产品的宣传。

如果你自己完成不了专利文件的撰写，可以找中介机构来完成，但基础材料还得要自己来写，这样就可以免受专利文件格式的困扰；还有申请流程之类的烦恼，可以找代理，但要付一定的费用。专利文件的编写主要是写清楚产品与众不同的特点、组合方式、实现方法等。撰写专利文件，只要把原理说清楚就可以了，无需标明使用元件的参数，这样也可以起到保密的作用。一般在硬件方面的专利，不要在专利中介绍软件的实现方法。如果要申请软件保护，则可以申请软件著作权。

这里给出一个具体的专利申请材料样本供参考，见附录B。

4.2 怪招智能驱蚊插座设计

我妈说老家蚊子多，睡不好觉，我就寄回去电热驱蚊液。我问她驱蚊液效果咋样，她说，有时忘了开，有时忘了关，还是经常被蚊子咬。是啊，八十多岁的老人记性哪会那么好呢。这也简单,买个定时器不就 OK 了吗？可是我妈接电话都经常按错键,就不要说那么复杂的定时器设置了,更别想买个智能插座,安个 APP 啥的了(说实话我有点烦 APP,啥都 APP,有些真是多此一举)。

我们就来设计一款八十岁的老人都会用的智能驱蚊插座！考虑了好久,终于有了方案。一个按键,插好插座和驱蚊器后,只需按一次键,从此不用再按键了,即便是来年再用,也可以不用再作任何操作了。

其实电路很普通,是个电子工程师都能做到。单片机、时钟芯片、继电器……问题的关键是时间怎样设定,当前时间要设定,开关时间要设定,一键咋设？

方案最后敲定:当要开始驱蚊时,按一下键,程序就把此时的时间设定为 00:00(当前时间是不是 00:00 在这里并不重要),以此开始,通电 10 小时后自动关闭。次日 00:00 时(就是设定时按键的时刻)又自动开启(不用再按键,内部有时钟),10 小时后自动关闭,如此循环就可以了。这样就无需设定当前时间,开关机时间了。原理如图 4.2.1,要特别注意,时钟芯片的晶振,一定要加电容 C3、C4,否则时间会不准确,

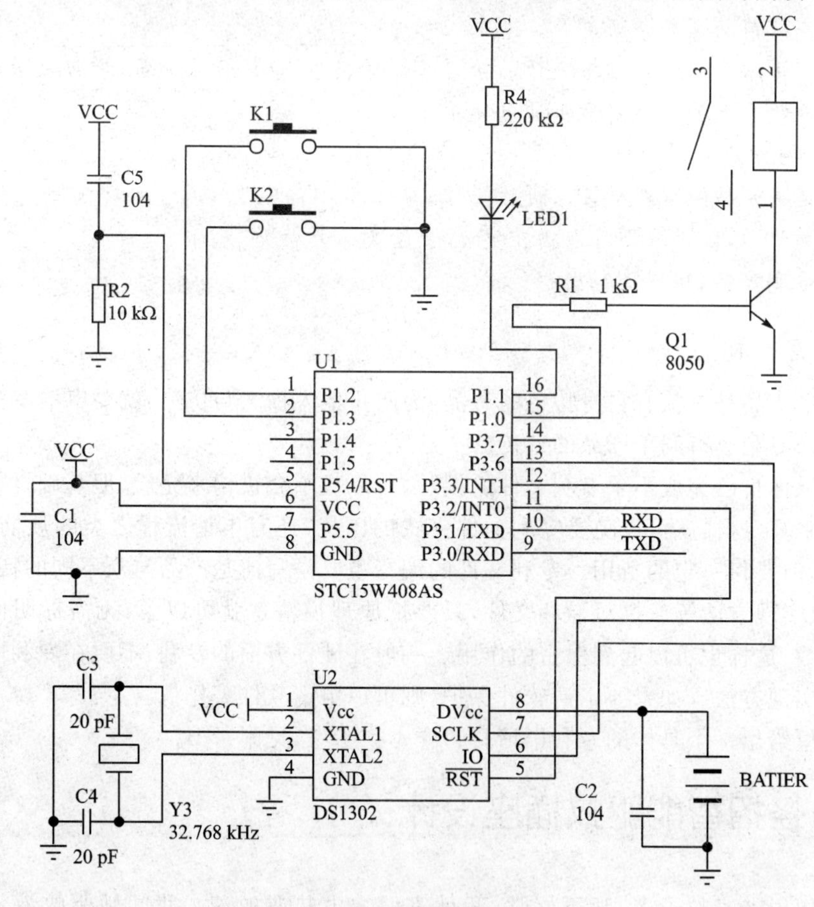

图 4.2.1 驱蚊插座电路

C3、C4 的大小可以根据厂家提供的参数。当然，晶振也要选用高精度的。

该设计也可以用在饮水机上面。我们的饮水机可以说基本就没关过，节假日都开着，桶里的水烧热又凉，凉了又烧，反反复复，浪费电不说，反复烧的水对身体也不好。后来用上这款智能插座就好多了，节约了多少电不清楚，但感觉非常好。还可以用在类似景观灯的开关灯等场合。可用的地方很多，可以尽情发挥你的想象，能用在哪儿就用在哪儿。

有个小朋友说，还可以用来给手机充电，免得通宵充（程序得改一下，要充电时，按一下按键，通电两小时就断电）。说得真好，可以发一朵小红花。

这里要使用蓝牙加上图 4.2.1 所示的电路。当用于驱蚊时，按一下键就自动进入驱蚊模式。当要作为智能定时插座时，就用手机上的 APP 设置，设置好后自动进入设置定时模式。在设置定时时间时，同时将当前时间发到插座上，不必单独设置当前时间。电路见图 4.2.1，实物见图 4.2.2。

图 4.2.2　驱蚊器实物图

4.3　一个高压钠灯不闪灭的设计

图 4.3.1 所示电路用在城市路灯上，是用来调节电压的。它根据输入电压来调节输出电压，是应对下半夜电压太高或电压不稳而设计的稳压装置。

图中 T 是自耦变压器，可以通过接触器 K1～Kn 切换挡位，以此来调节输出到路灯的电压。现在的问题是，LAMP 是高压钠灯，高压钠灯在点亮以后，在进行档位切换的时候，灯会灭掉。要再次点亮，则需要相当长的时间，得等到高压钠灯完全冷却后，才能再次点亮。所以每次切换的时候，大片灯会灭掉，十多、二十分钟后才会再次亮起，这给正常照明带来了很大的影响。

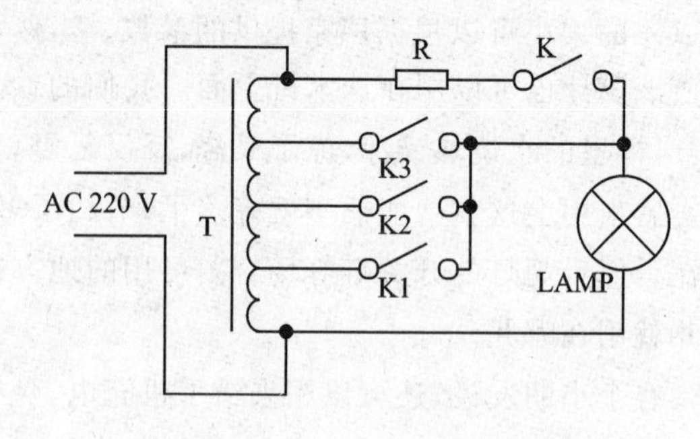

图 4.3.1　电压切换电路

我们知道，切换时必须先使一个接触器断开后，才能闭合另一个接触器。在断开一个接触器时，LAMP 上只要瞬间没电，高压钠灯就会熄灭，等到另一个接触器吸合时。问题是灯已经灭了，灭了的灯即使通上电，也不会马上亮起，需要很长时间才会再亮起。

为了解决接触器在切换期间瞬间无电的问题，加了一个大功率小阻值的电阻 R。如何实现呢，我们以 K1、K2 切换为例来说明。假设 K1 此时是闭合的，在接触器 K1 断开前，K 先闭合后（由于 R 的存在，不会导致输出绕组间短路，但会有电流，这个电流是短时间的），供电的接触器 K1 才断开。K1 断开时，通过电阻 R 供电，钠灯不会灭。然后另一接触器 K2 闭合，K 再断开。简言之，K1 闭合，K 闭合；K1 断开，K2 闭合，K 断开。这样一套动作下来，就完成了切换供电不中断的工作。电阻 R 的阻值在几 Ω 以内。当然，接触器的互锁等问题也需要处理好，K1～Kn 不能同时吸合。这种方法在长达 1 km 的路灯上使用，效果很好。这里只画了示意图，不是实际使用中的电路。

4.4　实用隧道警灯开关控制器

一条长达 1 km 的隧道里已经安装了 LED 照明灯，现在的问题是要在隧道里加装报警灯，每隔一定距离安装一盏，不想再拉单独的电源线。由于隧道弯弯曲曲，加之地形复杂，用无线控制作过实验，效果不好，不稳定。

于是决定在传输线上想办法，如图 4.4.1。先通电，隧道的照明灯开始工作；需要打开报警灯时，供电断开，1 s 内闭合，照明灯继续工作，控制器检测到这个变化就将报警灯点亮。如果要关闭报警灯，电源再断开，1 s 内再闭合，控制器检测到这个变化就将报警灯关闭，照明灯继续点亮。报警灯就并联在供电电源线上，并由我们设计的电路控制其亮灭。

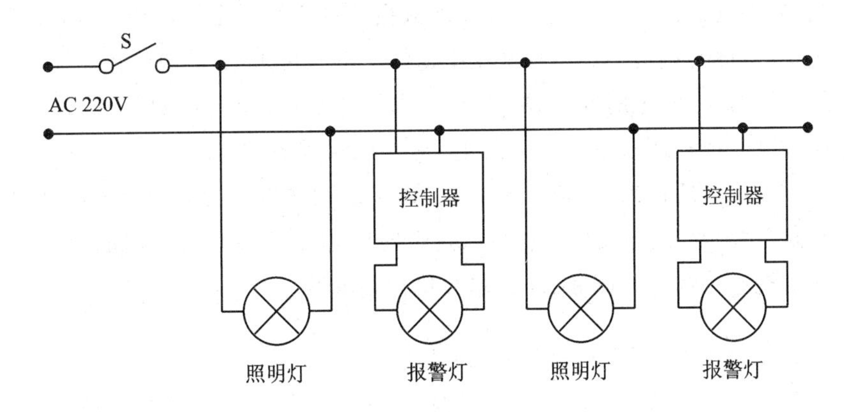

图 4.4.1　报警灯与照明灯连接图

电路如图 4.4.2，前半部分是由 MP2359 组成的稳压电路，这里就不详述了，网上也容易搜到，本书 5.26 节也有讲到。后半部分 D1 防止电容 CP1 上的电回流，CP1 容量要足够大，可以用超级电容，要能在断电的情况下，维持后面单片机工作的时间远大于 1 s。

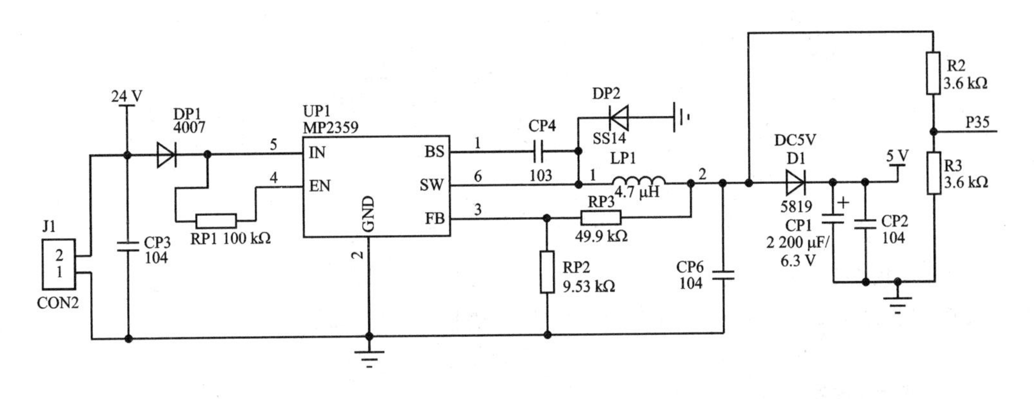

图 4.4.2　稳压电路

P35 接单片机，有电时，P35 为高电平；当电源断开时，P35 变为低电平。如果这个低电平在 1 s 内，就认为是打开报警灯的信号。由于有电容 CP1，单片机还在工作，1 s 后供电又恢复了，维持电路工作。P35 的输出波形如图 4.4.3。当再次断开，又闭合时，这个 1 s 内的信号又被单片机检测到了，这就是关闭报警灯的信号。依此类推。其他部分电路未画出。这个有点像家里的分组控制照明灯的

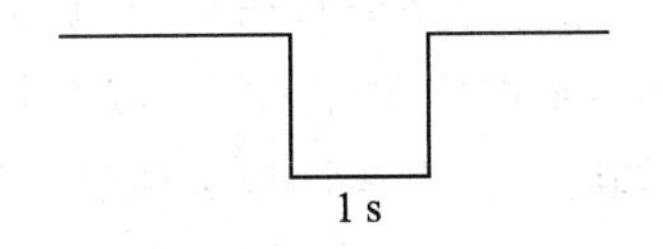

图 4.4.3　信号波形

方法。

到此，如果觉得已经很完美了，等到哪天报警灯不知不觉的打开了，那就麻烦了。有个问题我们可能没有注意到，那就是中途停一下电再来电，隧道灯控制器检测到这个断电的信号，如果断电时间也在 1 s 内，被误判为打开报警灯的信号那麻烦了，这个问题得解决。在控制端电源的开关上，串入接触器 S，如图 4.4.1，用单片机控制，就是 K1－1。停电后再来电，延时大于 1 s 再接通到隧道里去，只在需要控制报警灯开关的时候，才会给 1 s 内的断电过程，这个时间才是开关报警灯用的信号，其余情况下都不出现这种信号。图 4.4.4 是单片机控制电路。

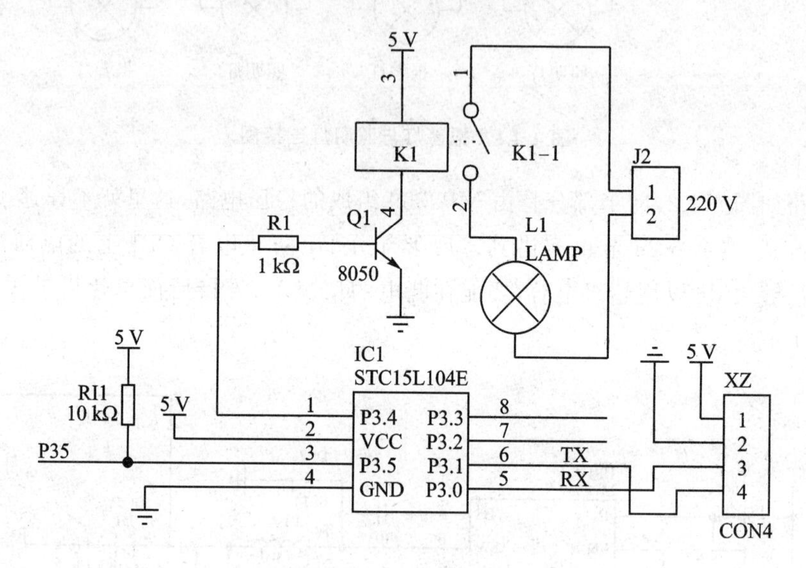

图 4.4.4　控制电路

由此我们看到，在设计产品时，一定要考虑可能出现的异常情况。这一点很重要，我们的产品往往不是被大的问题难倒，而恰恰是被小问题打垮。

4.5　防撞延时补光灯

这个电路的作用是，在晚上照明灯关闭后，自动开启 LED 辅助照明；延时一段时间后，辅助照明灯关闭。光线强的情况下，LED 辅助照明灯不会亮。它有一个好处，比如晚上你在客厅里关灯后，光线突然变暗，看不清周围的东西，容易发生碰撞；而这个补光灯会在关灯后自动亮起，待你离开后自动关闭。如果再装上电池，还可以作停电应急灯使用。

电路如图 4.5.1，R2 是光敏电阻，光线较强时 R2 变小，三极管 Q1 截止，单片机 P3.4 检测到高电平；光线变暗时 R2 变大，三极管 Q1 导通，单片机 P3.4 脚检测到低电平。单片机根据 P3.4 脚的电平来控制 LED。当单片机检测到 P3.4 脚的电平由高变低时，也就是关灯后引起的电平变化，点亮 LED 并延时一段时间后熄灭。如果要把它做得酷一点，可以用 PWM 让它缓慢熄灭。把整个电路安装在一个工艺品里面，也是不错的主意。用手机充电器供电的话，又省事，又省钱，还不知不觉地为环保做了一份贡献。稍加改动，还可以变成停电应急灯。它可以做成移动式的。

该补光灯和 4.1 节的"流连灯"类似，但实现方法不同，简单还便宜。这又一次验证了"条条大路通罗马"的正确性。

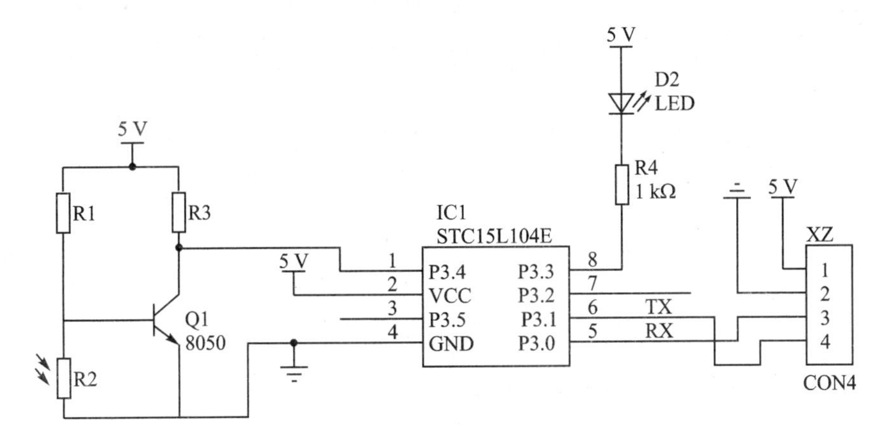

图 4.5.1　补光灯电路

4.6　学习型无声节拍器

先说音乐，要玩好音乐必须熟悉节奏、音准，唱歌的还要有情感、技巧，否则就不好玩，也玩不好。

练节奏有专门的节拍器，也有手机上的 APP，非常容易找到。这里说的学习型节拍器，有两个与众不同的特点：

(1) 根据玩音乐时想要的速度，只需按两次按钮，就可以发出和你的速度一样的节拍，不用复杂的调节旋钮之类，轻松实现和你想要的一样的速度，具有学习功能。

(2) 采用触感提示节奏，可以不用发出滴—滴—滴的吵人的节拍声。节拍声听着心烦，好多人都是因为不想听节拍器单调无味的声音而放弃使用。

我们采用类似于老师在学生手背上轻轻拍打提示节奏的方法，既不出声，又能感觉到节奏的存在。把敲击的传感器捆在手腕上，产生类似触摸的效果。再用几种颜色的 LED 指示灯默默地为你显示节奏，即可实现无声节拍器。

再说丹麦键。按动丹麦键时声音清脆，手感也很好。当然，价格也不低。

在制作这个节拍器时用的是丹麦键，很快就作成了，效果很好。后来因为要装在盒子里，用丹麦键成本高就改用普通按键，但这样一改却不行了。分析原因是由于按下键时抖动引起了异常，而丹麦键没有这种现象，按一次就通一次，这才想起开关消抖的问题。用程序延时消抖失败了，因为节拍器按两次时间本来就短，再延时那就更不好，节拍时间长度就变了。大家都知道音乐是时间的艺术，10 ms 的差异凭耳朵都能听出来，哪还敢去延时哟。于是在按键两端并一个 0.1 μF 的电容，问题解决了。

这个电路我想要告诉大家的是：

(1) 节拍器可以是无声的，可以用触感、光感来得到(普通节拍器和手机 APP 不行)。高人是不要节拍器的，在他的心中就有一个节拍在敲打，但要通过长时间的训练才能做到。

(2) 能用软件解决的就用软件，硬件越少，稳定性越高，还降低成本。

音乐的节拍有下面几种，其强弱关系标在其后：

2/4 拍：强、弱。常称 2 拍子。

3/4 拍：强、弱、弱。常称 3 拍子。

4/4 拍：强、弱、次强、弱。常称 4 拍子。

6/8 拍：强、弱、弱、次强、弱、弱。常称 6 拍子。

上面的意思是，X/Y 拍，是指 Y 分音符为一拍，每小节 X 拍。如果不懂音乐的话，可能不明白这是啥意思，不过没关系。

节拍器的电路如图 4.6.1。单片机用 STC12C2051 之类的 20 脚的就可以了，6

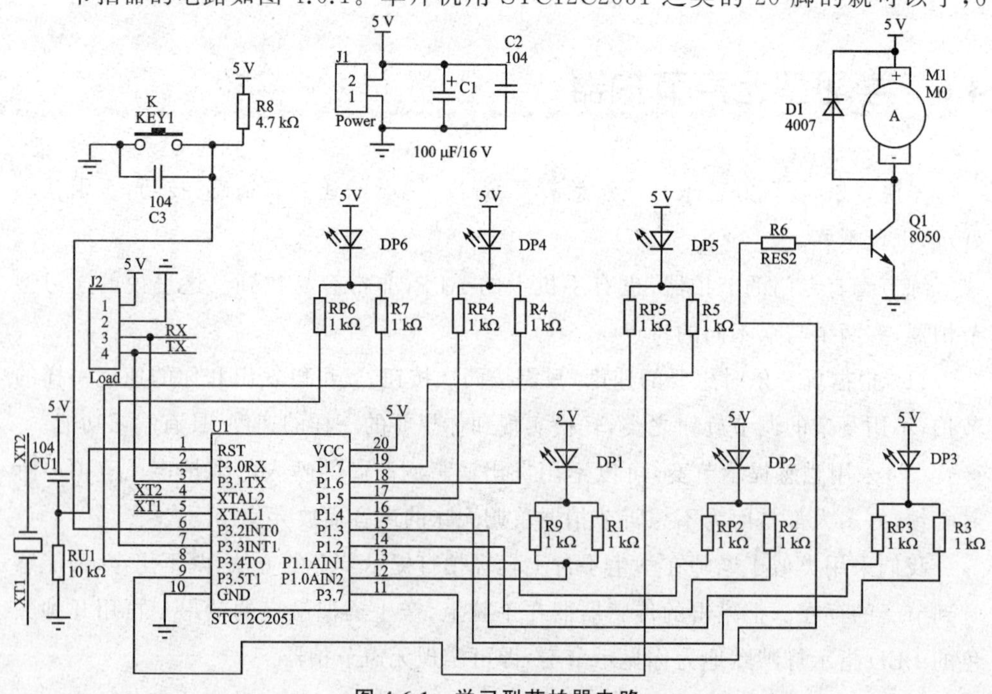

图 4.6.1 学习型节拍器电路

个 LED 灯可以用不同的颜色，并用发光二极管的不同亮度来表示强弱关系。从上面的节拍可以看到，所有节奏的第一拍都是强拍，所以 DP1 下面接有两个电阻；用一个阻值小的也要得，所有节奏的第二拍都是弱拍，所以 DP2 下面可以只用一个电阻（图中画 3 两个）；第三拍起是不确定的，所以用了两个电阻来实现强弱控制。当然也可以用 PWM 来控制其亮度，那样程序写起来要复杂一些，而这里单片机的空脚也没有别的用途，利用两个管脚来改变一个 LED 的亮度（不用白不用），程序写起来还简单。感应器可以用手机用的振动传感器等。图中还可以加上蜂鸣器，按键时可以提示一下。图 4.6.2 是振动传感器外形。图 4.6.3 是节拍器样品，一看就知道还是个毛坯，但我还是爱不释手，有一点自豪感。

图 4.6.2　振动传感器

图 4.6.3　节拍器样品

程序：为了使大家有参与感，这里只给出两个灯的程序，适合 2 拍子的节奏。看看能不能在没有注释的情况下，读懂下面的程序：

```
//---------------------------------------
//   两个灯的程序,可扩充为多个
//---------------------------------------
#include <intrins.h>    //Keil library
#include <math.h>       //Keil library
#include <stdio.h>      //Keil library
#include <reg52.h>
//---------------------------------------
#define  uchar unsigned char
#define  uint unsigned int
#define  NOP    _nop_()
//---------------------------------------
sfr  CCON       =     0xD8;
sbit CCF0       =     CCON^0;
```

```
sbit CCF1        =    CCON^1;
sbit CR          =    CCON^6;
sbit CF          =    CCON^7;
sfr  CMOD        =    0xD9;
sfr  CL          =    0xE9;
sfr  CH          =    0xF9;
sfr  CCAPM0      =    0xDA;
sfr  CCAP0L      =    0xEA;
sfr  CCAP0H      =    0xFA;
sfr  PCAPWM0     =    0xF2;
//------------------------------------------------
sfr      P1M0 = 0x91;
sfr      P1M1 = 0x92;
//------------------------------------------------
sbit  ZD      =  P3^4;              //振动传感器
sbit  LED1    =  P1^0;              //指示灯 1
sbit  LED2    =  P1^1;              //指示灯 2
sbit  KEY     =  P3^7;              //按键
//------------------------------------------------
bit             BJ1 = 0,BJ2 = 0;
unsigned int    timer1,timer2,flash;
unsigned int    N1 = 0,N2 = 0,N3 = 0;
//------------------------------------------------
void D10ms(unsigned int count)
{
    unsigned int  i,j;
    for(i = 0;i<count;i ++ )
      for(j = 0;j<150;j ++ )
       {
         ;
       }
}
//------------------------------------------------
void Delay_Us(unsigned int us)
{
    for(;us>0;us -- );
}
//------------------------------------------------
void Delay_Ms(unsigned int ms)
{
    for(;ms>0;ms -- )
    Delay_Us(1000);
```

```
}
//-----------------------------------------
void Init(void)
{
    TMOD = 0x01;
    TH0 = 0x0FC;
    TL0 = 0x66;
    EA = 1;
    ET0 = 1;
    TR0 = 1;
}
//-----------------------------------------
void  main(void)
{

     Init();
     ZD = 1;
     Delay_Us(1);
     Delay_Ms(50);D10ms(1);
     LED1 = 1;LED2 = 1;
     flash = 500;N1 = 500;BJ1 = 0;BJ2 = 0;
     timer1 = 0; timer2 = 0;
     N2 = 1;
   while(1)
    {
   if(timer1>2000)
       {
    BJ1 = 0;BJ2 = 0;
   }
   if((KEY == 0)&&(BJ1 == 0)&&(BJ2 == 0))
   {
    timer1 = 0;
    BJ2 = 1;                  //第一按
        while(KEY == 0)
    {
    NOP;
    }
   }
NOP;
//-----------------------------------------
     if((BJ2 == 1)&&(KEY == 0))
   {
```

```
    if(timer1<2000) flash=(timer1/2); BJ2=0;
     while(KEY==0)
     {
     NOP;
     }
    }
     NOP;
    }
}
//----------------------------------------
void timer0() interrupt 1
{
     TH0 = 0XFC ;
     TL0 = 0X66 ;
     timer2 ++ ;
     if(timer1<3000)   timer1 ++ ;
     if(! N1 -- )
{
        N2 -- ;
        if(N2 == 0)
        {
          N2 = 2;
          N3 ++ ;                  //N3 灯数量,也就是几拍子的问题
          if(N3 == 2)
            {
             N3 = 0;
            }
        }
       if(N3 == 0)
         {
        LED1 = ! LED1;
         }
       if(N3 == 1)
         {
          LED2 = ! LED2;           //RED
         }
       N1 = flash;
    }
//----------------------------------------
    if(((flash-N1)<100)&&((LED2 == 0)||(LED1 == 0)))
     {
     ZD = 0;
```

```
    }
  else
    {
    ZD = 1;
    }
//----------------------------------------
  if(timer2>500)
  {
    timer2 = 0;
  }

}
//----------------------------------------
```

4.7 淡入淡出的人体感应夜灯

图 4.7.1 是一个非常经典的电路。它最大的好处在于静态时功耗非常低，是用单片机控制无法比拟的，特别适合电池供电。

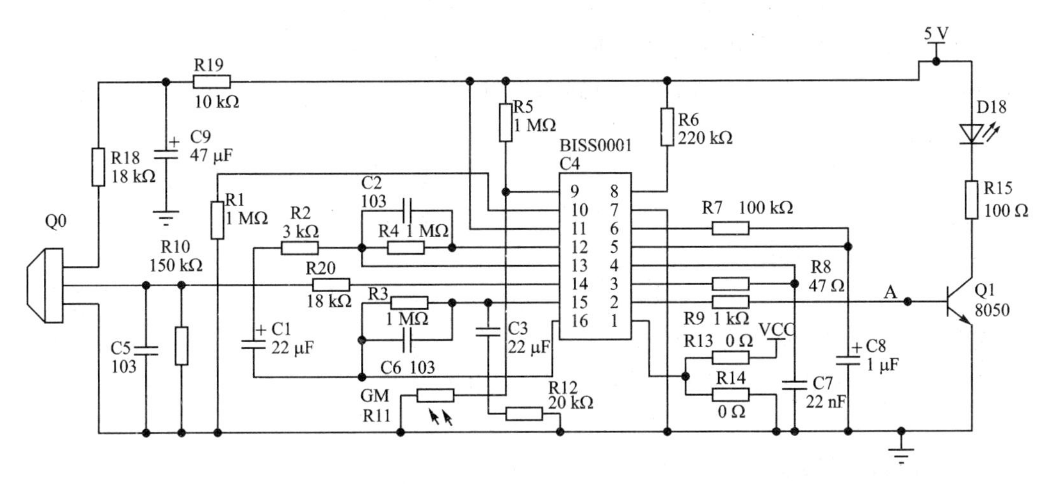

图 4.7.1 人体红外线感应灯电路

这个电路成功的秘诀是：只要使用正品的人体感应探头，做到电路无误都会成功。探头容易买到假货，不是距离短，就是灵敏度不高，受温度的影响还很大，等等。比如有的开了空调距离就变短了。许多电路设计都没有问题，就是被垃圾元件坑了。这个电路原理在这里就不赘述了，很容易找到。

下面介绍在这个电路上增加的功能。这个电路作为起夜灯用，当感应到人体后，LED 就会亮，延时一段时间 LED 就灭。但都是直接亮起，直接熄灭，没有渐灭渐亮的过程，使人感到不舒服，特别是起夜时，很刺眼睛。我们现在来把它改成淡入淡出即缓慢亮起，缓慢熄灭，具有呼吸效果的感应夜灯。我们在LED的输出驱动部分想办法。图中有个三极管Q1，驱动LED发光。注意，实际使用时可能是多只LED，这里只画出了一只。在图4.7.1中标记了A点，一会儿我们就把设计的电路接到A点，取代后面的Q1、R15、D18，实现缓亮、缓灭。

要改的电路如图4.7.2，Q1是两只三极管组成的达林顿管，这点很重要（这里为了画图方便，没有画出另一只三极管）。为啥要用达林顿管，在本书5.2节有描述，这里不再重复。A点就是图4.7.1的连接点，图4.7.2是替代图4.7.1的A点后面的电路部分。由图可以看到，当A点为高电平时，也就是感应到人体红外线后A点的电压，通过二极管D1和电阻R1、R2的分压，向电容C1充电，电压由0逐渐增加，三极管Q1也就逐渐导通，LED由暗到亮，直到最亮。延时结束后，A点变为低电平，电容C1上的电通过R2慢慢放掉，三极管Q1也由导通慢慢变为截止，LED慢慢熄灭。这里之所以要用D1，是因为A点为低电平时，电容C1上还有电压，C1上的电会回流，导致电路重复触发。加D1后，A点变低电平时，电容C1上的电就不会倒流。

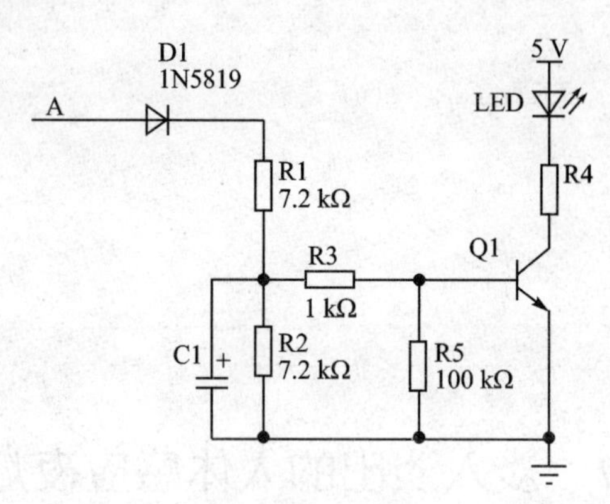

图4.7.2　延时驱动电路

能不能用PWM来控制呢？那就得另加能产生PWM的电路，还要加单片机之类，关键是静态功耗的问题，而且用PWM会使电路更加复杂。我们应该把复杂问题简单化，而不是把简单问题复杂化，除非问题本身就很复杂，那就另当别论。

图4.7.1采用的是一款非常经典的红外线人体感应芯片BIS0001，这个芯片的资料也很容易找到。但是其电路比较复杂，外围元件多，PCB布板也麻烦。这里还有一种红外线人体感芯片EG4002，其外围电路比较简单，效果也不错，应用电路如图4.7.3（芯片厂家提供）。EG4002还可以用于人体微波感应。

EG4002的特点：

（1）静态功耗小，3 V电源电压时，其电流仅45 μA，5 V电源时电流仅75 μA，非常适合电池供电。

（2）高输入阻抗，适合多种传感器。

（3）内设延时时间定时器和封锁时间定时器，时间可调。

（4）电压范围宽，＋3 V～＋6 V。

（5）封装仅8脚。

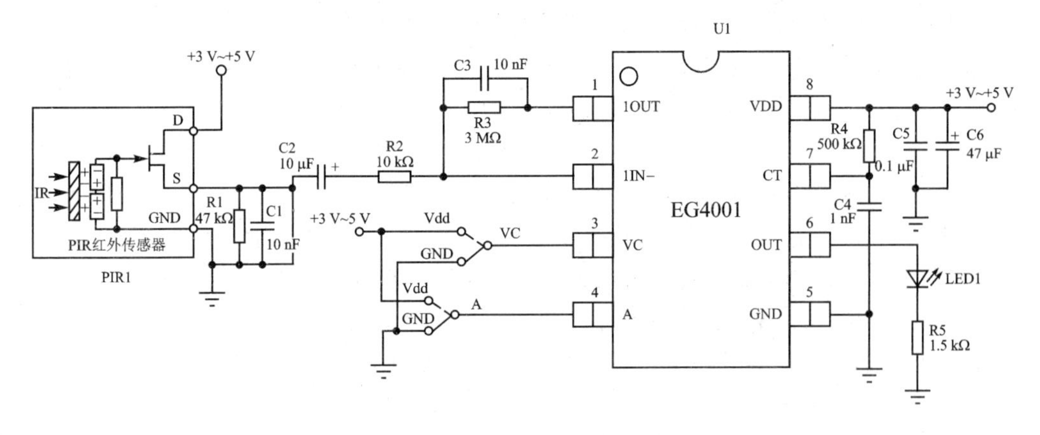

图 4.7.3　人体红外线感应灯电路

4.8　纠结的“单火线取电”

不知道是哪位高人把串联在火线上取电命名为“单火取电”，想来想去，还真没有比这个更好的名字。如果你想要那个“单火取电”电路，到网上去搜，可能不知道该输入“单火取电”几个字。“单火取电”其实就是串联在已有设备的火线上的电路，并且与控制开关并联，图 4.8.1 为示意图。电路要在这里取电供给其他电路工作，所以取电电压都比较低，一般都是为单片机一类电路供电。特别是在照明灯上使用时，因为控制灯的开关都是控制的火线，把这个装置用在这里，只在这根火线上取电，而没有用到零线，取名就很自然地叫做“单火取电”了。

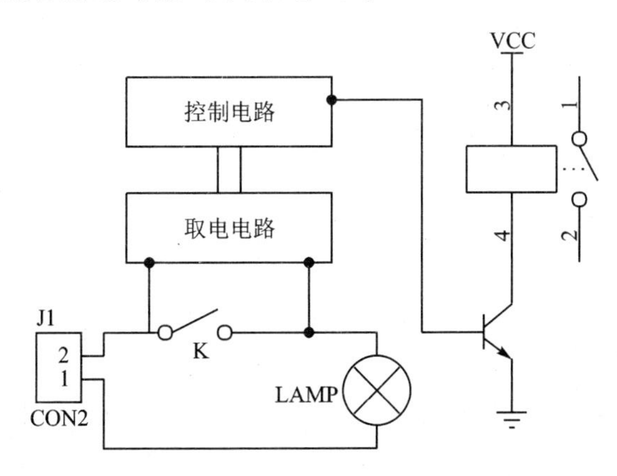

图 4.8.1　取电结构图

接触这个电路时还不知道它叫“单火取电”。那是在 2000 年的夏天，一个移民马来西亚的华人回到深圳创业，有个把墙壁开关改成具有遥控功能的研发项目想要我做。他说了一句话就让这个项目泡汤了，而且至今我都恨他。谈判的时候他不想一次性付给我钱，他想卖了产品后，赚钱后给我分成，我不同意。他说“你们中国人”没有远见，瞬间就激怒了我，我说，你回去跟你妈说“你们中国人”，当即就走人了。他明明就是从小在中国长大的，吃的中国饭，喝的中国水，说这些话有点良心没有。

再来说“单火取电”：“单火取电”是智能家居不可或缺的技术。在咱们中国，墙壁开关大多是开关串在火线上，并不把零线拉到墙壁开关处，这也是没有办法的事情。要想重新拉零线，就得破坏装修，用户不会因此而大动干戈的。而墙壁开关要改成智能控制，就得为控制电路取电。百般无奈的情况下，“单火取电”就闪亮登场了。

“单火取电”分两种状态：一是开关断开状态的取电，另一种是开关闭合状态的取电。还是根据电路来说比较方便，我们来看图 4.8.1 所示的电路结构(这里主要用来分析设计思路和原理，只画出方框图)。K 是开关，取电电路要在 K 闭合与断开两种情况取电，为控制电路供电，J1 是 220 V 供电。可以看出，在 K 断开时取电还是容易的；但 K 闭合后，取电电路如何得电才是问题的关键。当然这个开关 K 不是机械开关，而是电子开关。机械开关闭合后，开关 K 两端电压为 0，取电电路就不要想取电了。所以，要用可控硅做开关，闭合后，在可控硅上得到一个压降，就利用这个压降来获得需要的电能。

图 4.8.2 是取电的实现电路。图 4.8.1 中的 K 就是图 4.8.2 中的可控硅 QW1，它的通断由 MOC3021 控制。MOC3021 的 1、2 脚接单片机，最终由单片机控制可控硅 QW1 的通断。在 MOC3021 导通期间，也就是开关闭合期间，由于 D1、D2(12 V 稳压二极管)的存在，可控硅 QW1 在电压过零以后，0～12 V 期间 D1、D2 没有导通，可控硅 QW1 没有被触发，还不会导通。此时，电压通过 RW3、MOC3021、全桥 RW4，这时 RW4 的 2、4 脚就有 0～12 V 的电压，经整流后 DW1 隔离，输出电压 VCC。当交流电压超过 12 V 后，D1、D2 通，可控硅 QW1 导通，相当于图 4.8.1 的 K 闭合，灯亮。也就是每个正弦波的 0～12 V 都被截取下来，降落在全桥 RW4 上面了。QW2

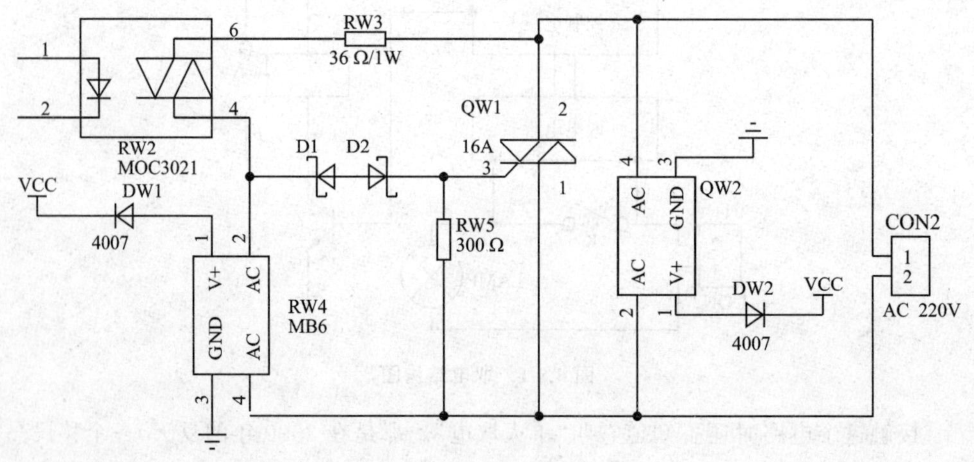

图 4.8.2　取电电路(1)

电路部分由于 2、4 脚最高电压只有 12 V，电压太低，不满足工作条件，不会工作(原因后面再述)。在 MC3021 关断期间，可控硅 QW1 不会导通，全桥 RW4 上也得不到电压，通过灯泡的电压全部加到 QW2 上，这个电压远高于 12 V，使得 QW2 有足够的电压得以工作。当 QW2 工作后，在 1、3 脚就有 12 V 电压输出，经 DW2 隔离输出到 VCC，此时有很小的电流流过灯泡，一般情况下，灯泡不会亮。图中两 VCC 合并，再经稳压滤波后，供控制电路使用，如图 4.8.3。

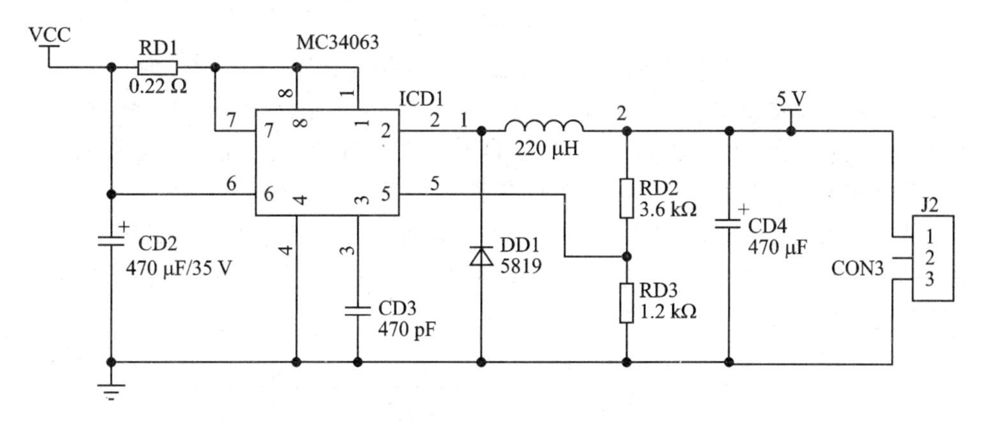

图 4.8.3　稳压电路

我们再来看 QW2，它其实就是一个把交流变直流的模块，可以理解为一个小小的开关电源，实际上也可以用小功率的开关电源替代，只是要求效率要高，损耗要小。QW2 电路如图 4.8.4，图 4.8.4 实际上也可以用于 LED 灯泡的驱动，可以得到低电压输出，在有关资料上可以查到，只是 R7 要重新取值(根据负载的情况)。

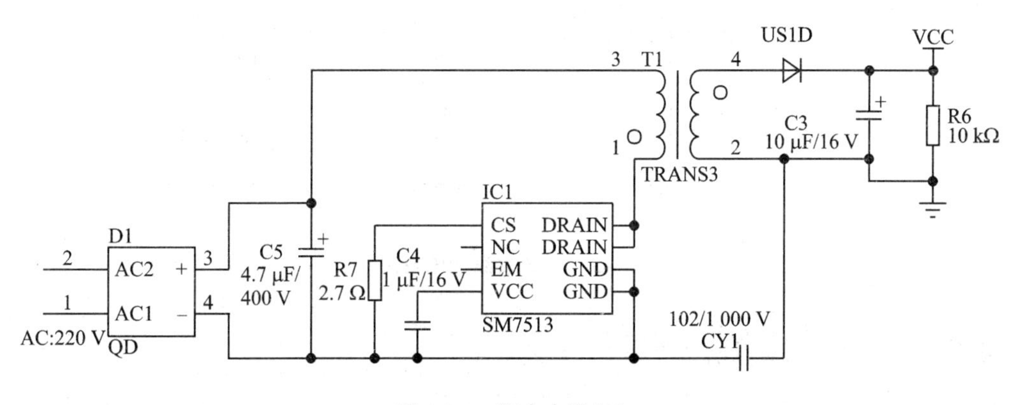

图 4.8.4　取电电路(2)

现在我们应该明白前面说的 QW2 在 0～12 V 期间不会有电压输出的原因了。其实质是在 0～12 V 期间 AC/DC 没有满足工作条件，所以没有输出。

看看“单火取电”存在的问题。由图 4.8.1 可以看到，开关 K 断开的时候，取电电路要取电，必然有电流流过灯泡(负载)，也就是前面说到的有很小的电流流过灯泡。

这个电流对白炽灯一类的阻性负载是没有问题的，如果是 LED 灯泡或节能灯，就会出现闪烁的现象。解决这个问题通常的办法是在灯泡两端并联电容或电阻，但这给安装带来很大的麻烦。还有一种办法是限制取电部分耗电在 μA 级的电流，防止灯泡的闪烁，但 μA 级电流很难满足控制部分的用电。灯闪烁的问题也是阻碍这个技术应用的关键。虽然网上卖的这种产品说的灯具不会闪烁，除非取电电流非常小，但买回来发现还是要闪，这些我都经历过了。我们后来把电容装在 LED 灯泡内，直接换个灯泡，就不用大动干戈地去接电容电阻了，简单易行。

图 4.8.5 是另一种“单火取电”电路，这个电路看起来要简单一些。MOC3060 控制灯的开关。还是分两种情况讨论：在开灯的时候，电流通过全桥，在正弦波的电压低于 DW 的稳压值阶段，SCR 关闭，通过 D1 给 C2 充电，为其他电路供电；当正弦波电压超过 DW 的稳压值时，DW 就导通，导通后触发可控硅 SCR 导通，SCR 导通，为灯泡供电。在关灯的时候，电流流过电容 C1、灯泡 L、全桥。SCR、DW、D1 工作过程和开灯时相同，只是整个电路电流很小，灯泡 L 不会点亮。但和前面有同样的问题，取电电流大时，LED 灯、节能灯该闪还要闪。

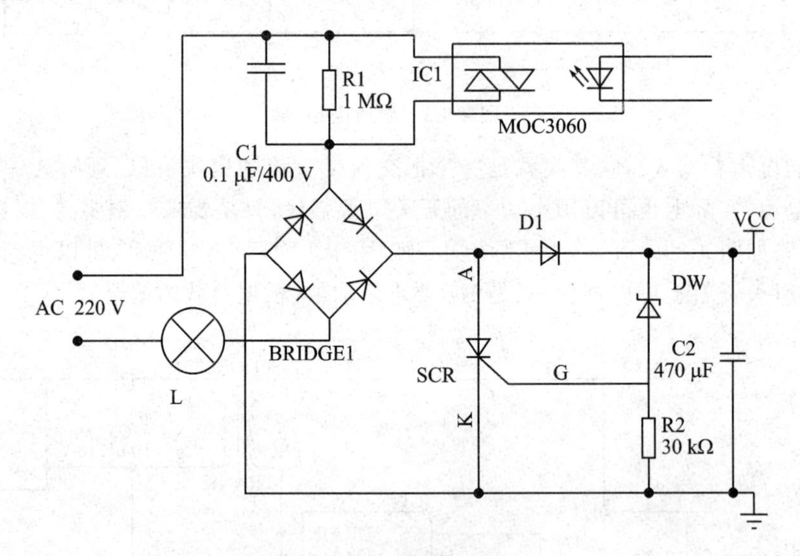

图 4.8.5　单火线取电电路

4.9　一波四折的一键开关机

一键开关机大家一点也不陌生，电脑其实就是一键开关机，短时按一下按钮就开，长时按就关（电脑死机时才有这个动作）。长按关机是为了防止触碰导致的误关机。好多用户都习惯一键开关机方式。在一款爆破检测器里也采用了这种方式，检测器供电为锂电池。

我们看看图 4.9.1 的原理，这是最初的实验，是在网上查了相关资料后画出的一种电路。按一下开关K(不带锁的)MOS管Q1导通,单片机得电工作。单片机得电后P11输出高电平,三极管Q6导通,Q1继续导通,Q6相当于与K并联的开关。当需要关机时,按下K,单片机P10就可以检测到低电平。如果按下的时间足够长,单片机P11就输出低电平,三极管Q6关闭,K释放断开,Q1关闭。到此应该算达到目的了,看上去也很简单。但实际制作的这个电路根本无法正常工作,关机后瞬间又开机。

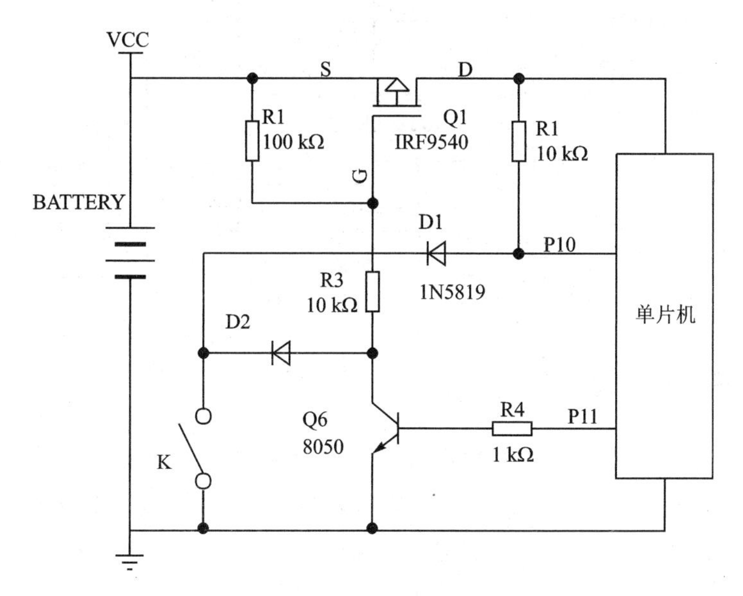

图4.9.1 开关机电路(1)

我们知道单片机在电源电压降到一定程度的时候,管脚会出现一瞬间高电平。单片机关机后,电压降低时,管脚出现瞬间高电平,使Q6导通一下,于是Q1也导通,单片机又得电工作,P11变高电平,Q1导通。如此反复,根本不能使用。这算是第一折。

在图4.9.1的基础上作了改进,改进后的电路如图4.9.2,我们再来分析这个电路。同样,按下K后Q1导通,单片机得电,P11输出低电平,光耦C、E极导通维持。关机时长按K,单片机P10检测到长按键后,P11变高,光耦PC817的C、E断开,Q1截止,单片机失电。如果单片机因电压降落瞬间使P11变高,也不会使光耦C、E导通,也就不会使Q1导通了。这个电路关机是靠软件实现的。使用中发现,单片机死机后,检测不到按键,根本无法关机。需要打开机箱断电重启,要不就装个复位开关,安装在方便按到的地方。这个办法不完美。这是第二折。

上面两个电路开机后,虽然是按键关机,但真正关机是靠单片机执行的。那么,如果单片机死机了呢,那就会关闭不了。要么复位单片机,要么断电重新上电才行。要是使用蓄电池,并且蓄电池装在机器里面,机箱又不容易打开,那就麻烦了。采用复位方法必须增加一个复位按钮,这个按钮还要隐藏好,装在不易碰到的地方,避免

经常碰到误复位。有的安装在小孔里,用个牙签什么的捅一下复位,这些办法都不能彻底满足开关机应该是最高权威的原则。

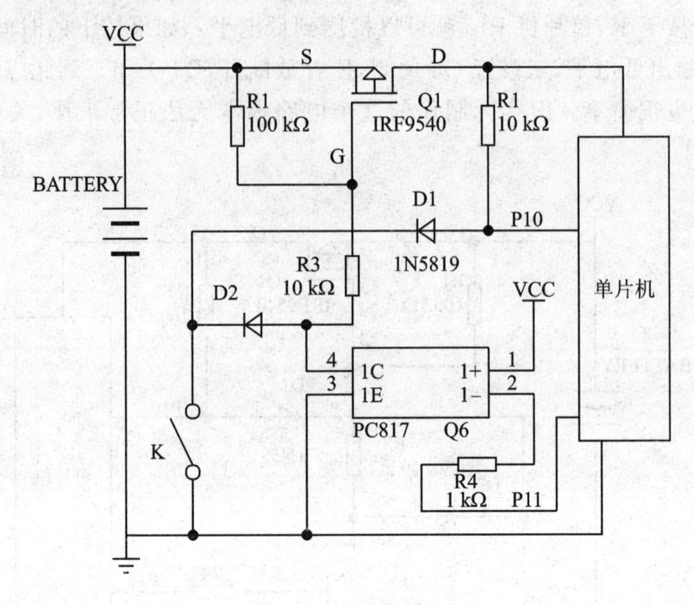

图 4.9.2　　开关机电路(2)

我们再看图 4.9.3。这个电路开关机不需要单片机来控制,完全由硬件自身完成,就避免了图 4.9.1 和图 4.9.2 的缺点。先来看看原理,上电后,由于 Q3 截止,Q2 基极为高电平截止,负载 RL 无电(VCC=0)。按下 K,通过电阻 R15、K 使 Q3 基极为高电平且导通,Q2 基极变低电平导通,负载 RL 得电。由 D1、R18 使 Q3 维持这个

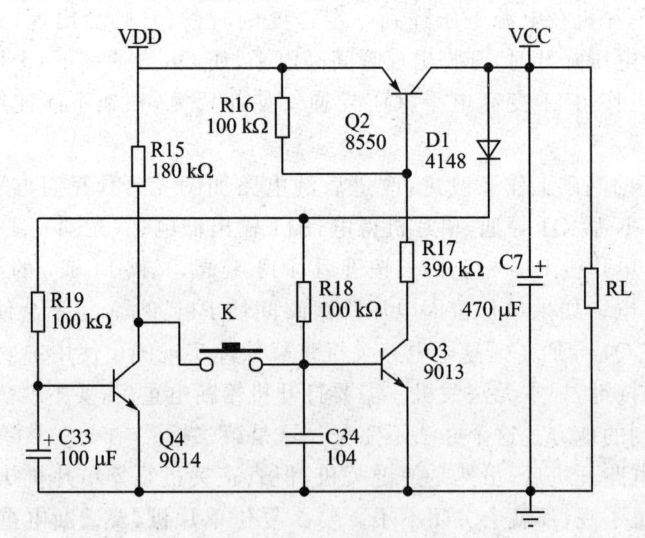

图 4.9.3　　开关机电路(3)

导通状态，按键释放 Q2 仍然导通，保持负载有电的状态。在按键开机后，通过 D1、R19 向 C33 充电。开机一定时间后，Q4 导通，Q4 集电极为低电平。再次按下 K 后，使得 Q3 基极为低电平而截止。由此使 Q2 基极为高电平而截止，负载 RL 失电。K 在开机按键时，要在 Q4 导通前释放。如果 K 开机按键超过 Q4 的导通时间，Q3 基极变低电平截止，Q2 也跟着截止，后面负载 RL 又失电。也就是开机后又关机了，所以这个 C33 很重要，其大小应根据 K 按下的习惯来决定。按键时间长，C33 就要大些。如果 C33 太大，开、关机之间的间隔就要长些，开机后要马上关机就做不到。上述过程反复就可以实现开关机了。这个电路虽然实现了最权威的开关机特性，但这个电路无法实现短按键开机和长按键关机功能，关机也是短按键就完成了，还是不如意。这是第三折。

上述电路都有些不如意的地方，多方查找资料，始终没有一个最满意的结果。最后还是参考前面的电路重新设计，电路如图 4.9.4。这个电路不需要软关机（程序控制的关机），有效避免死机后出现的无法关机现象，有很高的可靠性和开关机最高优先权。关闭后功耗极微，可以用于电池供电的场合。实现了一键短按开机、长按关机的功能。还可以预防瞬间触碰按键导致的误开机。

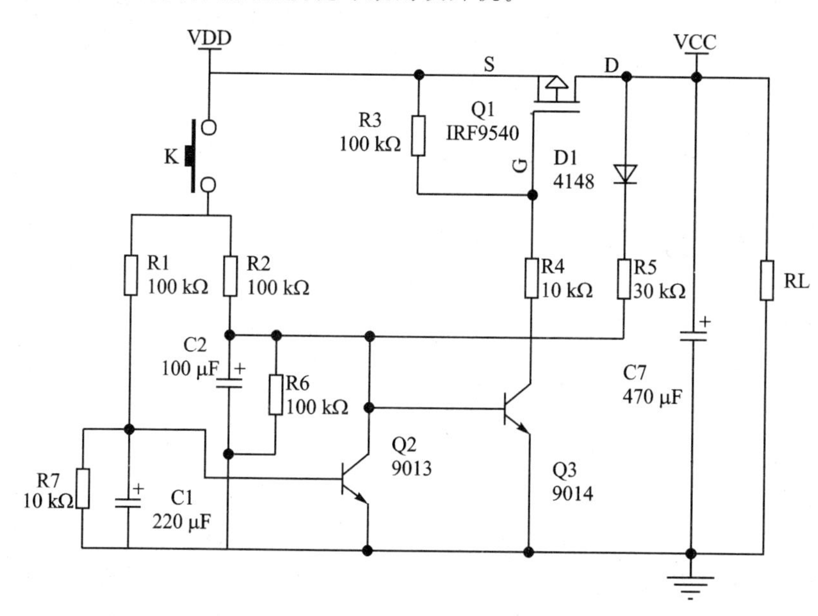

图 4.9.4　开关机电路(4)

电路原理：按下 K 后，一路通过 R2 向 C2 充电，一路通过 R1 向 C1 充电。由于 C2 比 C1 小，C2 先充到 Q3 导通的电压，C1 比 C2 后充到 Q2 导通的电压。在充电电压还不足以使 Q3 导通前释放 K，负载 RL 不会得电，这可以防止短时触动按键误开机。K 按下后，随着时间的推移 Q3 基极电压逐渐上升使其导通后，Q1 也跟着导通，负载得电。通过 D1、R5 使 Q3 一直导通自锁，实现开机。开机按键期间，通过 R1 向

C1 充电，在 C1 上电压还不能使 Q2 导通之前 K 必须断开，也就是短按，否则成为长按。无论是开机状态，还是关机状态，当 K 按键时间超过 C1 电压升高到使 Q2 导通的时间，Q2 导通使 Q3 截止，负载 RL 失电都是关机，其实也就是长按键关机。也就是说，开机时，按键时间超过长按键关机的时间，也是关机。C1 两端并联泄放电阻 R7，K 断开后将 C1 上的电放掉，避免 C1 上储存的电压使下次按键时 Q2 比 Q3 提前导通，导致无法开机。设计时要注意 R1、R7 的分压值，要保证按下 K 后能使 Q2 导通；R2、R6 也一样，要根据 VDD 来决定，这里是 VDD=12 V 时的参数。到此这个电路才算是完美了。这是第四折。

图 4.9.5 是用在产品上的一键开关机。

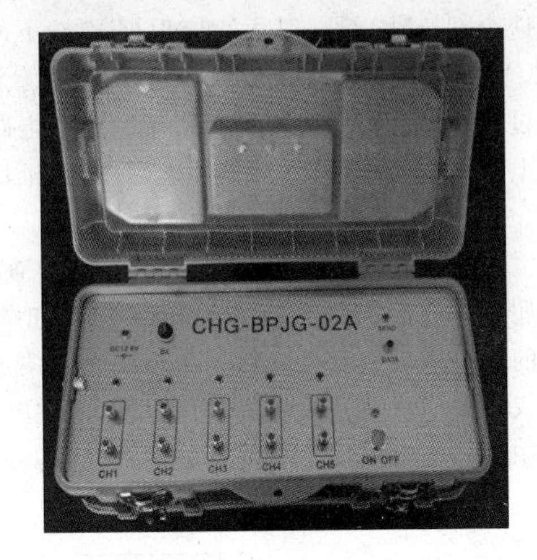

图 4.9.5　一键开关机产品

在使用电池供电时一定要确保在关机后电流很小，应在微安级；否则关机后，电很快耗净。要注意 MOS 管的选取。图上用的是 IRF9540，但 IRF9540 在这里要在大于 4 V（测得的值）才能工作。如果电源电压较低，可以用 SI2301 之类的 P 沟道 MOS 管。

4.10　采用 H 桥的音频功放遥控电路

普通直流电机的转动方向与电流方向相关，如果改变电流方向，就会改变转动方向。H 桥就可以实现改变电流方向、改变电机转动方向这个功能。其原理是：图 4.10.1 中，当 Q3 和 Q2 导通时，电动机假定为正转，此时，Q4、Q1 关闭。当 Q3、Q2 关闭，Q4、Q1 导通时，电动机就反转。当 Q3、Q4 关闭或 Q1、Q2 关闭时，电机停转。光耦 J1、J2 是控制电机正反转的部分。J1、J2 的控制输出为一高一低的电平，或两个相同的电平。当 J1 输出为高，J2 输出为低时，Q3、Q2 导通，电机假定为正转；当 J1 输出为低，J2 输出为高时，Q4、Q1 导通，电机反转。J1、J2 输出同时为高或同时为低时电机停转。J1、J2 可以用单片机驱动。由于电机是感性负载，用 D1～D4 做保护二极管，保护 Q1～Q4。

前面是对电路原理的简单分析，现在要用这个电路实现音频功放的遥控。遥控部分是用现成 433 MHz 的无线收发模块，无线接收模块和单片机连接。音量电位器是带电机的，电机就是用 H 桥电路来驱动的。当然，单片机还控制电源的开关等其他功能，这里主要介绍音量控制部分。

这里用到一个小的技巧。玩音响的可能有这个经历，就是打开电源后，声音可能会以最大的音量响起，把自己都下一跳。仔细一看，音量是开在最大的。吓到事小，把喇叭烧了，那就心疼了。用这个驱动可以很好地解决这个问题。每次收到遥控关机指令，单片机先将音量调到最小后，再关机。开机时，也先调小音量（怕万一在关机后被误调到了最大），然后才可以遥控调节音量。这样就可以避免开机时音量在最大状态。这里要说明，电机控制的音量电位器，有一个非常好的特点，电位器到位后，电机即使再旋转，也不会出现卡死和过载，不像齿轮直接硬对硬的变速，卡住电流会剧增甚至损坏电机。也得说明，发烧友不喜欢电子音量控制，所以高档一点的音响设备还是机械式电位器。这里是机械加电动的方式。

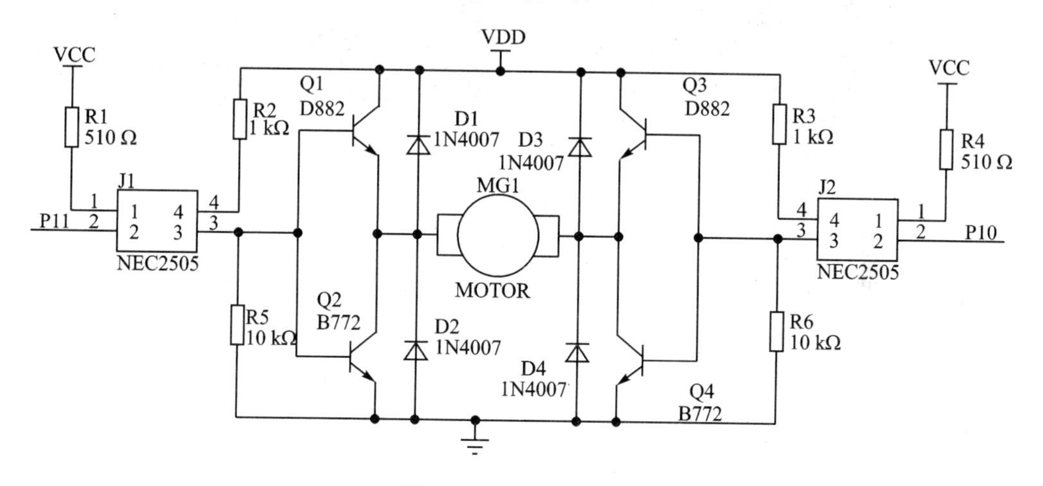

图 4.10.1　控制器电路

在此基础上还可以再装几个继电器，由单片机控制音响设备的开关顺序，如开机时，先开 CD 机，次开调音台，再开功放机。我们知道，如果先开功放机，再开其他设备，就有可能因开机冲击产生噪音损坏喇叭或功放。关机时先关功放机，再关调音台，最后关 CD 机。图 4.10.2 就是这个电路里电机控制的电位器实物图。它可以电动，也可以手动，图左边是古董级的，右边图是新式的。

把产品做得更加人性化，更科学，始终是我们不变的追求。

下面来回顾一下电位器的知识：电位器电阻值变化的规律可分为三种：线性电位器、指数式电位器、对数式电位器。线性电位器是指电位器转动时的阻值是按线性关系增长的，指数式电位器是指电位器转动时的阻值是按指数关系增长的，对数式电位器是指电位器转动时的阻值是按对数关系增长的。通常线性电位器用“X”标注，指数式电位器用“Z”标注，对数式电位器用“D”标注，一看就知道是汉语拼音的标注法。

指数式电位器普遍应用于音量调节电路里。因为人耳对声音响度的听觉最灵敏，当音量大到一定程度后，人耳的听觉逐渐变迟钝，所以音量调节一般采用指数式电位器，使声音的变化显得平稳、舒适。所以，我们在设计音量控制时，一定要注意这个问题，千万不要用线性的电位器来调节音量。所谓的音量电位器，就是指数式的电位器。

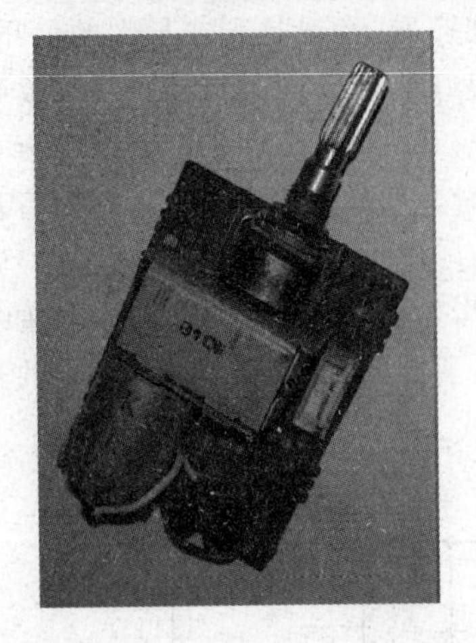

图 4.10.2　带电机的电位器

由于制造电位器的工艺所限，要把两个声道用的电阻做在一起，使两边在各处电阻值既符合指数规律变化，大小又都相同，不是件容易的事。这样一来，就有可能在某些位置两边电阻并不相同，会一大一小，造成两边的不平衡。发烧友为此烦恼不已。所以，就干脆用多挡波段开关制作带挡位的步进式音量电位器，电阻按指数规律挑选。由于金属膜电阻误差较小，做出的电位器两边平衡度就好多了。图 4.10.3 所示就是步进式音量电位器，在立体声设备中使用很不错；高级的步进式音量电位器千元一个的都有。图 4.10.4 是笔者自制的。

图 4.10.3　步进式音量电位器(1)

图 4.10.4　步进式音量电位器(2)

4.11　摄像头扫灰尘控制电路

野外用的摄像头很容易被灰尘污染，影响图像的清晰度，特别是安装得很高的地方，要清洁那就麻烦了。这里给出一款实际使用效果不错的灰尘自动清扫电路。

为了保护摄像头，在摄像头前加装了平面高透光玻璃，在玻璃前面加了扫灰的毛刷，可以左右移动，每隔一定时间自动清扫一次。

图 4.11.1 是电源电路，采用 LM2576 稳压芯片组成的电路为单片机供电。扫灰电机电源用 12 V 供电，12 V 电源来自开关电源。D1 的作用是防止电源接反（在有可能将电源接反的场合最好加个这样的二极管）。图中的 HH 为贴片电感，用于抗干扰，也用于调试时使用。在焊好元件后，断开 L5、L6，先把电源测试正常了，再接通后面单片机部分，以防万一前面电压不对烧坏后面的元件。一般说来都要先把电源调好，特别是新板更应如此。图 4.11.2 是单片机部分，ISP1 是下载接口，RS485 是通信接口，D7 是指示灯。

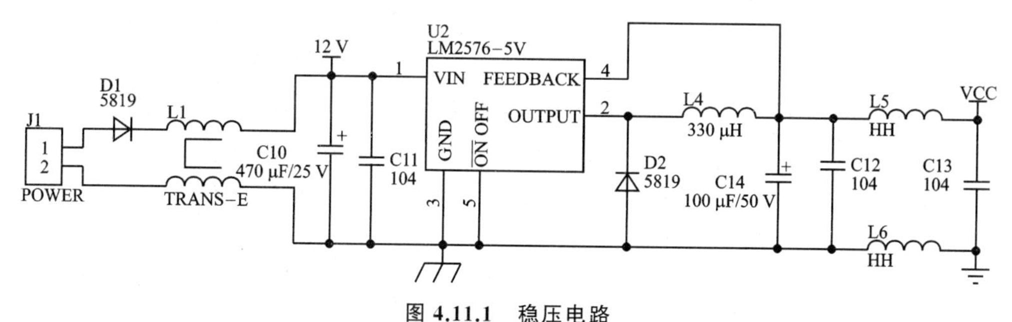

图 4.11.1　稳压电路

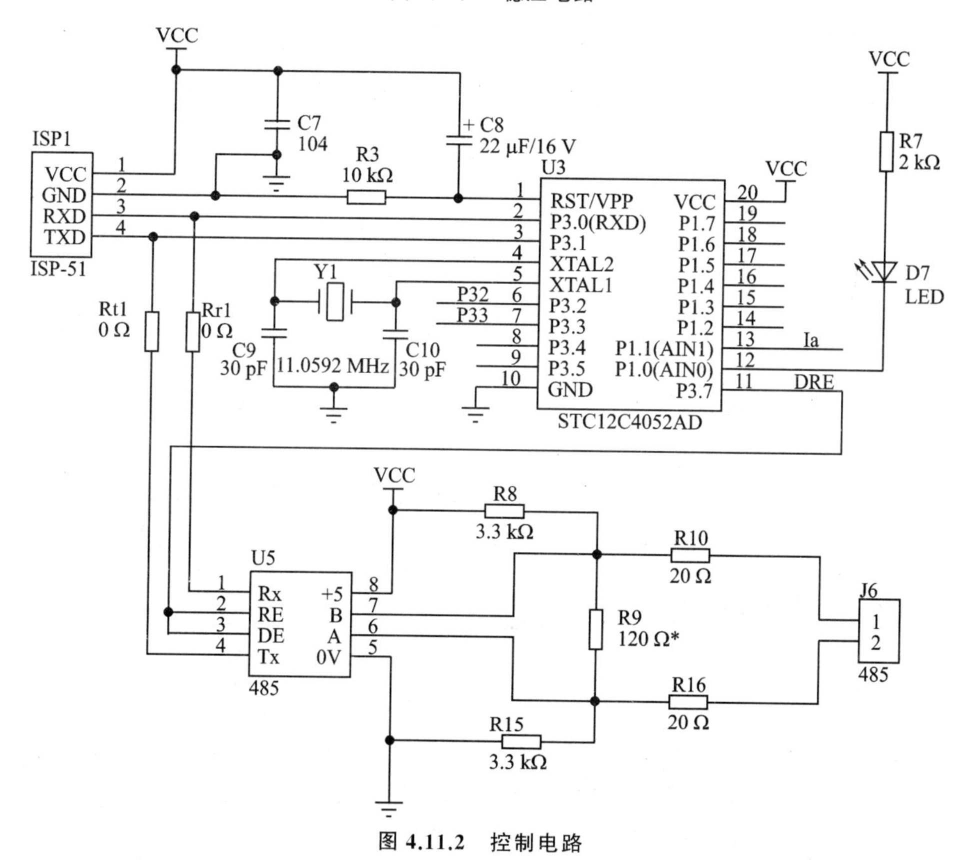

图 4.11.2　控制电路

图 4.11.3 是电机正反转控制电路。最初是在玻璃板上左右两边安装了行程开关,用行程开关检测是否到位;但结构上有些复杂,实际使用出现过接触不良的情况,估计也跟灰尘有关。后来就改成了检测电机电流的方法,当扫灰刷到位后,电机电流就增加,在电阻 R6 上的压降较没有到位时增加很多,单片机检测到这个电压后控制电机停止,说明到位了,再改变运行方向扫灰;到位后和前面情况一样。R6 还有一个好处就是,当电机卡死时也可以被检测出来。

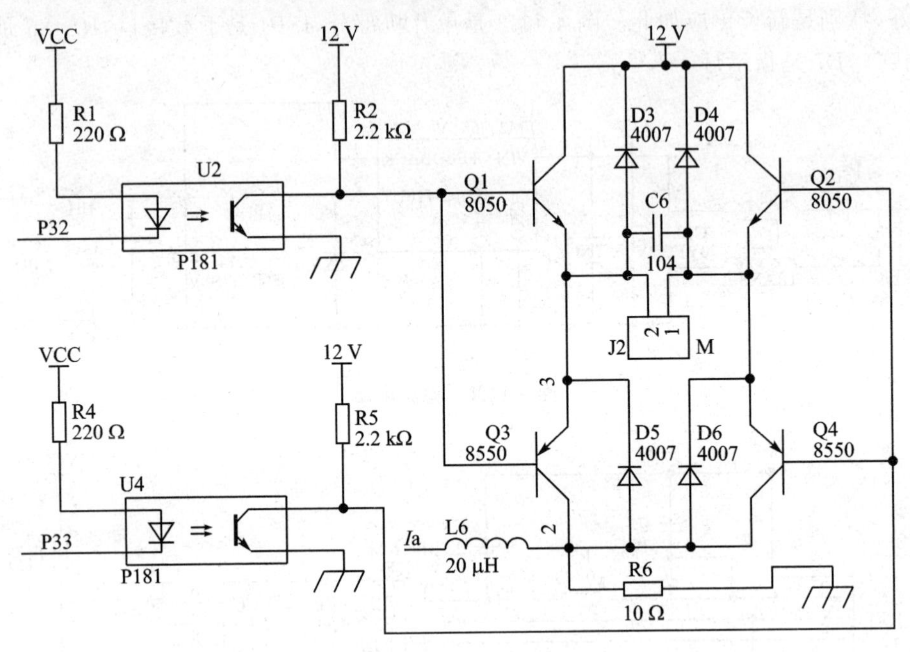

图 4.11.3　正反转控制电路

有 RS485 通信,就可以实现远程控制清扫,也可以查询设备好坏,比如电机卡死等。

这里还得说说驱动电机正反转的 H 桥(工作原理见 4.10 节)。首先看光藕 U2、U4,它们有两个作用:一是隔离,避免电机转动产生的干扰影响单片机的正常工作;二是因为电机部分是 12 V,单片机是 5 V,方便驱动。D3~D6、C6 是保护三极管的。电机接在 J2 上。L6 是电流检测到单片机 AD 部分的连接与抗干扰电感。

4.12　智能家居语音播报器

语音合成模块 XFS5152CE,可以用 SPI、UART、I^2C 三种方式通信与单片机连接并受控。将语音以汉字编码的方式发送给模块,模块就可以播放出对应的语音。它还具有录音功能,而且还自带功放,其音量足以在房间内听得清清楚楚,明明白白。支持中英文以及一些方言、报警声等,使用非常方便。

用语音合成模块作智能家居的语音播放模块，不需要每个设备都加一个这样的模块(不然会增加成本，使电路变得复杂)。可以只用一个模块完成所有的语音播报。采用无线模块收发的方式，将需要播报的语音的编码发送到语音合成模块，就可以实现播报。必要时可以在传送编码前加上报头、报尾以及校验，形成统一的协议以便识别。若不然，家里的报警会被隔壁收到。下面只列出一些驱动代码，原理图和其他内容可以到官网上查找。图4.12.1是连接框图，图4.12.2是XFS5152CE电路图。

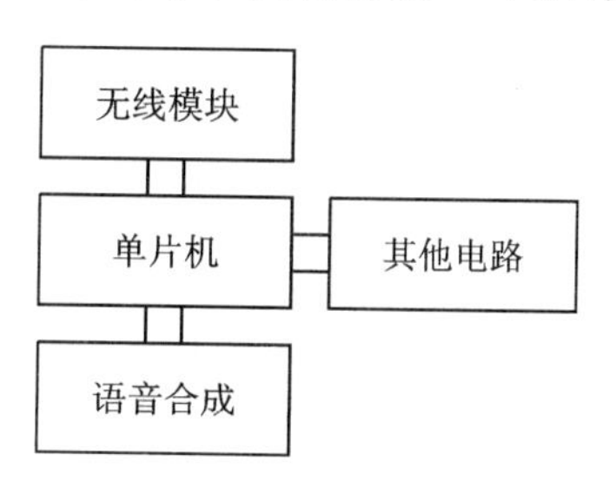

图4.12.1 无线语音框图

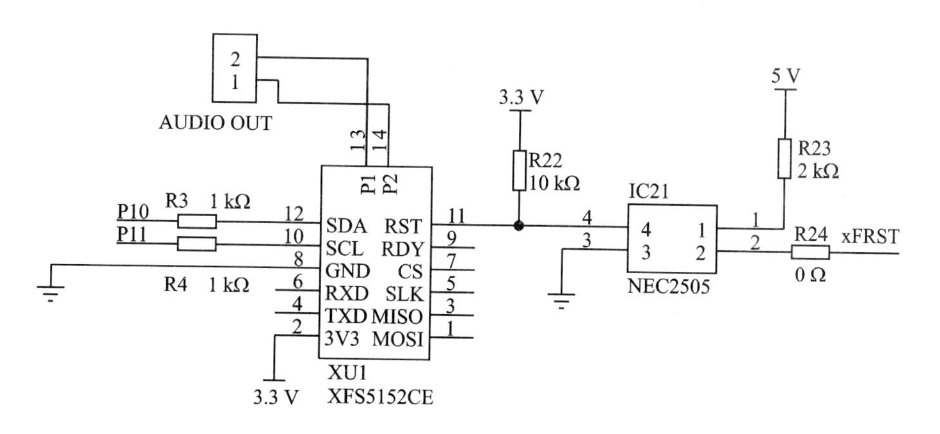

图4.12.2 XFS5152CE电路

```
    main
    {
  ………………………………………………………
   XFS_FrameInfo("请注意,水开啦!");
}
void XFS_FrameInfo(uchar * HZdata)
{
//………………………………………………………
//        需要发送的文本
//………………………………………………………
    unsigned  int  HZ_Length;
    unsigned  int i = 0;
    HZ_Length = strlen(HZdata);          //需要发送文本的长度
//………………………………………………………
//        帧固定配置信息
```

```
//......................................................
        Frame_Info[0] = 0xFD ;           //构造帧头 FD
        Frame_Info[1] = 0x00 ;           //构造数据区长度的高字节
        Frame_Info[2] = HZ_Length + 2;   //构造数据区长度的低字节
        Frame_Info[3] = 0x01 ;           //构造命令字:合成播放命令
        Frame_Info[4] = 0x01;            //文本编码格式:GBK
//......................................................
//          发送帧信息
//......................................................
          memcpy(&Frame_Info[5], HZdata, HZ_Length);
           I2CSendData(Frame_Info,5 + HZ_Length);              //发送帧配置
}
//.....................................................
//功能描述:       发送多字节数据
//入口参数:       DAT:带发送的数据
//返 回 值:       none
//其他说明:suba.数据地址, * s.写入的数据,n.写入的字节数
//.....................................................
uchar I2CSendData(uchar s[],uchar n)
{
  uint i;
  I2C_Start();            //启动 I2C
  SendData(0x80);         //发送器件地址
  Test_Ack();
  if(flag == 0) return(0);
  for(i = 0;i<n;i ++ )
  {
    SendData(s[i]);
    Test_Ack();
    if(flag == 0) return(0);
  }
  I2C_Stop();
  return(1);
}
 //................................
 //名称:I2C_Start
 //功能:启动 I2C
 //输入:无
 //返回:无
 //................................
 void I2C_Start()
 {
```

```
SDA = 1;
  delay();    //延时要足够长 此单片机为 1T 单片机的机器周期 = 12 秒/晶振频率
  delay();    //之前用的单片机一个指令周期为 12 次的晶振振荡频率 现在是晶振振荡一
                次 指令周期为一次 89c52 的单片机振荡 12 次为指令周期的一次
  SCL = 1;
  delay();    //所以这里延时需加长
  delay();
  SDA = 0;
  delay();
  delay();
  delay();
  SCL = 0;    //钳位 I2C 总线,准备发送数据
}
//................................
//名称:I2C_Stop
//功能:停止 I2C
//输入:无
//返回:无
//................................
void I2C_Stop()
{
  SDA = 0;
  delay();
  delay();
  SCL = 1;
  delay();
  delay();
  delay();
  delay();
  SDA = 1;
}
//................................
//名称:Test_Ack()
//功能:检测应答位
//................................
bit Test_Ack()
{
  SCL = 0;
  delay();
  SDA = 1;        //读入数据
  delay();
  SCL = 1;
```

```
  delay();
  if(SDA == 0)
  flag = 1;
  else flag = 0;
  SCL = 0;
  return(flag);
}
//..................................
//名称:SendData()
//功能:发送 1 字节数据
//输入:buffer
//返回:
//..................................
void SendData(uchar buffer)
{
  uint BitCnt = 8;                    //1 字节 8 位
  uint temp = 0;
  do
  {
    temp = buffer;
    SCL = 0;
    // delay();
    if((temp&0x80) == 0)          //判断最高位是 0 还是 1
    {
      SDA = 0;
    }
    else
    {
      SDA = 1;
    }
      delay();
      delay();
    SCL = 1;
    // delay();
    temp = buffer<<1;
    buffer = temp;
    BitCnt..;
  }
  while(BitCnt);
  SCL = 0;
}
```

该代码是在产品的程序里截取出来的,仅供参考。

4.13 路灯电缆防盗

路灯电缆防盗有多种方法：测量线路电阻的方法，当线路剪断后，线路电阻就发生改变，于是报警；但路灯线路复杂，长短不一，电阻各异，还有中途灯具损坏等情况，容易误报。用电力载波的方法，是在电缆末端安装载波发射模块，在前端安装载波接收模块，由末端向前端定时发送数据，如果超时接收不到数据，就说明线路已断，于是就报警；但是电力载波传输受线路上电容的影响很大，特别是有功率因数补偿电容或类似节能灯之类的灯具，传输距离大打折扣，实验证明，一二百米还是可靠的，长达 1 km 的路灯上使用那就根本不可能，而且造价较高。上面的方法，误报和漏报不可避免，这又无法容忍。

通过大量的实验，总结出一套简单而且行之有效的方法，实际使用效果也很好。首先来看图 4.13.1，分白天和夜间两种情况：夜间，K1 接 AC 220 V 为灯具照明，末端变压器 T1 为单片机、GSM 模块供电并为电瓶充电，单片机检测到有电，说明线路完好。白天，K1（K1 切换技巧本书 4.3 节有述，这里不重复）接下端变压器输出的 AC 12 V，通过线路送到末端。不要担心电压低、线路长的问题，因为此时线路并不会有多少电流，电压低灯具不会工作的，路灯也不会亮，也没有安全隐患。白天，单片机和 GSM 模块由电瓶供电。在白天，末端变压器 T1 输入端电压虽然只有 12 V，但通过 T1 后，单片机仍然可以检测到此电压，这个电压只要存在，说明线路完好。可以看出，在 T1（T1 兼做电源变压器和信号检测用）的次级如果没有电压输出，说明线路已断开。由于 K1 电源切换时会有短时中断，当超过一个规定的时限时就启动 GSM 报警。GSM 可以登录 GPRS 或直接拨打电话。我们是采用拨打电话和 GPRS 两种方式。这里没有把全图画出来，只是主要的电路，其余的电路很容易画出。

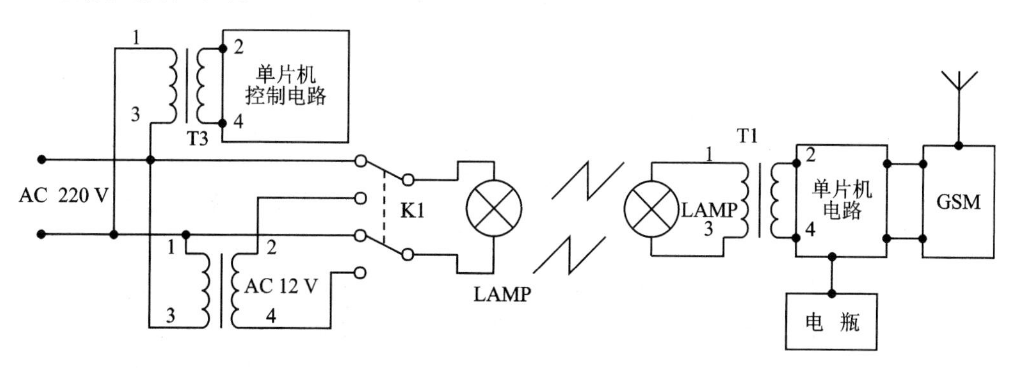

图 4.13.1 线路防盗电路

充电电路如图 4.13.2，TP4056 是专门用于锂电池的充电管理芯片。这个图是为 3.7 V 锂电池充电的电路，两个发光二极管用来指示充电中和充电结束，充满后自动停充。

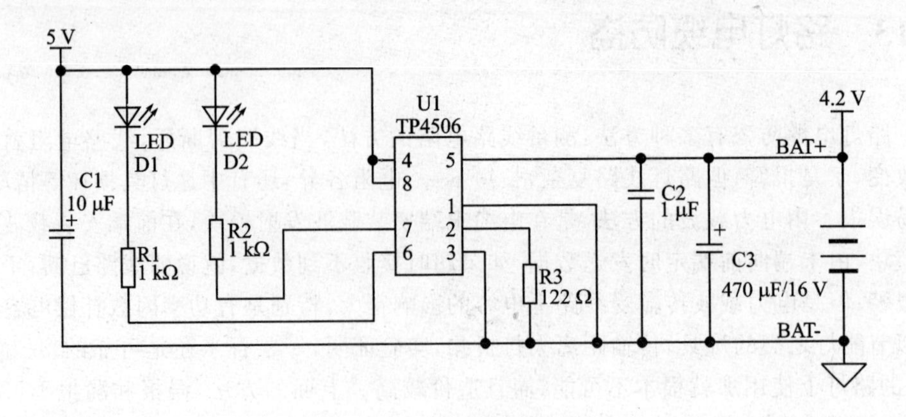

图 4.13.2　充电管理电路

图 4.13.3 是 GSM 部分电路，GSM 模块的型号为 M35，内含 TCP/IP 协议栈，开发还是比较简单的。

比如：执行下面几条指令就可以登录 GPRS(本书 4.25 节有述)。

```
AT + CPIN?
AT + CGATT?
AT + QIFGCNT = 0
AT + QICSGP = 1,"CMNET"
AT + QIOPEN = "TCP","XX.XX.XX.XX","XXXX"
```

拨打电话也是通过 AT 指令实现的。

这里只是为了说明它比较简单，实际使用时还得考虑重启、心跳包之类的问题。要特别提醒的是，AT 指令往往需要在末尾加上回车换行符。而有些串口调试器没有加回车换行符，有些调试器会在末尾自动加上。如果不注意这点，折腾个半天，一点反应都没有。

图 4.13.4 是末端电压检测电路。末端检测电路是在初级 IN 为 AC 220 V(晚上)和 12 V(白天)两种电压情况下，检测次级电压的有无判断线路是否被剪断，所以 PXX 与单片机相连后，只需定性判断有无即可，无需定量检测。

要特别注意的是，图 4.13.1 中 K1 的切换，图上画的是双刀双掷开关，实际使用的是两个接触器。这两个接触器一定要做到一个先断开并短暂延时后，另一个才能吸合，并且一定要用接触器辅助触点实现互锁(懂点强电看来真的有必要)。如图 4.13.5，K1 和 K2 无论哪个闭合，都必须要另一个确保断开后才能吸合。

注意，不能单靠单片机实现互锁，一定要硬件互锁。如果用单片机控制，一旦死机，有可能使 K1、K2 同时吸合，这一点在其他电路上也一定要重视。

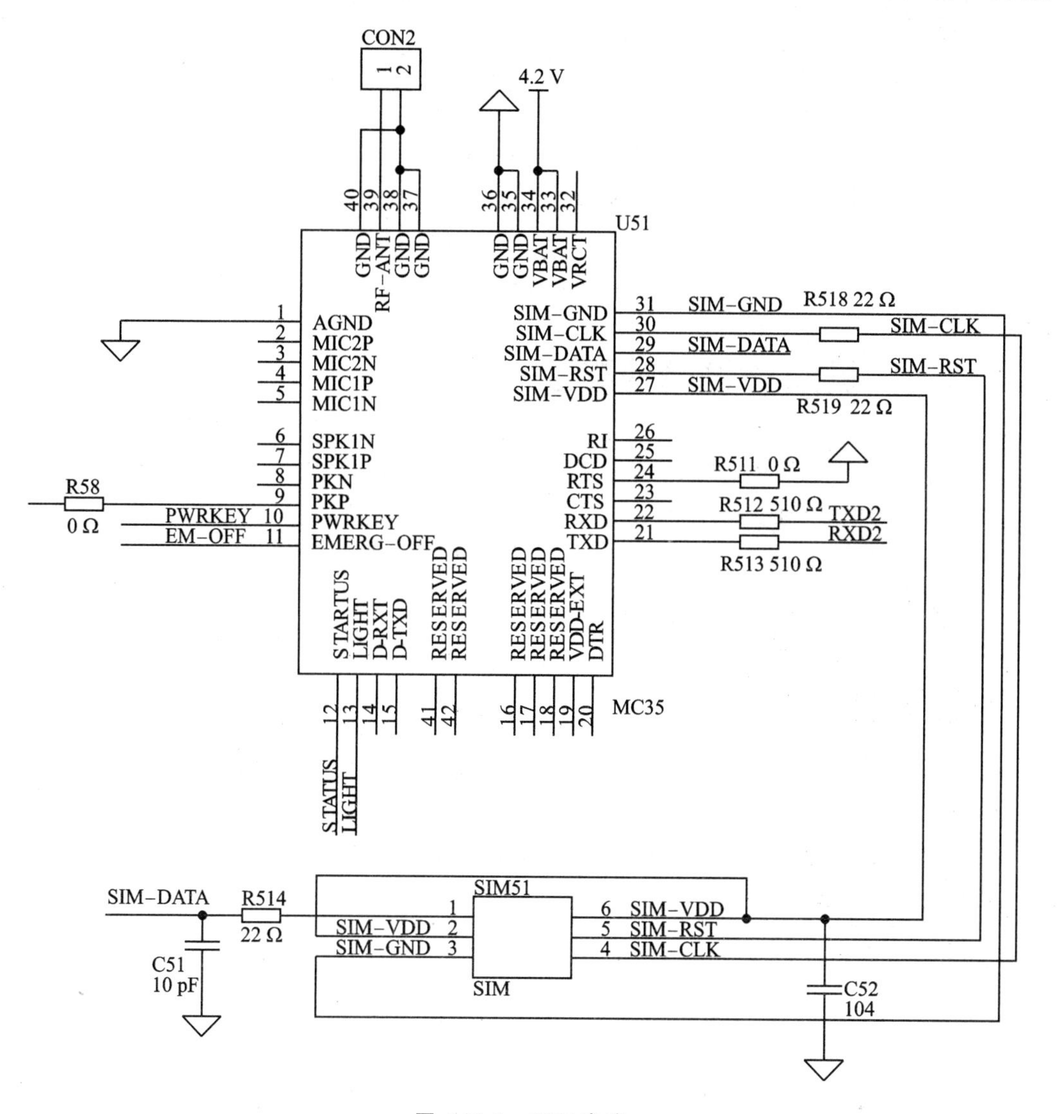

图 4.13.3　GSM 电路

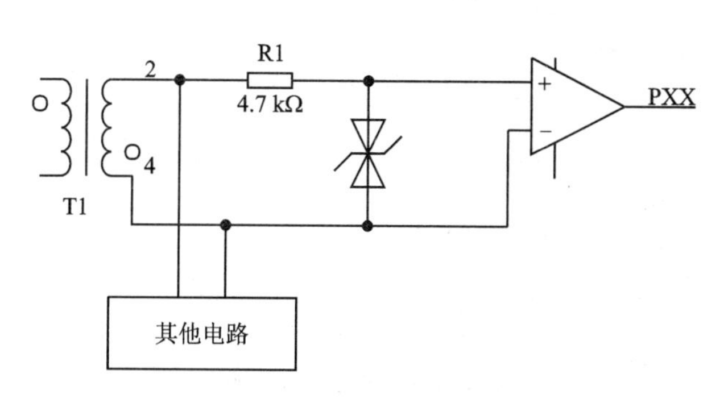

图 4.13.4　末端电压检测电路

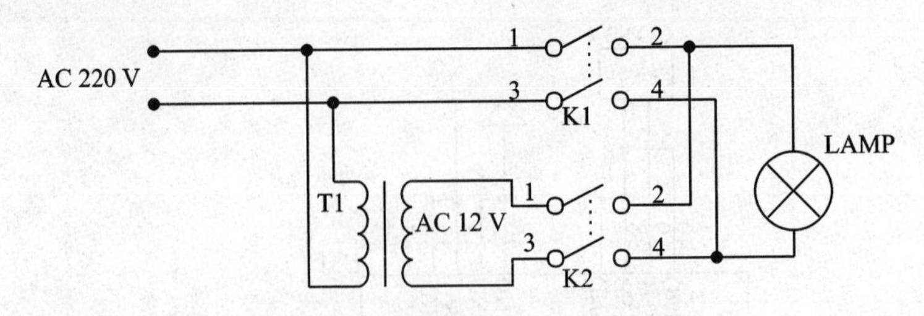

图 4.13.5　线路防盗信号切换电路

4.14　手机通话时电视静音

有没有这样的经历，当你正在看电视时，手机响了，你一边接电话，一边到处找遥控器，想赶紧把电视的声音关掉或减小；或者你在厨房做饭，电视还开着，手机响了都没听见。要是手机响了，电视自动静音，或者你想要给别人打电话，开始拨号时电视就静音，通话结束后声音又打开了；当不知道手机放在哪里的时候，按下控制盒上的按键，手机就响起音乐……如果这些都能实现，是不是方便多了呢？

下面我们就来看它是如何一步一步地实现的：

图 4.14.1 中，T1、T2 是两个 1∶1 的音频变压器。两只变压器在控制器上左右各放一个，都只用到一半，另一半空着。经过后面的 3 只三极管 Q2、Q3、Q1 放大后，驱动光耦 PC817，输出端 P11 与单片机相连，C1 是滤波电容。把手机放在 T1、T2 上面，当手机来电时，铃声响起，扬声器的电磁场就感应到 T1、T2，经放大后，驱动

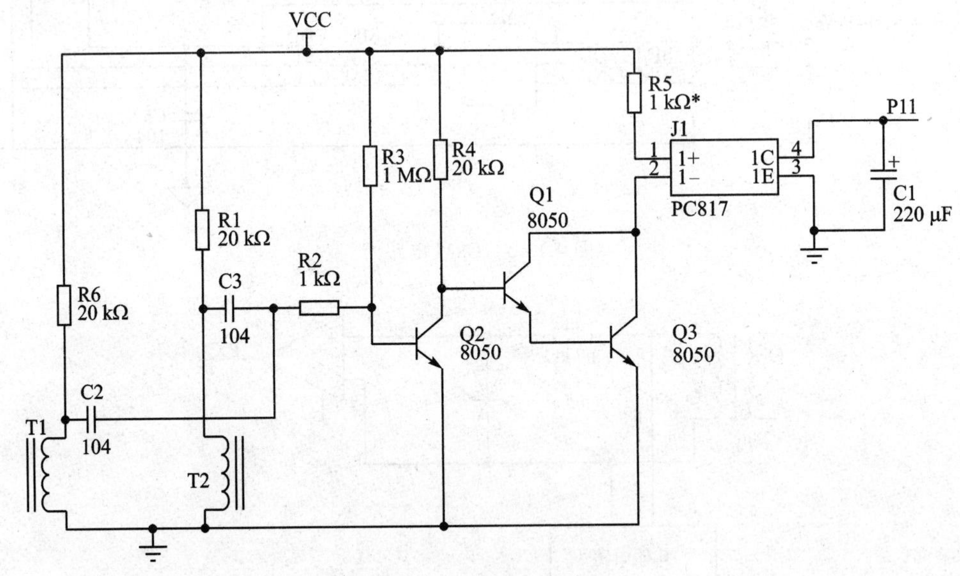

图 4.14.1　音频信号检测

PC817，P11 变为低电平，单片机可以检测到这个低电平。单片机检测到来电后，还要发射红外线控制电视机静音，图 4.14.2 电路可以完成。由于红外线是短时发射，为了使发射功率足够大，R1 用得较小，电视机遥控器 3 V 电压时限流电阻小至 1 Ω，都是没有任何问题的，可参照执行。

还有一个问题，就是发怎样的红外线编码才能使电视静音呢？需要学习遥控器的红外线编码技术，还要有红外线接收电路。图 4.14.3 是一体化红外线接收头，用于学习遥控器的静音编码。用遥控器对准红外线接收头，按遥控器的静音按钮，单片机将静音编码学习并保存，需要执行静音时，通过图 4.14.2 红外线发射电路发射后，由电视机接收控制静音。

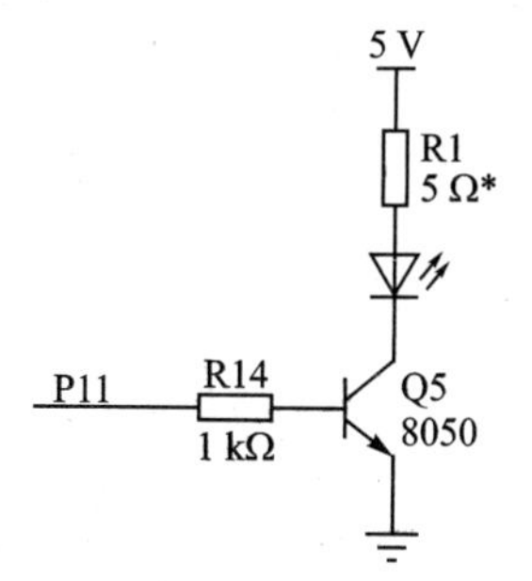

图 4.14.2　红外线发射电路

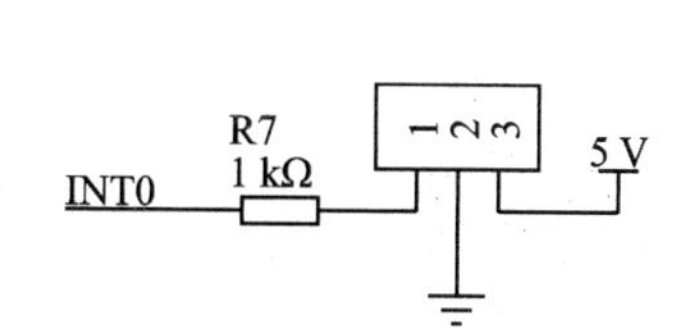

图 4.14.3　红外线接收电路

手机来电感应部分也可以采用图 4.14.4 的电路，用驻极体话筒来检测手机的声音；但缺点是易受外界声音的干扰，用调低灵敏度的方法解决还是有效的。前面所说的方法，当手机工作在振动状态时是无效的。

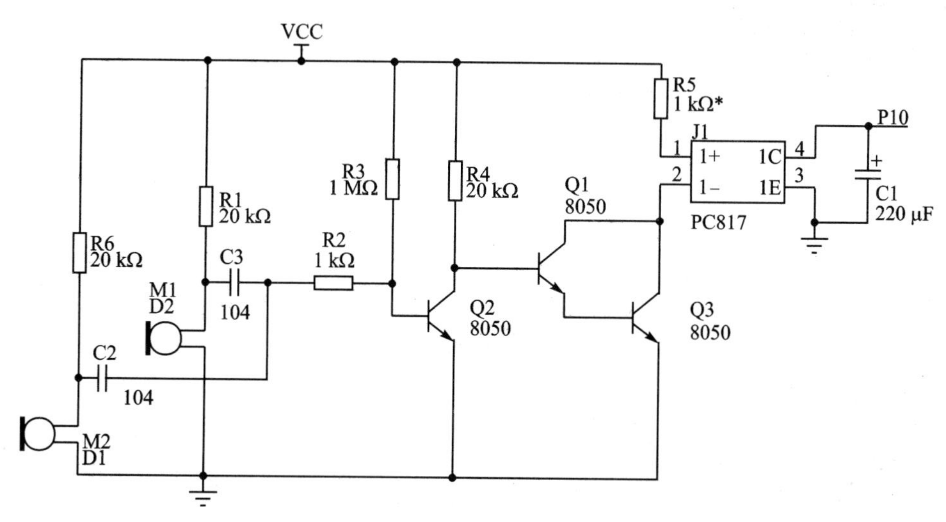

图 4.14.4　音频信号检测

从前面的电路可以看出，它还是有缺点的，也就是手机必须放在 T1、T2 上面，要是放在别处就感应不到。还有个缺点就是，静音后，通话结束了还要用遥控器或按控制器上的按钮打开电视机的声音，这些都不方便。

一种比较完美的方法，是在控制器里用蓝牙或 WIFI 模块与手机通信。在手机上作一个 APP 软件，手机在来电、去电、通话时发关闭声音的指令，通话结束后发送打开声音的指令；模块收到指令后，由单片机发射红外线编码控制静音与恢复声音。可以在控制器上安装按键寻找手机，按一下控制器上的按键，手机就发出声音，便于寻找。控制器还可以做定时开关电视等用途。当然，学习遥控器的静音与恢复声音编码还是必不可少的。因为各个牌子的电视机编码可能不同，采用学习编码的方法就不用担心编码不同的问题了。这个装置的难点在于红外线学习和发射，成败都取决于它，电路图就不画了，用蓝牙或 WIFI 模块电路都很简单。图 4.14.5 是一个利用蓝牙方式控制电视静音的小盒子。

图 4.14.5　蓝牙电视静音样品

这个方法还可以用在卡拉 OK 厅等需要手机在通话时静音的场合。

这里只是红外线收发部分的代码，使用时，应加上自己具体设计需要的代码。

红外线发射：

使用的是 STC12C4052AD 单片机，控制红外线发射与接收，晶振频率为 11.0592 MHz，波特率是9 600 bps。

```
#include <INTRINS.h>
#define uchar unsigned char                //定义一下方便使用
#define uint   unsigned int
#define ulong unsigned long
#include <reg51.h>                         //包括一个 51 标准内核的头文件
//..........................................
sbit   Ir    = P3^4;
sbit   key   =   P1^7;
static bit g_OP;                           //红外发射管的亮灭
static unsigned int g_count;               //延时计数器
static unsigned int g_endcount;            //终止延时计数
static bit g_flag;                         //红外发送标志
unsigned char g_iraddr1;                   //16 位地址的第 1 个字节
unsigned char g_iraddr2;                   //16 位地址的第 2 个字节
void Dms( unsigned   int   n);
```

```
//定时器 0 中断处理
void timeint(void) interrupt 3
{
  g_count ++ ;
  if (g_flag)      g_OP = ~g_OP;
  else      g_OP = 1;                     //LED 不点亮
  Ir = g_OP;                              //把值赋给管脚
}
//..............................................
void SendIRdata_38KHZ(unsigned int temp1, bit temp2)
{
  g_endcount = temp1;
  g_flag = temp2;
  EA = 0; g_count = 0; EA = 1;            //避免中断影响 count 置数
  while(1)
  {
   EA = 0;
   if( g_count < g_endcount ) EA = 1;     //避免中断影响 count 比较
   else
   {
   EA = 1;
   break;
   }
  }
}
//..............................................
void SendIRdata_BYTE(unsigned char irdata)
{
  unsigned char i;
  for(i = 0;i<8;i ++ )
  {
     //先发送 0.56 ms 的 38 kHz 红外波(即编码中 0.56 ms 的高电平)
     SendIRdata_38KHZ(43, 1);             //13.02 × 43 = 0.56 ms

     //停止发送红外信号(即编码中的低电平)
     if(irdata & 1)  //判断最低位为 1 还是 0。    低位先发送!
       SendIRdata_38KHZ(130, 0);          //1 为宽电平,13.02 × 130 = 1.693 ms
    else       SendIRdata_38KHZ(43, 0);   //0 为窄电平,13.02 × 43 = 0.560 ms

    irdata = irdata>>1;
  }
}
```

```
//……………………………………
void SendIRdata(unsigned char p_irdata)
{
  //有的遥控器会发一个前脉冲,如果不灵,可试试加上前脉冲
  //发送起始码前脉冲,高电平有 38 kHz 载波
  //SendIRdata_38KHZ(18, 1);
  //发送起始码前脉冲,低电平无 38 kHz 载波
  //SendIRdata_38KHZ(18, 0);

  //发送 9 ms 的起始码,高电平有 38 kHz 载波
  SendIRdata_38KHZ(692, 1);                //13.02×692 = 9.010 ms

  //发送 4.5 ms 的结果码,低电平无 38 kHz 载波
  SendIRdata_38KHZ(346, 0);                //13.02×346 = 4.505 ms

  //发送 16 位地址的前 8 位
  SendIRdata_BYTE(g_iraddr1);

  //发送 16 位地址的后 8 位
  SendIRdata_BYTE(g_iraddr2);

  //发送 8 位数据
  SendIRdata_BYTE(p_irdata);

  //发送 8 位数据的反码
  SendIRdata_BYTE(~p_irdata);

  //发送总的结束位 1 bit
  SendIRdata_38KHZ(43, 1);                 //13.02×43 = 0.56 ms

  g_flag = 0;
}
//……………………………………
void main(void)
{
unsigned char com_data;                    //数据字节

  g_count = 0;
  g_flag = 0;
  g_OP = 1;
  Ir = g_OP;                               //LED 接电源正极,不点亮
//……………………………………
```

```
  TMOD = 0x20;                        //(定时器 0 和 1:方式 2,自动重装,8 位)
//TH1 = 253;  //11.0592 MHz,9 600 bps。没有设置 SMOD,故波特率没有加倍。即 11.059 2/
              //12/3/32 = 9 600 bps
//TL1 = 253;
//TR1 = 1;                            //启动定时器

  TH1 = 244;
  TL1 = 244;     //(WXL:即计数 12 次中断 1 次,即 11.059 2 MHz 晶振,机器周期是 1.085 μs,
                 //12 次 × 1.085 = 13.02 μs,这样达 38 kHz。13 μs 一次中断,时间太短了,
                 //所以单片机要快)
  ET1 = 1;                            //定时器 0 中断允许
  EA = 1;                             //允许 CPU 中断
  TR1 = 1;                            //开始计数
  //..............................
  Dms(1);
  //..............................
  g_iraddr1 = 0x40;                   //地址码
  g_iraddr2 = 0xBF;                   //地址反码
  com_data = 0X10;
  //...............................
while(1)
{
    Dms(10);
    if(key == 0)
     {
       Dms(10);
     SendIRdata(com_data);            //发送红外数据
       while(key == 0)
        {
       Dms(10);
        }
     }
}

}

/****************************************
函数功能:延时 1 ms
****************************************/
void delay1ms()
{
   unsigned char i,j;
```

```
  for(i = 0;i<10;i++)
   for(j = 0;j<33;j++)
    ;
}
/****************************************
函数功能:延时 N 毫秒
入口参数:n
****************************************/
void Dms( unsigned  int  n)
{
   unsigned  int i;
   for(i = 0;i<n;i++)
   delay1ms();
}
```

红外线接收

```
//.........................................................................
//STC12C4052AD 红外线接收解码,晶振频率为 11.0592 MHz,波特率是 9 600 bps
//.........................................................................
#include<reg52.h>         //包含单片机寄存器的头文件
#include<intrins.h>       //包含_nop_()函数定义的头文件
//..................................................
sbit IR = P3^2;            //将 IR 位定义为 P3.2 引脚
//sbit RS = P2^0;          //寄存器选择位,将 RS 位定义为 P2.0 引脚
//sbit RW = P2^1;          //读写选择位,将 RW 位定义为 P2.1 引脚
//sbit E = P2^2;           //使能信号位,将 E 位定义为 P2.2 引脚
sbit BF = P0^7;            //忙碌标志位,将 BF 位定义为 P0.7 引脚
sbit BEEP  =  P3^3;        //蜂鸣器控制端口 P36
sbit LED   =  P3^4;
//..................................................
unsigned char flag;
unsigned char buf[4] = {0x01,0x02,0x03,0x04}; //储存用户码(8bit)、用户反码 8bit 与键数
                                   //据码(8 bit)、键数据反码(8 bit)
unsigned int LowTime,HighTime;         //储存高、低电平的宽度
/****************************************
函数功能:延时 1 ms
****************************************/
void delay1ms()
{
  unsigned char i,j;
 for(i = 0;i<10;i++)
  for(j = 0;j<33;j++)
   ;
```

```
}
/ ****************************************
函数功能:延时若干毫秒
入口参数:n
****************************************/
void delay(unsigned char n)
{
   unsigned char i;
for(i = 0;i<n;i ++ )
     delay1ms();
}
/ ****************************************/
void beep()                    //蜂鸣器响一声函数
{
   unsigned char i;
   for (i = 0;i<100;i ++ )
    {
    delay1ms();
    BEEP = ! BEEP;             //BEEP 取反
    }
    BEEP = 1;                  //关闭蜂鸣器
    delay(250);                //延时
}
//.................................................
bit   RS232( unsigned char   * M,unsigned char   N)
{
      unsigned char i;
      for(i = 0;i<N;i ++ )
      {
      SBUF  =  * M ++ ;
      while(! TI);
      TI  =  0;
      }
    return 1;
}
/ ****************************************
函数功能:对 4 个字节的用户码和键数据码进行解码
说明:解码正确,返回 1,否则返回 0
出口参数:dat
****************************************/
bit DeCode(void)
{
```

```
unsigned char  i,j;
unsigned char temp;                //储存解码出的数据
for(i=0;i<4;i++)                   //连续读取4个用户码和键数据码
  {
  for(j=0;j<8;j++)                 //每个码有8位数字
   {
     temp=temp>>1;                 //temp中的各数据位右移1位,因为先读出的是高位数据

     TH0=0;                        //定时器清0
     TL0=0;                        //定时器清0
     TR0=1;                        //开启定时器T0
       while(IR==0)                //如果是低电平就等待
            ;                      //低电平计时
       TR0=0;                      //关闭定时器T0
     LowTime=TH0*256+TL0;          //保存低电平宽度
     TH0=0;                        //定时器清0
     TL0=0;                        //定时器清0
     TR0=1;                        //开启定时器T0
     while(IR==1)                  //如果是高电平就等待
        ;
     TR0=0;                        //关闭定时器T0
     HighTime=TH0*256+TL0;         //保存高电平宽度
     if((LowTime<370)||(LowTime>640))
         return 0;                 //如果低电平长度不在合理范围,则认为出错,停止解码
     if((HighTime>420)&&(HighTime<620))  //如果高电平时间在560 μs左右,即计
                                         //数560/1.085=516次
           temp=temp&0x7f;      //(520-100=420, 520+100=620),则该位是0
     if((HighTime>1300)&&(HighTime<1800)) //如果高电平时间在1 680 μs左右,即
                                          //计数1 680/1.085=1 548次
           temp=temp|0x80;      //(1550-250=1300,1550+250=1800),则该位是1
    }
   buf[i]=temp;                 //将解码出的字节值储存在a[i]
  }
 if(buf[2]=~buf[3])   //验证键数据码和其反码是否相等,一般情况下不必验证用户码
 return 1;            //解码正确,返回1
}
/*..................二进制码转换为BCD码,并发送到RS232..............*/
void    CSH(void)
{
  //EA=1;                          //开启总中断
  EX0=1;                           //开外中断0
  ET0=1;                           //定时器T0中断允许
```

```
  IT0 = 1;                          //外中断的下降沿触发
 // TMOD = 0x01;                    //使用定时器 T0 的模式 1
  TR0 = 0;                          //定时器 T0 关闭
//............................
    TMOD  =  0x21;
    SCON  =  0x50;
    TH1  =  0xFD;
    TL1  =  TH1;
    PCON  =  0x00;
    EA  =  1;
    ES  =  1;
    TR1  =  1;
}
/*****************************************
函数功能:主函数
*****************************************/
void main()
{
    LED = 0;
    delay(10);
    delay1ms();
    beep();
    LED = 1;
    CSH();
    RS232(buf,4);       //发送到 RS232,这里用于调试,便于观察接收到的数据
   while(1);            //等待红外信号产生的中断
}
/*****************************************
函数功能:红外线触发的外中断处理函数          INT0 = P3.2
*****************************************/
void Int0(void) interrupt 0
{
   EX0 = 0;      //关闭外中断 0,不再接收二次红外信号的中断,只解码当前红外信号
   TH0 = 0;                         //定时器 T0 的高 8 位清 0
   TL0 = 0;                         //定时器 T0 的低 8 位清 0
   TR0 = 1;                         //开启定时器 T0
   while(IR == 0);                  //如果是低电平就等待,给引导码低电平计时
   TR0 = 0;                         //关闭定时器 T0
   LowTime = TH0 * 256 + TL0;       //保存低电平时间
   TH0 = 0;                         //定时器 T0 的高 8 位清 0
   TL0 = 0;                         //定时器 T0 的低 8 位清 0
   TR0 = 1;                         //开启定时器 T0
```

```
    while(IR==1);              //如果是高电平就等待,给引导码高电平计时
    TR0 = 0;                   //关闭定时器 T0
    HighTime = TH0 * 256 + TL0; //保存引导码的高电平长度
      if((LowTime>7800)&&(LowTime<8800)&&(HighTime>3600)&&(HighTime<4700))
      {
       //如果是引导码,就开始解码;否则放弃,引导码的低电平计时次数 = 9000 μs/
       //1.085 = 8294 μs,判断区间:8300 - 500 = 7800,8300 + 500 = 8800
       if(DeCode() == 1)       //执行遥控解码功能
        {
        beep();                //蜂鸣器响一声,提示解码成功
        RS232(buf,4);          //红外线编码发送到串口
        }
    }
    EX0 = 1;                   //开启外中断 EX0
}
//.........................................如果没有用到接收数据,最好也要写出,以免异常
void UARTInterrupt(void) interrupt 4
{
     if(RI)
     {
      RI = 0;
//...................................................其他代码
       }
     else
     TI = 0;
}
//............................................................
```

4.15 不用连线的手机电磁感应扩音器

手机虽然有免提功能,但效果都不是太好,音量也有限。如果在节假日有远方来电,希望家人都能听见,或播放音乐和大家分享,就可以加个扩音器。但一般的扩音器需要连音频线,挺麻烦的。这里给大家介绍一个利用电磁感应的扩音器。

我们看图 4.15.1,本书 4.14 节已经出现过了,其实,很多电路都可以这样一图多用,在本书也讲过这类用法。原理就不再多讲了,不同之处仅在于:这里通过 T1、T2 把感应到的电磁信号放大后,从 J1 输出,把这个信号再接到功率放大器就可以了。只要把手机放到靠近变压器 T1 或 T2 的地方,不用再连音频线就可以实现扩音了。手机的免提功能必须打开,否则无法实现扩音。功率放大器可以用 LM386 等芯片,非常简单。图 4.15.2 也可以用来拾音,只是会将周围的噪声也一同放大。

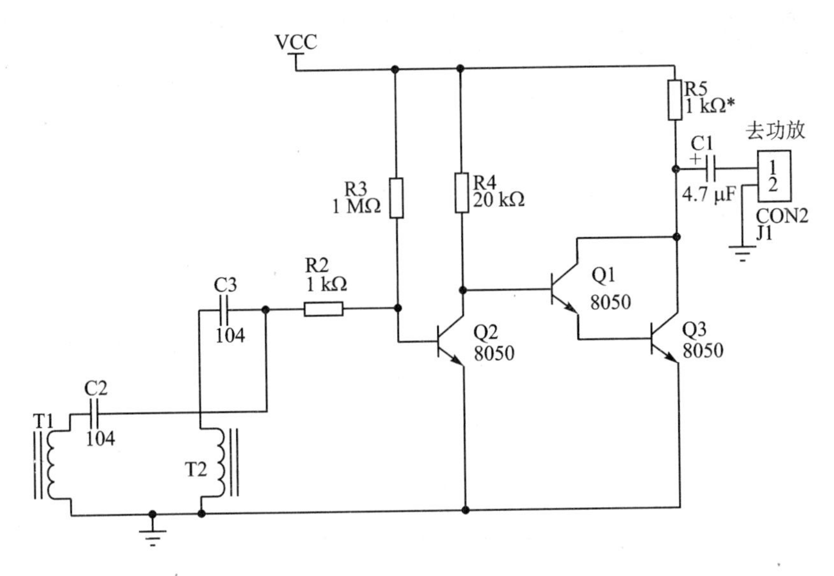

图 4.15.1　信号放大电路

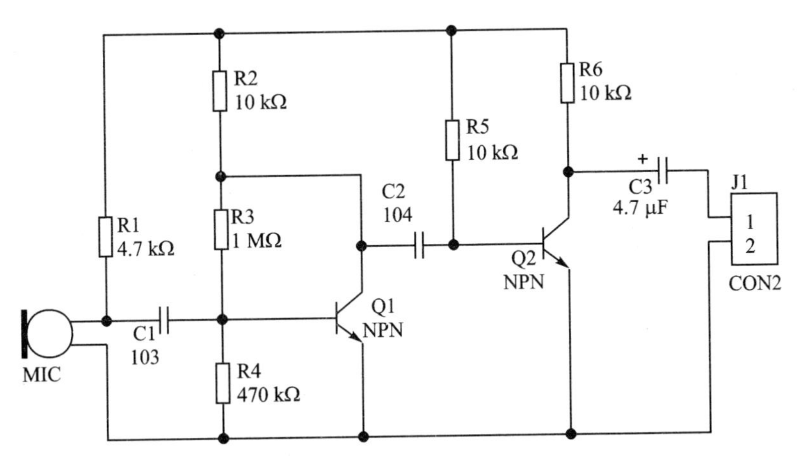

图 4.15.2　驻极体话筒放大电路

4.16　空调来电自动开启的方法

工器具库房里，空调断电后再来电，空调是关闭的，要人为才能开启，这给无人值守的库房工作带来很大的困难。为此制作了一款红外线学习型的控制器，它可以学习、发射红外线编码。红外线学习是学习空调开机编码。当停电后再来电，控制器延时一段时间，等空调稳定后，发射红外线编码将空调打开。当然，还可以完成调节温度等操作。这里只画出红外线收发电路，程序在 4.14 节有描述，就不重复了。

图 4.16.1是红外线发射电路；图 4.16.2 是红外线接收电路，采用的是红外线一体化接收头。这里只给出一个思路，具体可以自己完成，也不困难，必要时再在空调的电源线上加电流传感器，判断启动是否成功等。

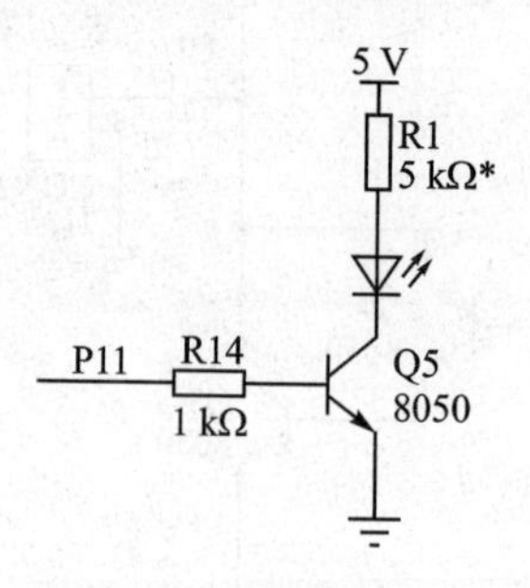

图 4.16.1 红外线发射电路

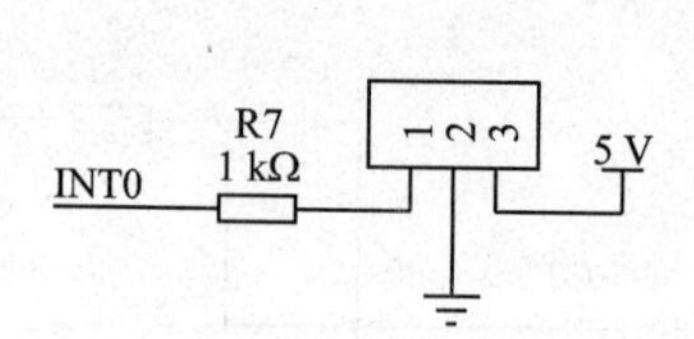

图 4.16.2 红外线接收电路

4.17 推荐一款驻极体话筒放大电路

驻极体话筒的特点是体积小，频响宽，灵敏度高，抗震，价格还低。驻极体话筒使用非常广泛，在无线话筒、声控设备、手机等场合都会用到；但不适合做卡拉 OK 使用，因为灵敏度高容易产生啸叫，而且低频效果也没有动圈话筒好。

实验过多种驻极体话筒放大电路，多不尽人意，百里挑一，拿来即用，按图 4.17.1 电路实验效果很好，特别是用在电脑上 QQ 语音的功能时很好。图中 Re 可接可不接，接上可以改变增益。图 4.17.2 是驻极体话筒的外形。

要通过实践，多积累一些好用的电路。

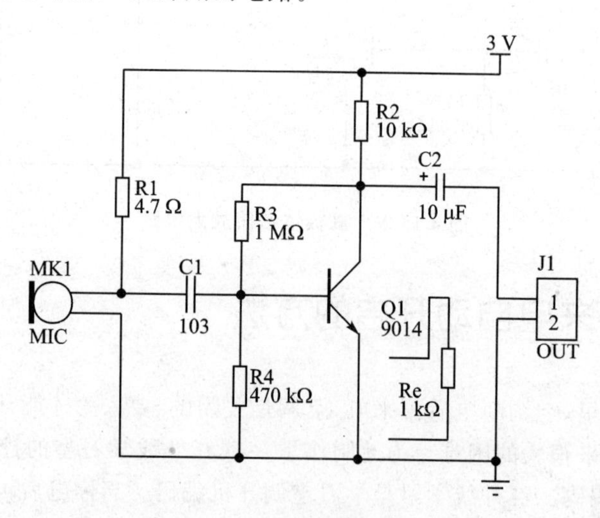

图 4.17.1 驻极体话筒放大电路

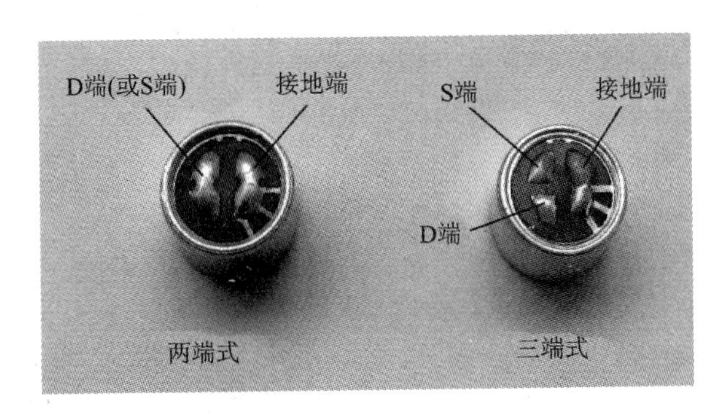

图 4.17.2　驻极体话筒外形

4.18　能消除背景噪声的话筒放大电路

高速公路收费亭里，汽车的噪声不绝于耳。由于噪声的存在，在收费亭安装监听对讲效果很差，听到的都是汽车嗡嗡声。使用电路图 4.18.1 所示的消噪话筒放大器做监听对讲，实际效果不错，特推荐给大家。这个电路的原理是：当话筒 M1 和 M2 接收到相位和幅度相同的声音(背景噪声)时相互抵消。在电容 C1 处电位不变，当 M1、M2 两端相位或幅度不同时，就会有信号传到后面的电路，也就是能放大两个话筒的信号差。差值信号经放大处理后，再送到监听对讲电路处理。

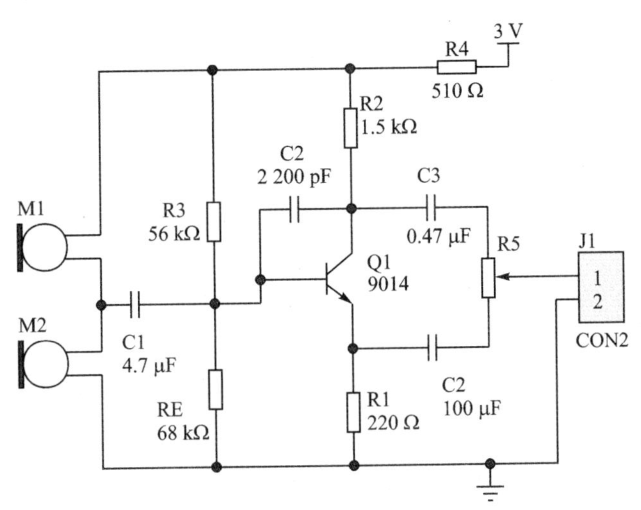

图 4.18.1　消噪话筒放大电路(1)

注意，M1、M2 要安装在话筒的两头，比如 M1 在上，M2 在下。人说话对准上端话筒 M1，另一话筒 M2 在下端，由于两话筒的信号相位、幅度不同而得到放大。远处来的声音在两话筒 M1、M2 的幅度、相位相同而被抵消。需要注意，如果背景噪声在两话筒的相位不同、幅度不同是不能完全抵消的，背景噪声未必都会同相位、同幅度出现在两个话筒里，可能只是部分被抵消，与声音的来源有关。图 4.18.2 原理相同，但电路更简单一些。注意驻极体话筒接线不要弄错。

抗噪话筒也有用滤波方法实现的，把频带压缩在人声范围内；但如果噪声也在人声范围内，则是无能为力的。总之，要完全消除背景噪声，太困难了。

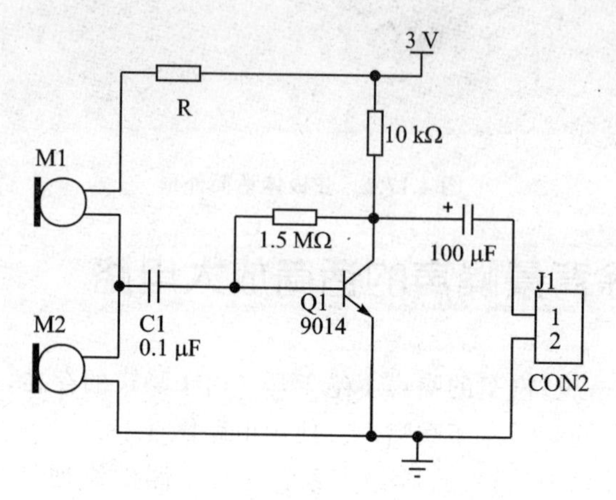

图 4.18.2　消噪话筒放大电路(2)

4.19　烧得心痛的固态继电器

一台注塑机加热部分，采用固态继电器控制加热，可是容易损坏，不知不觉就烧掉几十个。不便宜的固态继电器烧坏一堆放在那里，心里真是不畅快，于是就决定自己来做，这样价格就便宜多了。

采用的电路如图 4.19.1，实物如图 4.19.2。可控硅用的是 41A 的；C2、R5 是消除干扰的吸收电路；R3 为触发限流电阻；R4 为门极触发电阻，防止误触发；R1 为限流电阻，电流可按 MOC3083 说明确定；LED1 是工作指示灯。但是，这个电路有个问题，即控制部分的电压必须是固定的，如果控制电压不同就得改变 R1 的阻值，不具有通用性。

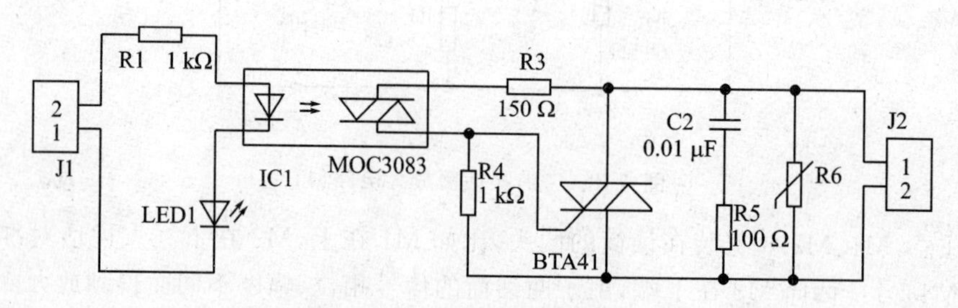

图 4.19.1　固态继电器电路(1)

现成的固态继电器模块的控制电压范围是3～32 V。于是把控制部分采用恒流控制，如图4.19.3，由Q1、Q2、R1、R2组成恒流电路，电流 $I=0.6/R_2$，这样电压范围就足够宽了。

在这里提醒大家，MOC系列光耦分为过零型，如MOC3041、MOC3061、MOC3081等，非过零型，如MOC3020、MOC3021等。做移相使用时，要选用非过零型光耦；用于开关电路时，用过零型光耦，可以减少谐波的产生。

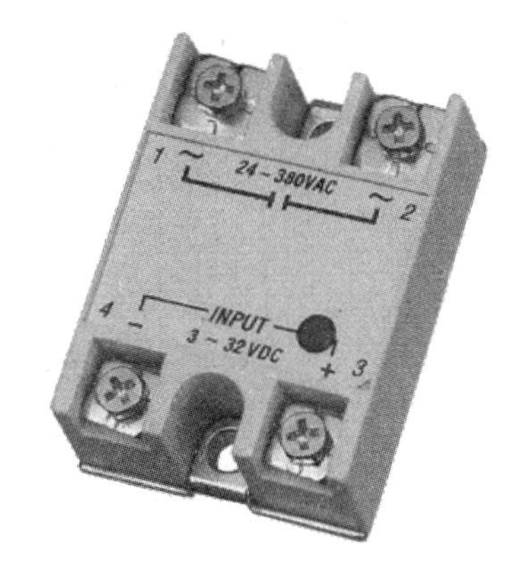

图4.19.2　固态继电器实物

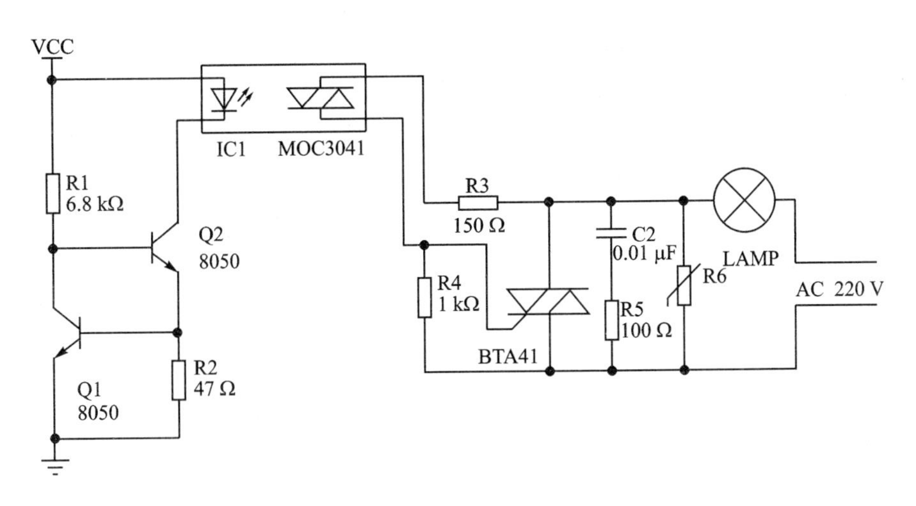

图4.19.3　固态继电器电路(2)

如果控制部分不是MOC3063一类的光耦，而是PC817系列的光耦，由于PC817的耐压有限，工作原理与MOC3063不同，直接代替MOC3063的后果可想而知。可以采用图4.19.4所示电路。

图4.19.4电路中，BR是整流桥，整流出来的电压加在单向可控硅SCR上，同时加到Q、R3、R2上。在光耦PC817没有被触发时，全桥BR出来的电压通过R3使Q导通，SCR关闭，R5、可控硅控制极不能形成通路，TR不会被触发，处于截止状态。当光耦PC817被触发时，右边C、E极导通时三极管Q截止，通过R4的电压直接加到SCR控制级，SCR触发导通，此时相当于全桥输出端短路，就把R5、可控硅控制极连接起来了，TR被触发导通。

有人会问，图4.19.3电路是光耦触发，图4.19.4电路也是光耦，为何还要这么复杂呢？这主要是因为两个光耦特性不同的缘故：MOC3063可以输出1 A的电流，耐

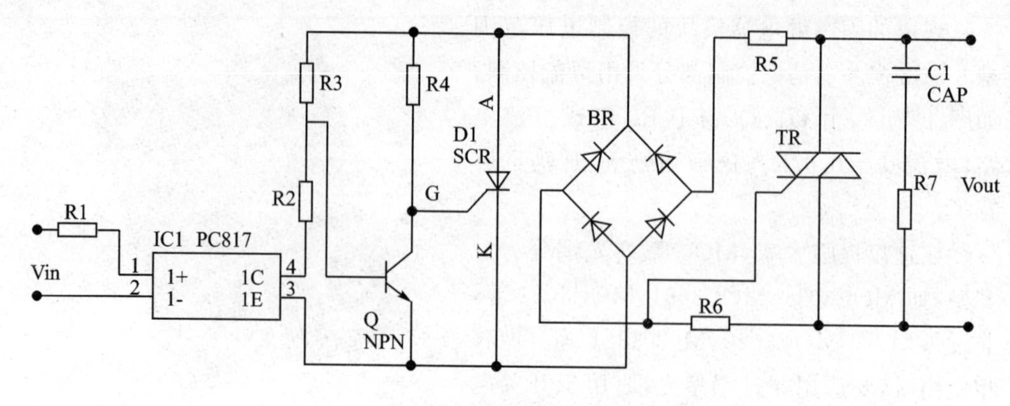

图 4.19.4 固态继电器电路

压达 400 V 以上；而 PC817 集电极电流才 50 mA，耐压只有 35 V。

有一点必须说明，光耦 PC817 的耐压才 35 V，为何能在这里使用，不会损坏吗？这要分两种情况来说。PC817 右边的 C、E 未通时，是 R4 在触发 SCR 导通，这里电压在交流过零后，升到只有几伏时 SCR 就导通了。SCR 导通后，A、K 间电压已经很低，再通过 R3、R2 后，对 PC817 的 C、E 极影响已经很小了。PC817 右边 C、E 导通时，C、E 间只有很低的电压，电流受 R2、R3 的限制也很小，PC817 不会有高于耐压 35 V 的电压，完全在 PC817 的参数范围内，所以不会损坏 PC817。说白了，就是为了满足这可怜的 PC817 在这里使用，才需要这么一堆电路的。

要注意的是，可控硅必须要有足够的散热能力，否则是承受不了多大电流的。这一点不仅仅是可控硅的问题，大功率三极管也是一样的。比如三极管 13005 加散热片可以达到 40 W，不加散热片可能只有 4 W。差距怎么就这么大呢？那就是散热的问题。一种行之有效的散热方法，是散热片加风扇。与其加大散热片，不如加个小风扇。电脑主板都是这样干的。

4.20 能辨别进出的迎宾器

一般的商店大门口经常听到迎宾的声音，有服务人员迎宾的，也有用电子迎宾器的。电子式的进门来句“欢迎光临！”，出门时也来一句“欢迎光临！”，使人感觉有点怪；若出门时听到一声“谢谢光临！”会舒服一些。特别是比较正式的场合，更应该注意一些。

利用两组红外线对射来区分人员的进出，可以分别控制两种声音，做到进时“欢迎光临！”，出时“谢谢光临！”。利用此还可以统计人流量，一举两得。

电路很简单，就是利用红外线发射和接收就可以了。红外接收用一体化接收头，如图 4.20.1；图 4.20.2 是红外线发射电路。这两幅图，好像出现过几次了。

要说明的是，发射器和接收头最好放在导管里，以避免阳光的干扰和在强光下的饱和。两组收发用数字方式或调制在不同的频率上，这样可以提高可靠性，避免两组之间的互相干扰，也可以避免自然光的干扰。如果两组收发均采用数字方式，不要用同样的数字，比如一组发 6，一组发 8。有关红外线收发的知识前面已经介绍过，不再重复。

图 4.20.3 为单片机相关电路，图 4.20.4 是安装支架。当然也不一定硬要支架，安装在墙上也可。

单片机判断进出的方法：从图 4.20.4 看出，红外线 A 先被遮挡，B 后被遮挡，判断是进门；反之为出门。根据进出的不同，播放不同的迎宾声音。还可以用来统计人流量。语音电路可以用语音合成芯片，也可用录音芯片等方法实现。

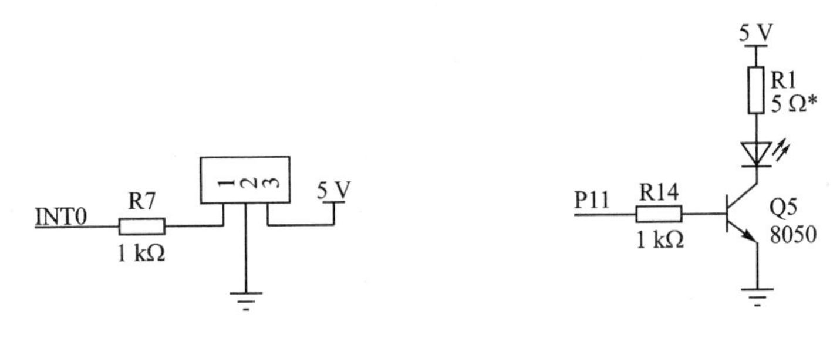

图 4.20.1　红外线接收电路　　　　图 4.20.2　红外线发射电路

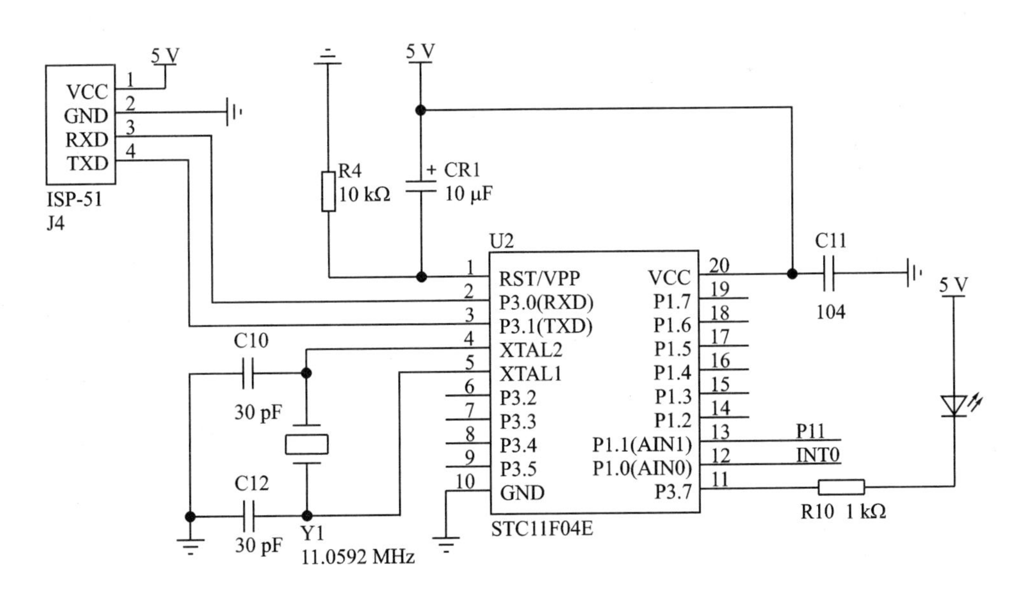

图 4.20.3　单片机电路

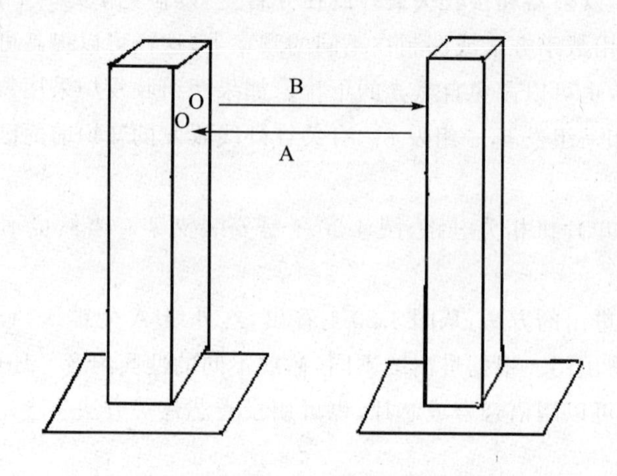

图 4.20.4　安装结构图

4.21　利用正弦波输出的有源晶振测量土壤湿度

这个标题读起来好费劲，不要紧，凭标题就可以看出个大概，但从标题还不能看出它的奥妙所在。有人会说测土壤湿度很简单，弄个探针插在土壤里，测量其电阻值，再转换成对应的湿度就可以了。我开始也是这样想的。后来和农业专家在一起谈这个产品的研发，他说土壤里会有盐之类导电的成分，如果直接测电阻是不准的，同样湿度的土壤，含其他导电成分不同，其电阻是不同的，这才意识到问题没那么简单。要得到土壤的湿度，可以通过高频信号在土壤中的衰减量来测量。高频衰减跟盐等物质的关系较小，但与湿度密切相关。这就需要高频信号发生电路、有效值检测电路、单片机以及通信接口才能实现。查了不少资料，要实现既简单、可靠，又实用的正弦波发生器并不简单。要么电路复杂，要么双电源，要么调试困难，各种的不易。比如用图 4.21.1 电路，这个正弦波发生器就比较麻烦。看到正负 12 V 的电源头都大了，插在土壤里的东西还得这么复杂，还指不定会出现什么问题，只有寻找其他方法了。

几经折腾，想到了有正弦波输出的有源晶振，外形如图 4.21.2，电路如图 4.21.3。买回几只用示波器测量，果然出了正弦波。

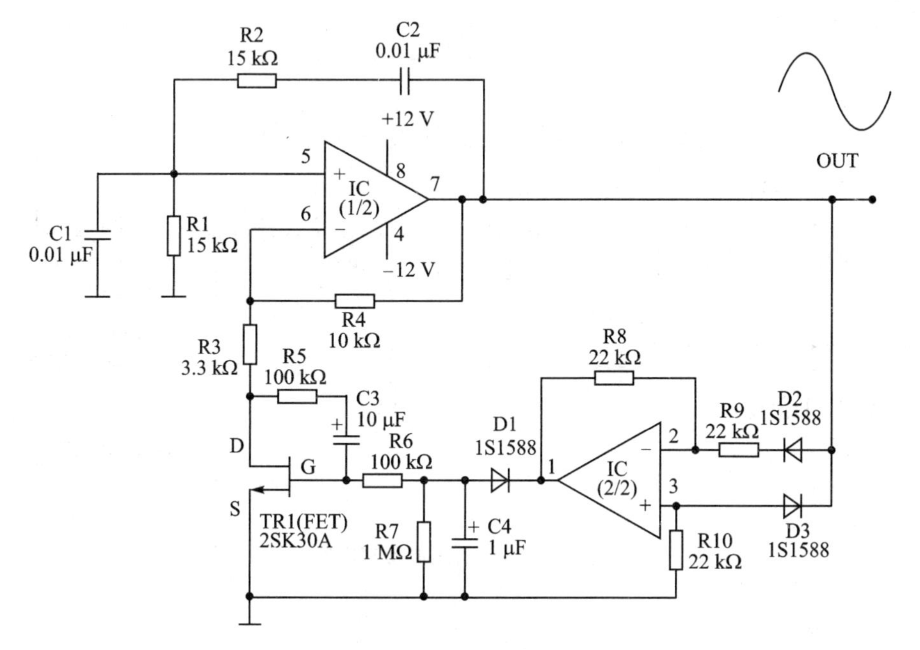

图 4.21.1　正弦波信号电路

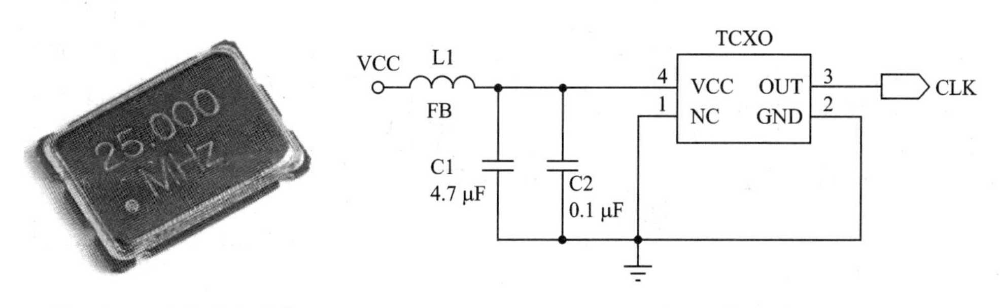

图 4.21.2　有源晶振实物

图 4.21.3　有源晶振电路

图 4.21.4 是主电路，Y5 是有源晶振，不锈钢探针“湿度＋”“湿度－”插入土壤中，土壤的湿度不同，对正弦波的衰减程度不同，得到的正弦波经 AD8361 转换成有效值，以此来计算土壤的湿度。探针的距离会影响衰减值，需要根据探针的实际设计结构进行调试。

AD8361 是交流有效值检测电路，AD6 输出信号供单片机 AD 转换，由 AD6 的值计算对应的湿度。

RS485 通信电路如图 4.21.5。这个电路的好处是不需要使用收发转换控制线，可以自动控制收发转换。图 4.21.6 是 PCB 参考图，图 4.21.7 是现场应用图。

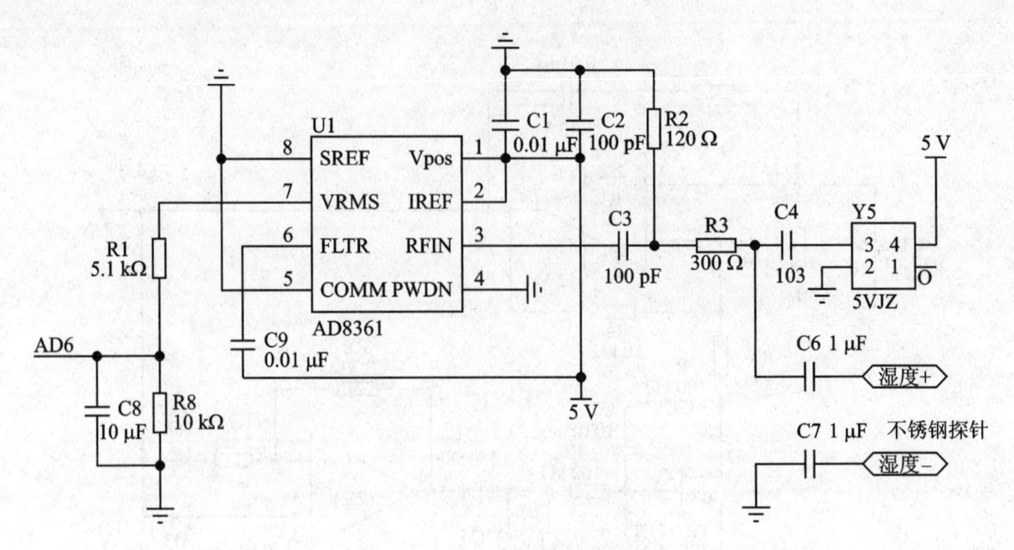

图 4.21.4　土壤湿度检测电路

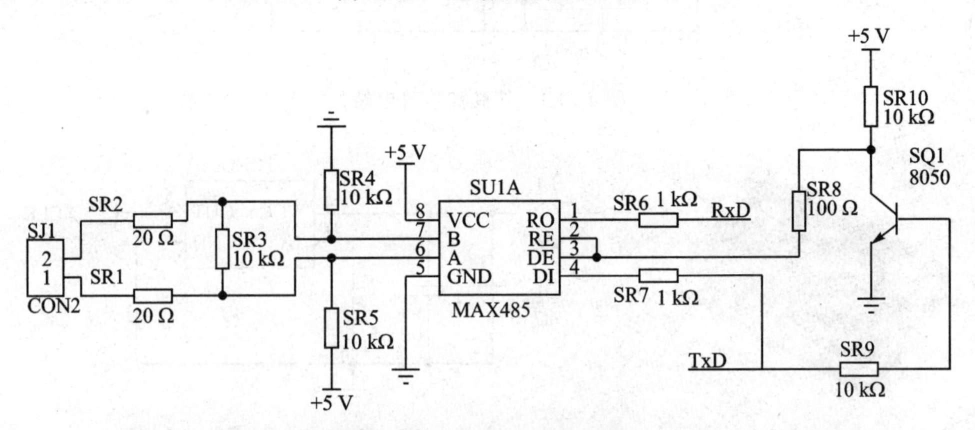

图 4.21.5　RS485 通信电路

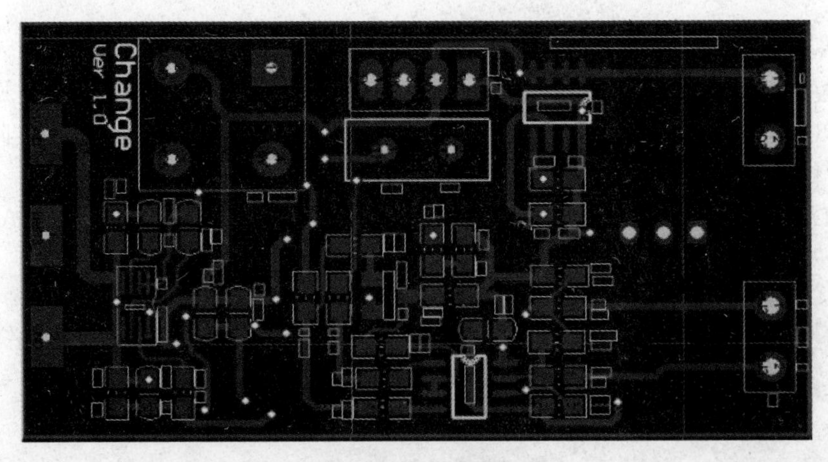

图 4.21.6　PCB 图

图 4.21.7　成品应用图

4.22　再说撒尿报警器

何为要再说撒尿报警器呢？因为20多年前就说过了，后来陆续在电子杂志、报纸上刊登过类似的文章(也说不准今后还会有这样的文章出现)，但就是没有见到过这样的产品。

还记得刚刚有小孩的时候，小孩半夜撒了尿，就在上面睡一个晚上，好让人心疼。当时我们年轻瞌睡又大，也不知道小孩撒尿了。后来就自己弄了个撒尿报警器，每当小孩撒尿了就报警，然后换尿布，非常管用。

图4.22.1中，Q1、Q2等组成延迟开关电路，Q3、Q4则组成互补型音频振荡器，这个声音不好听，就是呜....的叫声。平时由于电阻R1上端被悬空，Q1截止，Q2导通，其集电极输出低电平，电容C1被Q2短接，R4左端为低电平，由Q4、Q3组成的振荡器停振。当尿布尿湿后，湿敏探头被尿液短路(有一定电阻而已)，由于图4.22.2所示的湿敏探头插在本机插座CZ里，就通过尿液与电源正极相连，相当于在R1上面接了个电阻到电源正极，使Q1导通，其集电极输出低电平，Q2则由导通状态转为截止态，从而解除对C1的封锁，这时电源就通过电阻R3向电容C1充电，因充电需要时间，所以R4的左端仍保持低电平，振荡器仍不工作。随着充电不断进行，C1两端电压逐渐升高，当升至Q3的开启电平时，振荡器工作，扬声器就发出“呜……”的声音，提醒换尿布。客观地说，C1的延时没有太大意义，难不成还想赖会儿床才换尿布？

这个电路可用来做下雨告知器、漏水报警器等。

其实，上面的电路都有些复杂。最简单的方法就是用音乐芯片加三极管或MOS

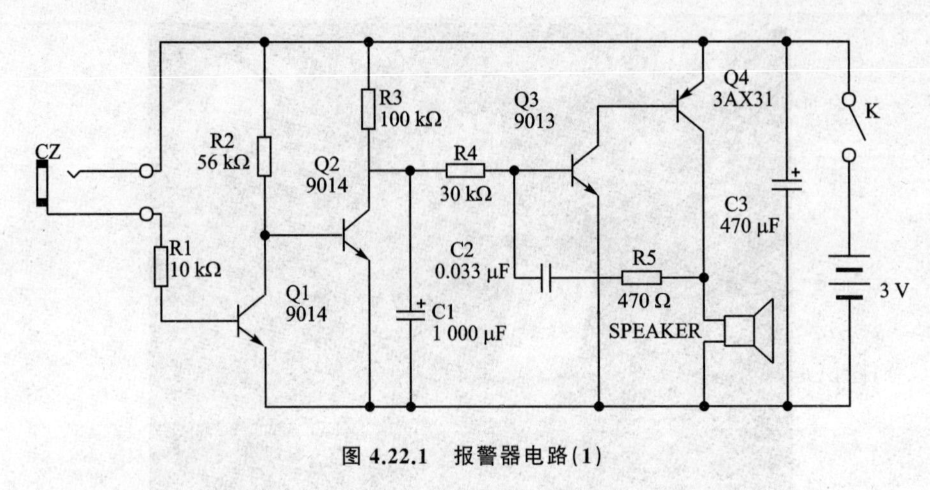

图 4.22.1　报警器电路(1)

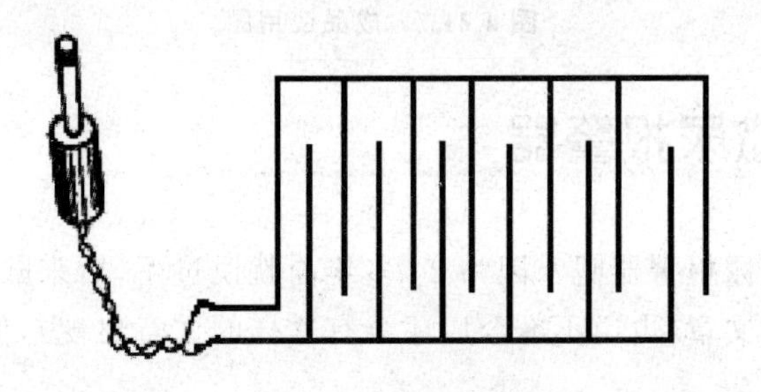

图 4.22.2　检测电路

管实现,如图 4.22.3。音乐芯片好买,又便宜,体积也小。做个音乐为“世上只有妈妈好”的芯片,孩子撒了尿,听到这个曲子你怎么忍心不起来换尿布呢。母爱的力量是伟大的,父爱的力量也不小。你觉得呢?

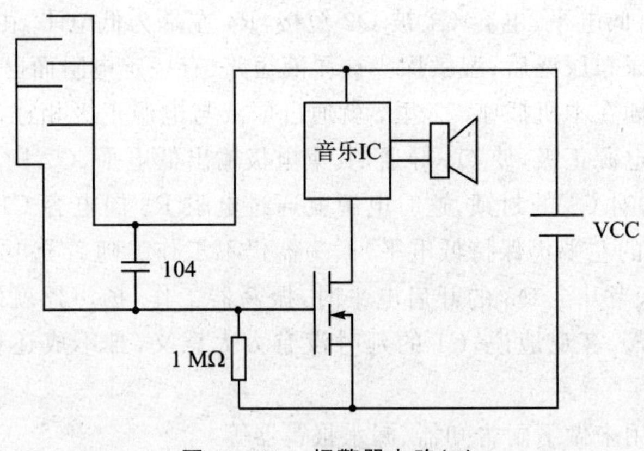

图 4.22.3　报警器电路(2)

4.23　煮蛋器设计的思考

如果不是对鸡蛋过敏，想必隔三差五会吃鸡蛋的。有个小朋友每天都坚持吃鸡蛋，家长觉得孩子很听话，后来打扫卫生才发现，沙发后面好多丢掉的鸡蛋，家长这才如梦初醒。还有个家长劝孩子吃鸡蛋，对孩子说，你就当它好吃嘛，孩子说，你咋就不当我吃了呢？一味地强调吃鸡蛋，不是好事情。

煮鸡蛋不知道你有没有研究过。要煮多久，怎么煮，才能既让孩子爱吃，又最有营养；如何识别鸡蛋是不是很新鲜，等等。不是宅男宅女恐怕不一定知道。看看下面的煮蛋知识你也许就明白了。

3分钟（3分钟指水开后的时间）是微熟鸡蛋，最容易消化，约需1小时30分钟被人体消化；5分钟是半熟鸡蛋，在人体内消化时间约2小时。

5分钟不仅软嫩、蛋香味浓，而且有益于人体摄取营养。在营养方面，水煮10分钟以内的鸡蛋，消化率最高，营养成分基本上没有损失。

超过10分钟，鸡蛋内部就会发生一系列化学变化。蛋白质结构会变得紧密，不易与胃液中的蛋白质消化酶接触，因此很难被消化。蛋白质含蛋氨酸，长时间加热后，分解出硫化物，与蛋黄中的铁元素反应形成硫化铁和硫化亚铁。这也是为何鸡蛋蛋黄外层会产生黑绿色的原因。煮沸时间过长的鸡蛋，人体内消化要3小时15分钟。

看到了吧，煮鸡蛋3～5分钟最佳，5～10分钟也是可以的，这时很香。

研究煮鸡蛋，不是我们要做的主要事情。如果要设计一款煮蛋器就必须知道煮蛋的知识，否则设计出来的煮蛋器也不会有多科学。

影响到蛋熟的程度与下面因素有关：

(1) 水的初始温度，夏天和冬天水的温度差别比较大。

(2) 火力相同的情况下，水的多少不同，加热过程不一样，效果也不一样。比如要把水烧开，水量不同，所需烧开时间就不同。

(3) 煮蛋时间到后，停止加热，余热也对蛋熟的程度有影响。

由此我们可以认为，在对蛋熟的程度有影响的温度范围内，温度的高低与持续的时间决定了蛋熟的程度。

温度大约在30 ℃对蛋熟的程度影响是很小的，所以就给出一个30 ℃（也可以高一些）的基础温度值。不管起始水温是多少（自来水一般都会低于30 ℃），从30 ℃开始计算，这样与水的初始温度就没有太大关系了。

从30 ℃开始，计算出温度上升到100 ℃的时间。根据这个温升的时间，确定100 ℃持续的时间。这个100 ℃持续时间的长短，还要考虑到加热时间到后，水温余热的时间（可由30～100 ℃上升的时间估算）的影响。余热时间到后给出结束提示。如果能计算出鸡蛋煮熟需要的热能，再通过对加热过程的热能积分，那就更加完

美了。

在这里我只提出设计思路，说明思考问题的过程，实际还要靠实验决定。就像一些厂家设计电饭煲时，煮了好多吨米，才总结出一套最佳方案一样。

把一样东西做到极致，是我们追求的目标，大而全的研发最终是百事无成。假如用户要买煮蛋器，要的就是你的牌子，那就成功了，就像买剪刀要买“王麻子”的一样。

4.24 简单多用途的提示器

两款蜂鸣器提示电路如图 4.24.1 和图 4.24.2。这两个电路很简单，但却可以用在多种场合。图 4.24.1 的 K1 是微动开关或行程开关，K1 闭合后，单片机就得电开始工作。单片机可以驱动蜂鸣器，还可以驱动发光二极管等。图 4.24.2 与图 4.24.1 的不同之处在于，图 4.24.2 的 K1 是门磁。门磁有常开的，也有常闭的。常闭的不好买，也不太好用，所以加了三极管使其状态反过来，完成对单片机电源的控制。

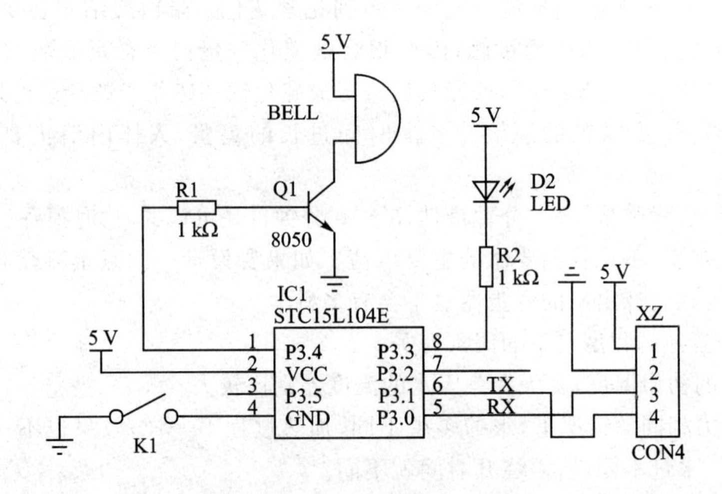

图 4.24.1　开门提示器电路(1)

以图 4.24.2 为例说明工作原理。平时 K1 闭合，Q1、Q2 截止，单片机没电不工作。K1 断开时，复合管 Q1、Q2 导通，单片机的电源负极接通得电工作。电路用控制电源的方法是为了节能，一般这样的电路都会用干电池或充电电池供电，如果不控制整个电源，单片机一直工作会很快将电耗尽。电路静态耗电电流应控制在微安数量级，否则电池是坚持不了多久的。电流一般应控制在 200 μA 以内，毫安级的电流就不适合干电池供电了。图 4.24.1 也是对整个电路供电的控制，整个电路平时都不会耗电。图 4.24.1 静态耗电为 0，图 4.24.2 静态耗电也极其微弱。注意，电池在没有用电时也会有自耗电，时间久了也没电了，自放电比较小的有锂氩电池。

这个电路如果用来作冰箱开门提示器，冰箱打开后，LED灯闪动，超过50 s(时间长短根据开冰箱门拿东西需要的时间来决定)发出滴滴提示音；如果忘记关冰箱门或冰箱门没有关好，都给出提示音。如果开门后在50 s内把东西取出并把门关好，就听不到蜂鸣器提示音。这个提示器用在房门上时，人在规定时间内进门并关好门，只有LED提示，蜂鸣器不会响；如果门没有关好，超时就发出提示音。这个电路还可用于窗户的开闭提示器等诸多场合。

上面的方法，也是控制静态耗电的简单方法。

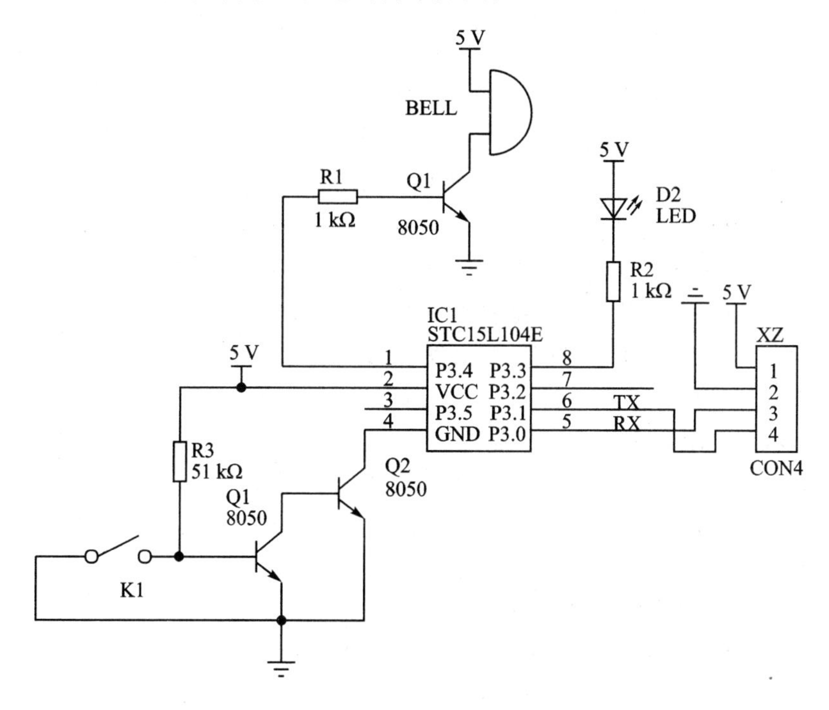

图 4.24.2　开门提示器电路(2)

4.25　抽丝剥茧说GPRS数传模块的设计

还记得开发一款GPRS数传模块，花费了很长时间。各种资料反复看，还买了两本关于GPRS通信的书。学习无数个AT指令，头都要炸了。

硬件电路设计相对要容易一些，基本按照官方提供的电路稍加取舍就可以了。在TCP/IP方面花的时间特别多，看了两本TCP/IP的书籍，费时费力，当然也收获不小，只是没有用上。几经周折，弄得都要吐了，好在最终还是给弄出来了。回过头来看，走的弯路太多了，其实没有那么复杂。总结了一下，要是事先能做到抽丝剥茧的话，那要节省很多时间。

先说AT指令集。AT指令集有好多条，如果每一条都研究一番，不一定都能记得。其实要实现通信，重要的只需几条，几条就可以实现GPRS通信的目的。如果还有其他的需要，再去查就是了。注意这里用的模块是M35，用上的指令如下：

```
AT+CPIN?                                  //确认PIN码已解
AT+CGATT?                                 //查询GPRS是否附着成功
AT+QIFGCNT=0                              //将Context设为前台Context
AT+QICSGP=1,"CMNET"                       //设置APN
AT+QIOPEN="TCP","XXX.XXX.XXX","YYY"       //连接一个TCP，地址XXX.XXX.XXX.XXX，端口
                                          //号YYY
AT+QISEND                                 //准备发送数据
1234                                      //发送的数据
0X1A                                      //结束符
```

单片机只要把这些指令发给M35模块，就可以登录GPRS了。那么是如何从众多的AT指令中找到这些非常重要的指令呢？在官方提供的文档里，其中有一份就是介绍登录GPRS的，读后把没用上的暂时放一边，先把它弄通，再来加其他需要的就方便了。如果一开始就考虑到把各种功能都用上，弄不好就是一堆乱麻，理都理不清。把这些AT指令先用串口调试器来发送，把单片机的两个串口程序写成直通，或用TTL电平的串口直接与M35的RX、TX连接，手动使其工作，在顺利通信后，有了较深的认识，再用单片机完成不迟。

再说TCP/IP。开始把关于TCP/IP的书狂读了两本，结果才发现多此一举。要弄清TCP/IP的协议，不是三天两头的事。虽然网上有这些资料，但不知道看哪些，甚至连如何搜索都不知道。

TCP/IP通信注意以下要点就可以了：

(1) IP地址。数据要发送到一个地方，首先要知道IP地址，IP地址相当于寄信的地址。

(2) 端口号。端口号的作用，主要是区分服务类别和在同一时间进行的多个会话。就是跟哪个应用程序通信的问题。

(3) 域名。就是给IP地址XXX.XXX.XXX起个好记好听的名字，如beihang.com。这个有点像人的名字与身份证号码一样。要记住一个人的身份证号码那得有多痛苦，但要记住一个人的名字叫“狗娃子”或“猫娃子”就容易多了。

(4) 域名解析。域名没法用来通信，要找到IP地址才能通信。域名解析就是把好记的域名还原为XXX.XXX.XXX形式的IP地址，有服务器专门干这项工作。

(5) 动态域名解析。是将用户的动态IP地址映射到一个固定的域名解析服务上，用户每次连接网络的时候，客户端程序就会通过信息传递，把该主机的动态IP地址传送给位于服务商主机上的服务器程序，服务程序负责提供DNS服务，并实现动态域名解析，如花生壳、希网等。因为IP地址没有固定(要固定就要申请，还要不菲的钞票)的话，每次登录都会新分配一个IP地址。我们来看看用动态域名通信的过

程,看图4.25.1,A电脑每次登录都分配一个新的IP。在电脑A上运行有花生壳软件,当A电脑IP改变后,运行的花生壳软件就会告知域名服务器自己的IP地址和域名,域名服务器将此域名对应的IP保存在域名服务器里。那么设备B要和电脑A通信,就要知道A电脑的IP地址,B电脑可以根据动态域名到域名服务器C查到电脑A的IP地址,只要有了A的IP地址就可以通信了。可以看出,电脑A和电脑B都知道共同的动态域名,否则无法通信。

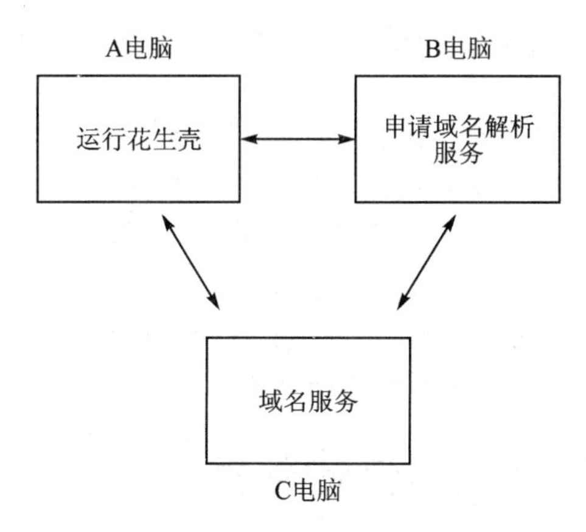

图4.25.1　TCP/IP通信原理

(6) TCP和UDP。TCP/IP通信有两种方式,即TCP和UDP。TCP像打电话,是先建立了连接后再通信;UDP像寄信,只要按地址寄出去就不管了。TCP用于可靠的连接;UDP速度快,但不可靠,语音和视频常用UDP。有少量数据出错,比如传图片,错几个数据,并无大碍。

(7) 运营商IP和公网IP。有时这两个IP不同,无法通信,是因为公网IP和运营商IP不一致引起的。

(8) 可以用网络调试器进行调试。这个有点像串口调试器,网络调试器可以在两台电脑上实现通信。

如何从复杂的TCP/IP中找出关键的问题,使其能通信呢?看TCP/IP方面的书反而会把人陷入深渊。从前面的M35的登录过程中来推敲,我们看AT+QIOPEN="TCP","XXX.XXX.XXX","XXX"这条指令里面包含了IP地址和端口号,说明这是关键。接下来就来解决这两个问题。IP地址有两种,一种是固定IP,知道这个固定IP和端口号就可以通信了。这好比打电话,知道对方电话号码就可以通信了,自己的号码知不知道都无关紧要。另一种是动态IP,动态IP通信就要麻烦一些。家用的网络一般都是动态的IP,也就是在每次登录时都会临时分配一个IP地址。问题来了,通信靠的就是IP,通信的一方在IP地址变化之后,另一方如何知道,就比如你要通话的对方电话经常变化号码,这就难以通信了。但是如果对方电话号码变化后就告诉第三方(比如号码都在老爷子那里存着,变了号码的随时告诉老爷子)，你在要打电话之前问下第三方(老爷子)就可以了。动态域名解析干的就是储存变化了的IP与动态域名的事。把某个设备上运行域名解析软件(如花生壳)，用的是我们起的动态域名，如yang.xicp.net，那么它的IP变化后都会传到动态域名解析服务器(相当于我们说的打电话时的第三方)上，当我们要和这个设备通信时，就告诉服务器域名，如有个域名为yang.xicp.net，请帮忙查一下设备的IP，于是就得到IP地址了，就可以通信了。可以看出IP在变，但动态域名没有变，而且通信双方都知道这个动态域名。接下来就是端口号，端口号要在路由器上设置，将使用的设备映射成为你所使用的端口号就可以了。

运营商IP和公网IP问题。我们设计的GPRS模块，开始通信好好的，后来就不能用了，检查模块没有问题，就是通信不了。后来才知道如果运营商IP和公网IP不同，就无法通信，所以请运营商帮忙刷新一下就可以了。不知道是不是各地都一样，没有试过。

书很重要，但不要遇到问题才去看书，平时就要积累多方面的知识，到时抓瞎不是个办法。平时不烧香，临时抱佛脚，菩萨会说，早去干嘛了？

4.26 利用直流供电线传输数据

在交流供电线上传输信号叫电力载波，在直流供电线上传输信号叫直流载波。交流载波和直流载波不在这里讨论，只讨论一种与众不同的在直流供电线上传输数据的方法。

直流线上传数据可以用DTMF方式，笔者在《电子报》上发表过关于这方面的文章。但它要求必须是恒流源，在非恒流和电流较大的情况下是不实用的。像电话机那样耗电不多的设备是可以用恒流源的。查阅了很多资料，有关直流载波方面的文章也不少，但电路都比较复杂，实现困难。在一些简单的场合，能不能用一些简单的方法实现呢？于是就想用另类的办法来实现。

按照图4.26.1的电路实验，电源电压12 V，电流1.5 A，线路电容小于0.1 μF的情况下，传输数据波特率在9 600 bps以下没有问题。下面来说说图4.26.1的原理：IN是数据发送输入端，接单片机TX，数据的高低电平控制12 V电源的负极。IN平时为高电平，复合管导通，A、B处有12 V电压；当IN为低电平时，复合管截止，A、B处没有12 V电压。图(b)为接收端，图(b)的A、B和图(a)的A、B对接。当A、B有电压时，OUT为高电平，此时负载L通过1N5822供电并为C充电。OUT与远端接收方单片机RX连接。当A、B没有12 V时，OUT为低电平，C上储存的电能为负载L供电。由于二极管1N5822的隔离作用，电容C上的电压是不会感应到二极管前面的，所以OUT仍然是低电平。电阻R2的作用是放掉A、B在无12 V时线路电容(C3代替线路电容，使用时是没有的)储存的电能。IN端的高低电平变化时，OUT电平跟着变化，变化的高低电平相同，这样就把数据传到了远端。从电路可以看出，它的缺点是只能单向传输，发送数据连续多个 0 会降低输出电流，一直发 0 将会无电流输出。简单地说，这种方法就是在供电电源上挖缺口来传数据。图 4.26.2 就是挖缺口的波形，它适用于灯光控制等方面的应用。

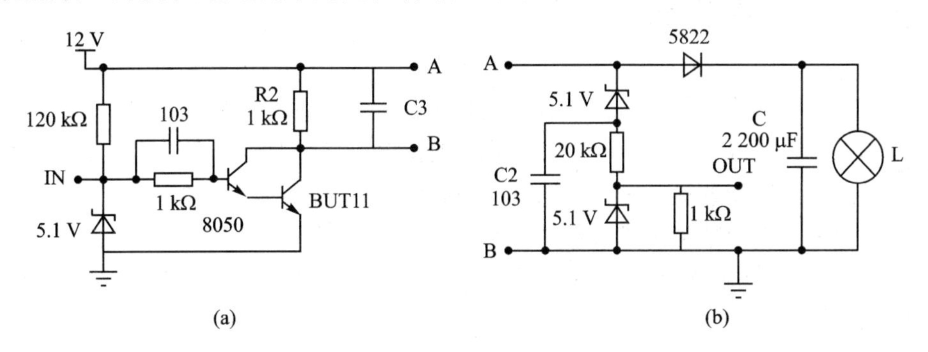

图 4.26.1　数字信号传输电路

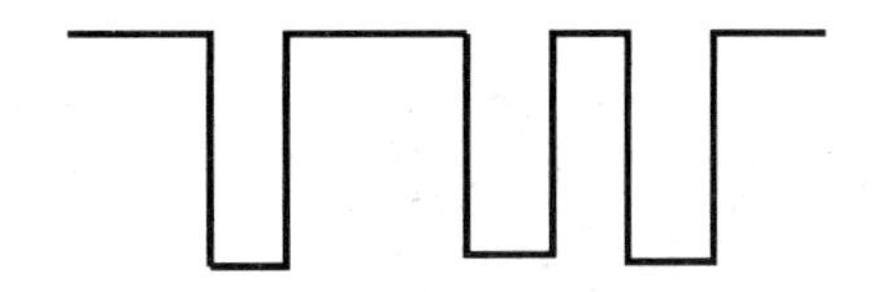

图 4.26.2　信号接收波形(图(a)A、B 处和图(b)OUT 处)

4.27　随心所欲的墙壁开关

大家知道，家里的墙壁开关一旦安装好，就无法改变位置了。比如卧室的灯开关，都会安装在床头上面，躺下后关灯还需要反手才能操作，真是不方便，要是有肩周炎，那会更难受。但用遥控器也不方便，要开灯还得先找到遥控器，要是忘了地方或小孩拿去玩耍弄不见了，还得到处找。我们现在把遥控开关改成和墙壁开关一模一样的形状，下面再弄上不干胶，将它粘在你最习惯、最顺手的地方，比如把它粘在床帮上，或床头柜上，手一摸到就可以开关灯了。电路图略。买个 433 MHz 的无线收发模块，再加个单片机很容易就做成了，这些电路很容易找到，或者干脆把现有的遥控发射器里的电路装在墙壁开关里得了。我就是这么干的，也算是个 DIY 吧。外观如图 4.27.1。这个方法，还可以做成多个

图 4.27.1　墙壁开关

开关控制一盏灯等“变态”应用。

图 4.27.1 看上去不咋样，但用起来帅呆了。

4.28 人性化设计

人性化设计是指在设计过程当中，根据人的行为习惯、人体的生理结构、人的心理、人的思维方式等，在原有设计基本功能和性能的基础上，对产品进行优化；或者丢弃原有的设计，用新的设计来取代，目的是给使用者带来安全、方便、快捷、舒适，使人的心理、生理需求和精神追求都得以满足。

我们知道有些插头要拔掉很困难，容易打滑，但图 4.28.1 的插头加了一个小孔就好拔多了。

图 4.28.2 是一个有盲文的开关，只要触摸到盲文就可以开关了。当盲人要上下电梯时，有盲文开关就相当方便了。

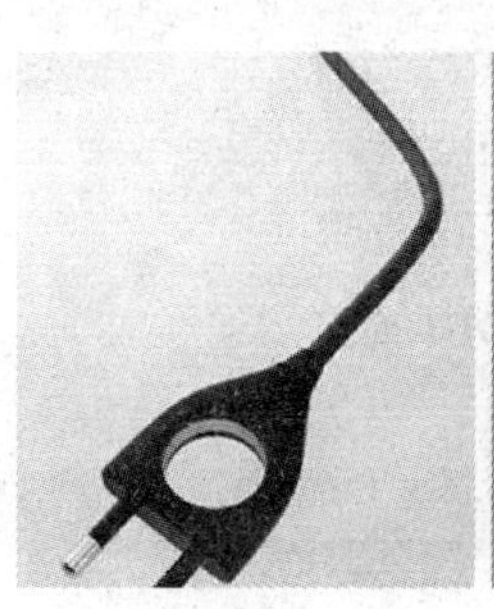
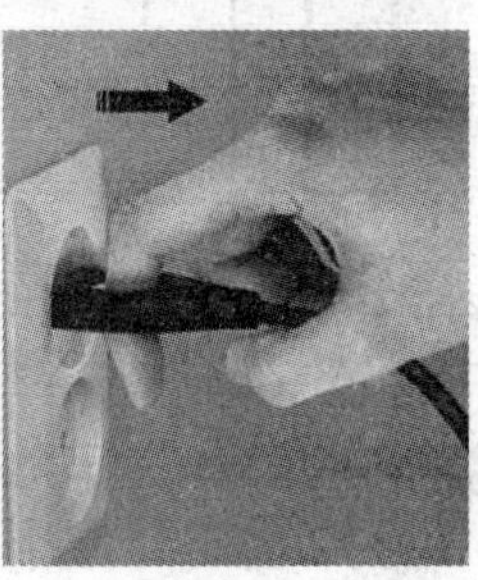

图 4.28.1 电源插头

图 4.28.2 带盲文的开关面板

图 4.28.3 为多孔多方位的插座，想必大家已经见多了；但它的设计非常好，就这个形状的小小改变，就卖得非常火爆。当然，用起来也是蛮舒服的。

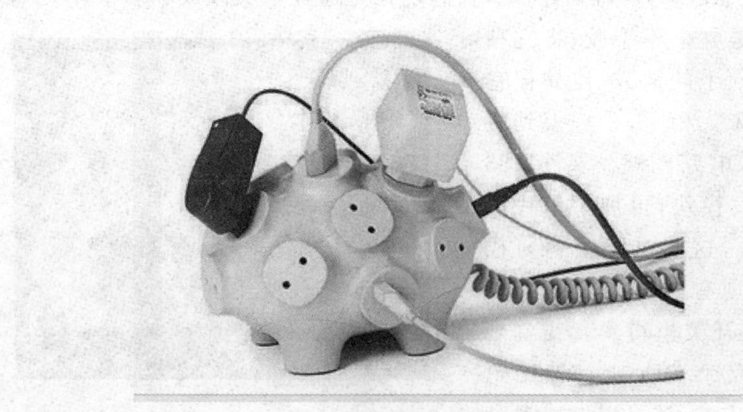

图 4.28.3 多孔插座

设计者展示给用户的，不应该是诸如多个按钮、复杂的设置，也不是复杂的说明书，让人看都看不懂，而是要把麻烦和问题消灭在设计里，用户一看就明白，只管傻瓜似的使用就可以了。如果一个小小的电子产品使用说明书就长达几十页，真的就是吓死人了。

4.29　话说定时器的设计

定时器是很常见的东西，这里不是要说设计定时器的电路，而是要说定时器设计的思路。我们来研究定时器的操作方法，从设定定时时间为 12 时 59 分 59 秒的操作来说。看图 4.29.1 所示的定时器，使用 6 个按键，看看要按多少次键，按 12 次“时”，按 59 次“分”，按 59 次“秒”，总共按了 12＋59＋59＝130 次键。当然，这种定时器设置时间的时候按住键不松可以快速增加，可一旦失误超过了设定值还得重来，相当的麻烦。

再看图 4.29.2 所示的定时器，使用 12 个按键，看看要按多少次，分别按 1、2、5、9、5、9 按 2 次“时”，2 次“分”，2 次“秒”，2＋2＋2＝6 次。图 4.29.2 中，虽然多了几个按键，但操作相当简单！这个例子告诉我们，设计者一定要考虑使用者的方便、快捷。图 4.29.2 所示的定时器实际没有显示秒，但不影响我们对问题的说明。这些定时器在厨房里用还是有些不方便，想象一下，手上有油和水的时候，操作定时器有多烦人，要接触按键，就会造成污染，既弄脏定时器，又会弄脏食品。能不能用手势控制呢？或者语音识别设定呢？那该多好啊！

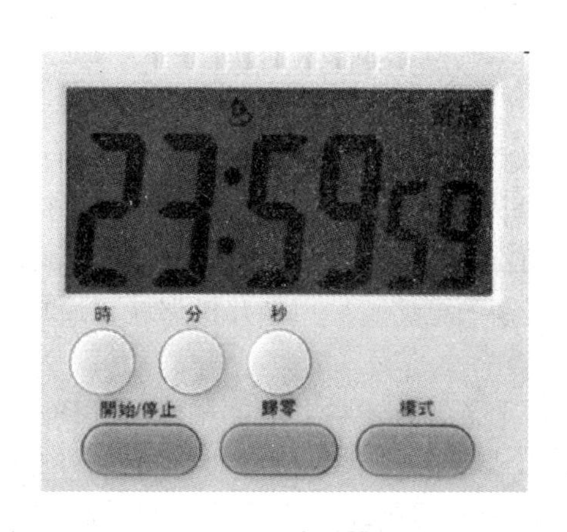

图 4.29.1　定时器(1)

图 4.29.2　定时器(2)

4.30 硬件研发与手机

手机就是一个小电脑,是一个可以随身携带的电脑。通话已经不是手机的主要功能了,因为手机有很多用途,这也是我们非常依赖手机的原因。

如果我们在做硬件研发时,忘记手机就是小电脑,那么研发的产品可能会毫无用武之地。比如,我们要开发一个计算器,手机上就有,而且功能很全,还可以随时更新。我们可以看到被手机代替了的有手电筒、MP3 播放器、计算器、遥控器、音乐节拍器、校音器、小电子琴、记事本、照像机、定时器、游戏机诸如此类的东西。

如果我们遇到这些可以被电脑或手机替代的设计,得三思而行,权衡利弊再决定不迟。当然,不是说手机就可以做任何事情,比如它要代替专业的电子琴就不容易了,键盘就代替不了。那我们可以这样考虑,如果用手机来做音律发声,再单独做个键盘加上功放,就可免去一大堆的硬件,而且手机软件更新容易,升级容易,键盘一般不会变,要是键盘经常变,那些演奏家非得揍你一顿不可。

综上所述,能在手机上做的,就在手机上做。软件能解决的,就用软件解决;不能用软件解决的,才考虑用硬件解决。比如,用手机做个灯泡调光软件,就可以不用遥控发射器了,只做遥控接收就可以了。但要用手机完全代替手电筒,那也是不可能的,比如夜间到河边去钓鱼,那得要专业的手电筒才行。

要切忌动不动就用 APP。现在有种趋势,就是动不动就用 APP,APP 已经到了泛滥的程度了。比如用手机开窗帘,首先要找到手机,然后打开软件才能把窗帘打开,要是手机没电了呢?反而更麻烦。还有,比如用手机远程开关家里的电灯,你不在家开灯干嘛呢?要从实用的角度考虑,花花哨哨的东西,看的人多买的人少。

4.31 单片机不能当饭吃

自从学会了单片机以后,确实让产品开发如鱼得水,特别是要实现复杂的功能,太方便了。年龄大一点的都知道,要实现 8 个 LED 的流水灯,要单方向流动,还是好办的;但同时还可以向相反方向流动就麻烦了,更不要说各种各样的花色了。如果不用单片机实现,那就困难重重,不知道要多复杂的电路。若用单片机那就太简单了,就是初学者也都会弄个流水灯啥的。

下面说说我学单片机的一点体会。由于千辛万苦才学会了单片机,又用单片机做了各种产品,就对单片机有相当的依赖。于是学各种单片机,只要市面上有的都学一番,还要炫耀自己会多少种单片机,感觉还不错。就这样一晃 5 年的时间都耗在学各种各样的单片机上了,到后来以至于把这种单片机的用法和另一种的用法混为一谈。这才怀疑自己是不是在犯错误,实践证明确实在犯错误,耽误了很多时间。其实只要会一种单片机,要学其他的太容易了。没必要把时间耗在学各种单片机上面。

有位高人说过一句话非常到位，只要会用编译下载软件了，一切都是浮云。实践证明真的是这样。

那么学单片机该学些啥呢？得学会一些基本的理论，要学会一些芯片的驱动，比如DS1302、RS485、W5100、蓝牙芯片、液晶屏之类。单片机没法孤立成产品，还有各种相连的电路，学驱动是一部分，得慢慢积累。要能把时序图读懂，一些人不重视时序图，那是不对的。单片机主要的部分都大同小异，如果没有经验，买块开发板，电路图程序啥都有了。最难搞的是模拟电路，一个单片机经常要和模拟电路打交道，有人说以后就都是数字的了，没必要学模拟电路。的确，有好多模拟的已经集成化了，比如测温传感器，一个DS18B20就搞定了。但是如果有个水溶氧的传感器，没有数字接口，而且信号非常微弱，你咋办？要做一个4～20 mA的恒流源咋办？因为模拟电路相比数字电路问题复杂，复杂在于它不是有和无的关系，不能用0和1来表示，还有它的电磁兼容等诸多问题。用单片机控制一束激光开关很简单，但要用这束激光来传输模拟音频，那就不简单。

还要学会在单片机上跑操作系统，没有操作系统就是我们常说的“裸奔”，有操作系统在稳定性、可靠性上就有保证，特别是比较复杂的程序，更需要操作系统来支撑。我觉得，比较简单的像51单片机就没必要用操作系统了，弄不好反而把问题弄复杂了，有点像把大马车硬生生地改成桑塔纳的感觉。

最重要的事，其实是对项目本身的研究，设计好方案是非常重要的，如何针对具体的项目，把电路和程序设计好，如何从解决实际问题出发，做出好产品才是重中之重。一切都是为了实际应用，没有把学到的东西派上用场，会把人弄得土不土，洋不洋的。

4.32　电线舞动的检测方法

给大家讲一个故事，是一次招聘的事。有一个检测供电电线舞动（电线被风吹时左右摇晃）的项目要做，就开始招人。有来应聘的就把这个要求告诉他，想听听解决方案。有一个应聘者说，在两根杆塔之间再立一根杆子，在杆子上安个可变电阻，可变电阻与电线相连，当电线舞动时可变电阻阻值就会改变，这样就可以检测了。我们先不忙评判这可不可行，再看看后面说的。如果这两根杆塔在山的两边，中间有很深的河呢？他说那就在河里安装高大的铁塔。大家说这个方案咋样？可行吗？科学吗？这是个真实的故事，不是杜撰出来的。后来的应聘者中，有说用风吹电线的声音来判断的，有说用角度和加速度传感器来测的，有说测电线张力的。要是你会用啥方法呢？

在解决一个问题时，要考虑多方面的因素，不要信口开河。要考虑造价、可行性、安全性诸多因素。我们可以把任何一种金属变成黄金，但变成黄金的成本比买黄金还高，除非世界上已经找不到黄金才会这样做。还有，不要轻易去想研究永动机之类的事，套进去就难以自拔，除非你不愁吃穿，爱咋研究咋研究。好好把自己的工作做好，多挣点稀饭钱更实际。

4.33 不要把智能家居引入歧途

智能家居已经不是新概念了，跌跌撞撞走到今天，并没有像我们想象的那样美好。就目前智能家居所能做的事情看，无非就是用手机开窗帘、远程开关灯、开关空调、防盗等等。但是细想想，有些功能听起来神奇，也吸引眼球，特别是对外行来说，感觉很神奇，但其实一点都不实用。比如远程开关灯，人不在家，开灯干嘛呢？人还没到家就把空调打开，一身的汗，突然从三十八九度的室外进入二十来度的室内，不感冒吗？特别是远程打开家里的厨房电器，要是网络故障不能及时关掉，是啥后果呢？手机开窗帘好吗？要开窗帘时，手机没电了呢？好多花花绿绿的功能，并无实际意义，不但不智能，反而是麻烦。能不能开发一些实用的产品。比如，早上出门时，提醒一下外面在下雨，把伞带上；或者提示今天降温多少度，得加衣服，预防感冒；或者提示今天雾霾大，把口罩戴上。或在上班时电脑上开个小窗口，看看家里的宝宝是不是被保姆虐待。在打开电视机时提示你该购电了，不然就要停电了。或在出门时提醒你没把钥匙带上，煤气没有关好之类非常实用的、人性化的功能。每款产品既可以单独购买使用，又可以联网使用，安装要简单方便，价格又不太高，那该多好哇。个人见解。

4.34 多了解一些元器件

如果一个厨师不知道有蒜苗，估计他是炒不出蒜苗回锅肉的。如果做电子技术的人不知道光耦，估计也做不出光耦隔离器。

我们要尽量多了解一些基本元器件的名称、特性、用途，在设计电路时就有了素材，就可以做到拿来即用。比如你要设计一个比较器，又知道有 LM393，那不是很好吗？

要了解常用的元器件，如：LM339、NE555、4N25、6N137、SI2301、LM358、LM324、LM339、1N5819、1N4007，等等。太多了，略举一二。

4.35 手势控制 LED 调光台灯设计详解

早期的台灯都是用机械开关或旋转开关控制的。比较先进一点的 LED 调光台灯，都采用触摸的方式对 LED 灯的开关与亮度进行调节；但在夜晚关灯的情况下，很难准确找到触摸的位置，有时甚至会打翻台灯，很不方便。

本设计解决的问题是，无需接触，就可以实现 LED 灯的开关和调光，还有小夜灯的功能。

手势控制的LED调光台灯，只需要在一定范围内有手势的动作，就可以实现灯的开关与调光。比如，在控制器上方左右晃动就可以实现开和关，在控制器上方停留就可以实现无级调光，并具有亮度记忆功能，下次开灯还是上次关灯时的亮度。

这个LED灯可以用作床头灯、书桌台灯；可以用于医院、学校等公共场所，避免接触造成的细菌、病毒的交叉感染。这个台灯还可以与手机通过蓝牙、WiFi等无线连接，实现手机操作、遥控等，好玩又好用，如图4.35.1。

1. 起　源

晚上喜欢躺在床上玩平板电脑，开个顶灯总觉得太亮了，而且还浪费电，于是买回一个触摸式的LED台灯。该LED台灯是触摸式3挡调光，触摸一次亮，第二次亮度增加一点，第三次亮度到最大，第四次关，如此反复。开始觉得还好，用着用着就感觉到不方便，一是调光分挡不均匀；二是操作麻烦，要触摸好多次才能完成那个急死人的循环；三是晚上起夜不好找开关位置。于是就想自己设计一款不用触摸的LED台灯。

图4.35.1　LED手势控制调光台灯

2. 构　思

首先想到的是用超声波测距的方法。查找资料得知，收发一体的超声波传感器，也就是汽车倒车雷达用的传感器，这种传感器好处是防水、防尘，缺点是测距必须在20 cm以上，因为是一个传感器完成收发功能，发出超声波后，接收反射波要一个间隔，所以距离不可能太短。出于对电路的复杂程度、体积、安装等考虑，没有采用这个办法。收发分体的超声波传感器虽然测距可以最小2 cm，但防水、防尘、安装都不好解决，也放弃了。

最后想到的是红外线，由于红外线发射与接收管体积都比较小，结构、安装都方便，电路也相对要简单一些，所以，就以红外线方式开始设计了。

3. 前期实验

红外线发射采用NE555做振荡器，如图4.35.2，由NE555及外围元件组成振荡电路，按照图中RP2、RP3、CP1的值，实测频率为14.2 kHz。RP1为发射功率调节，要注意长期发射必须要考虑红外线发射功率，应该控制在发射管的功率之内。这点与电视机一类短时间红外线遥控发射不同，短时发射功率可以大一些。可以看到，遥控器在 3 V 电压下，RP1 的取值小至 1 Ω，已经超过红外线发射管的标称功率了。

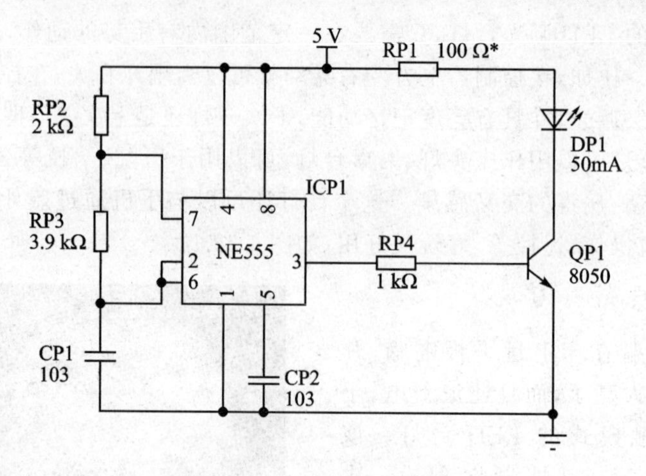

图 4.35.2 红外线发射电路

接收电路如图 4.35.3，由 R0、RF1、UF1、CF1 组成红外线接收电路，N3、RF4、R1、CF2、RF3 组成放大电路，通过 CF4、DF1、DF2、RF5、CF5 组成倍压整流电路，后面是跟随器电路，输出 AD6 与单片机 AD 转换相连。当图 4.35.2 中的红外线通过人手的反射，使图 4.35.3 中的 UF1 接收到红外线，经放大处理后给单片机处理，如图 4.35.4。由于 UF1 是否收到反射信号取决于 AD6 的电压值，因此以此区分是否有手势动作，并控制 LED 灯的开关与调光。LED 驱动等电路在这里没有画出来。

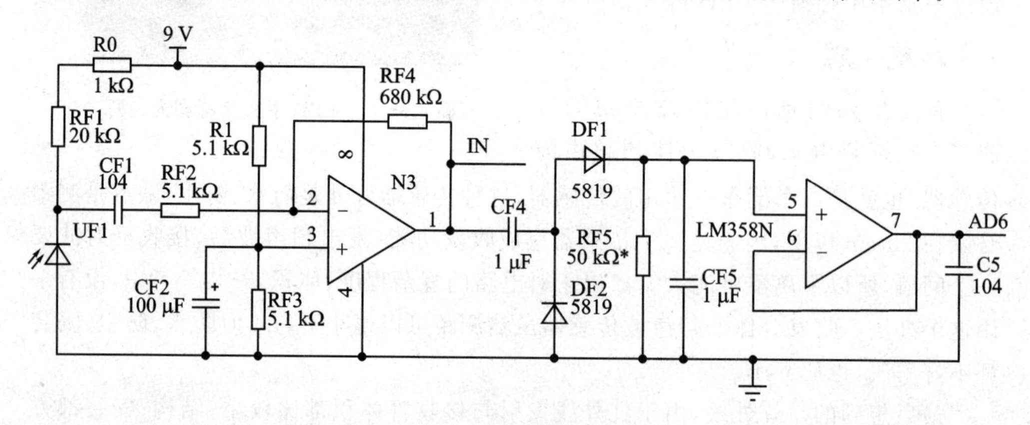

图 4.35.3 红外线接收电路

用上面的方法，可以实现开关与调光。但样品试用时发现，有时在开关其他灯具或有阳光照射、红外线遥控器操作等，样品灯也亮起来或者灭掉了，非常容易受到干扰。分析原因是因为 UF1 只要接收到变化的红外线信号，它都会被放大，都会被当成控制的信号，当然也就会有误动作了。都说失败是成功之母，我们看是还是不是。

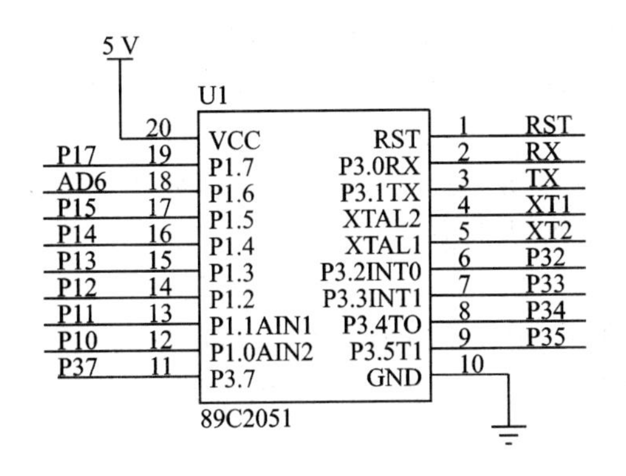

图 4.35.4 单片机电路

接下来就在接收电路上想办法，接收到的信号经放大后，通过译码器处理。接收到的红外线频率与译码器固有频率相同时，译码器才有输出，否则拒之门外。于是就采用图 4.35.5 的接收电路。LM567 是音频译码器。从 IN 输入有一定幅值、一定频率的信号，如果和音频译码器固有的频率相同，LM567 的第 8 脚就会输出低电平。译码器的固有频率由 CS3、RS2 决定。RS2 为可调电阻，可以改变固有频率。由图 4.35.2 的 DP1 发出的红外线信号被反射到图 4.35.5 的 UF1，放大处理后从 CF4 连接到 IN。如果发射频率与 LM567 固有频率相同，P34 变为低电平。为了适应发射频率，用 RS2 改变 LM567 的固有频率，使收发同频。这样改制后，确实抗干扰强多了，只要频率不调在 38 kHz，就不会受遥控器的干扰，其他干扰也能排除。做好样品试用一段时间后，失灵了。检查的结果是可调电阻的阻值变了，调好后就又恢复正常。这个方法，由于可调电阻随温度等条件的变化而变化，导致译码器 LM567 的固

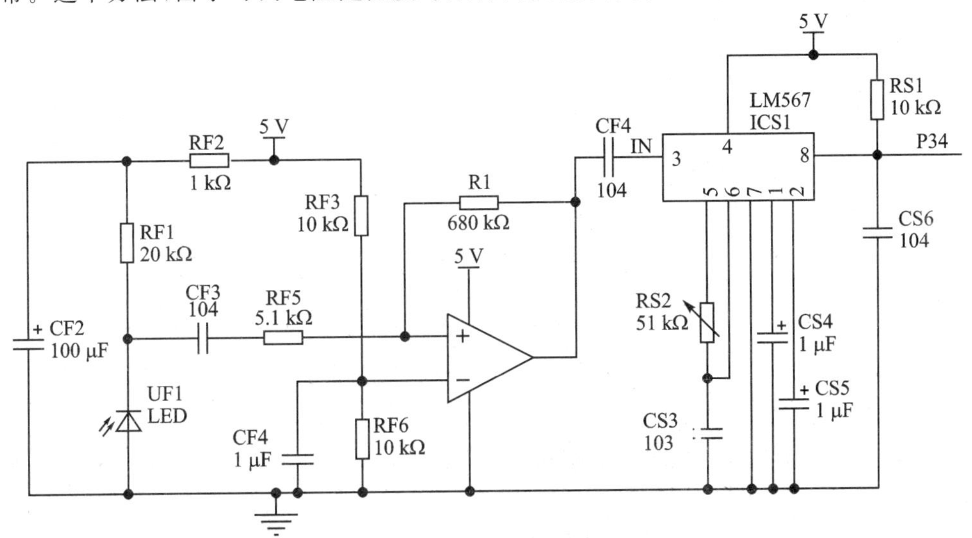

图 4.35.5 音频译码与接收电路

有频率发生变化，况且，生产过程中可调电阻调试起来比较麻烦。

把 LM567 的 PDF 仔细地看了两遍才明白，LM567 的第 5 脚可以输出与它的固有频率相同的方波。LM567 的固有频率由第 5 脚的电阻与电容决定。于是就将 LM567 的 5 脚输出的波形用来控制红外线发射，如图 4.35.6，使得发射的频率与 LM567 接收的固有频率相同，即使 LM567 的固有频率变了，发射频率也跟着变化，实现了自动跟踪功能，还省去了 NE555 组成的振荡电路。按这个方案实验，效果很好。发射电路为图 4.35.6，接收电路如图 4.35.5，单片机不再用带 AD 转换的了，改用图 4.35.7 的 STC15F104E，价格低一些，体积也要小一些。

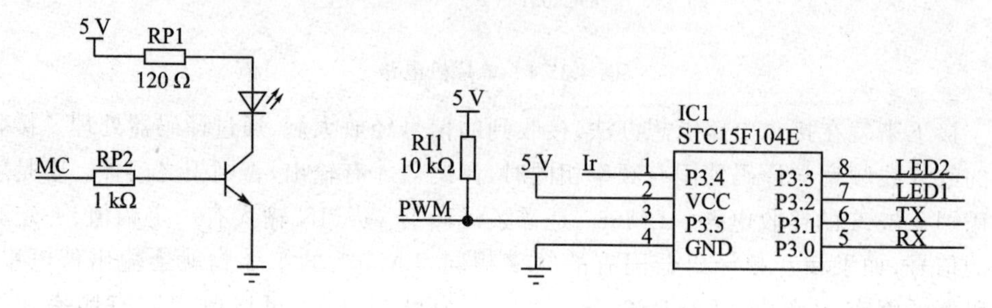

图 4.35.6　红外线发射电路　　图 4.35.7　单片机电路

稳压电源部分如图 4.35.8，由 MP2359 组成 DC/DC 电路，将 DC 24 V 变成 DC 5 V，为单片机、红外收发电路供电。DP2 是防接反二极管，可以不用(电路板做好后，不会有接反的情况)。MCP2359 的 EN 脚为使能端，接高电平使能，接低电平关闭。输出电压由 PR5、PR6 决定。

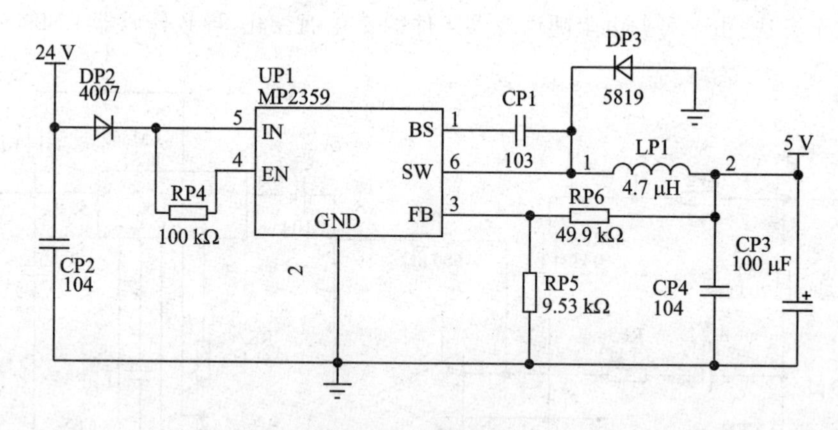

图 4.35.8　稳压电路

图 4.35.9 是 LED 灯的驱动电路，它是由 PT4115 实现恒流控制与 PWM 调光的。

图 4.35.10 为红外线接收与处理电路。电路包括一个光照度检测电路，由 R8、R9、R10、R7、N2 等组成。当光照度大于某值时，灯自动关闭。

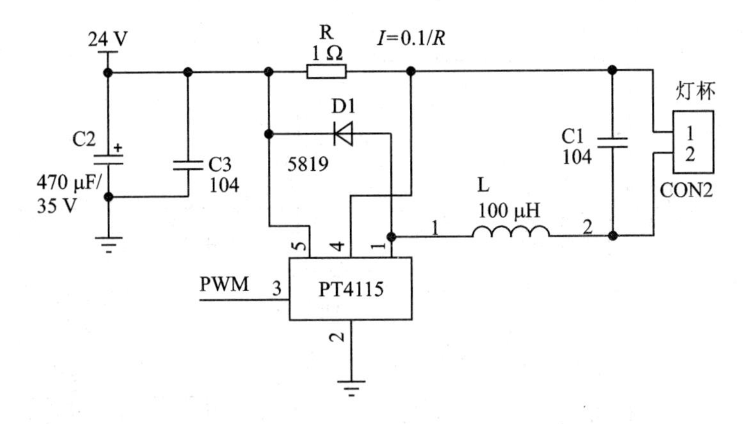

图 4.35.9　LED 驱动电路

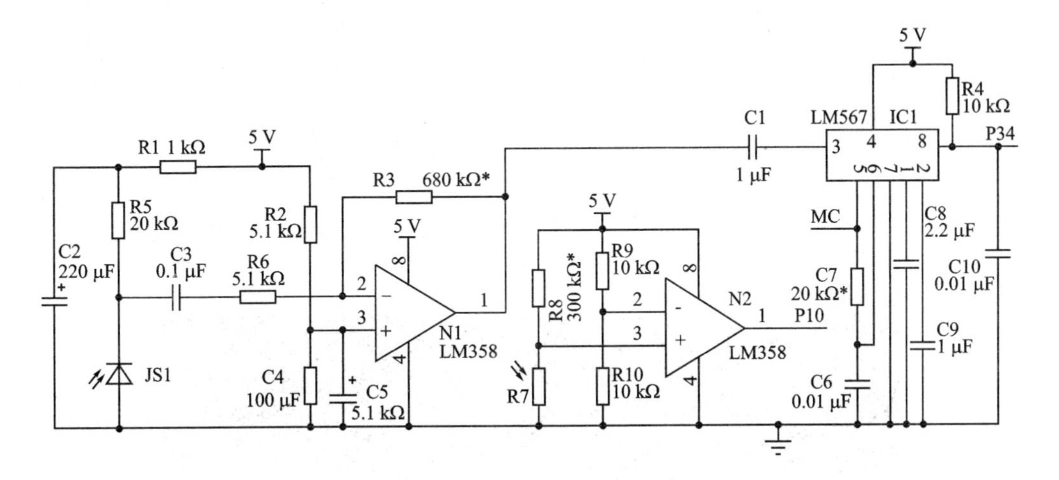

图 4.35.10　红外线接收与处理电路

图 4.35.11 为开关电源电路，为整机提供 24 V 电压。电路采用常见的 VIPer12A 芯片设计。

图 4.35.12 是 PCB 图。

下面所设计的程序是经实际使用过的，直接从电脑上复制过来，未经修改、整理，也算是“原生态”的。

```
//…………………………………………
//名称：    手势控制 LED 调光台灯(STC15F104W)
//版本：    V1.0
//型号：    NSD01A
//修改日期：
//创建日期：2016.12.05
//创建人：  冰糕大叔
```

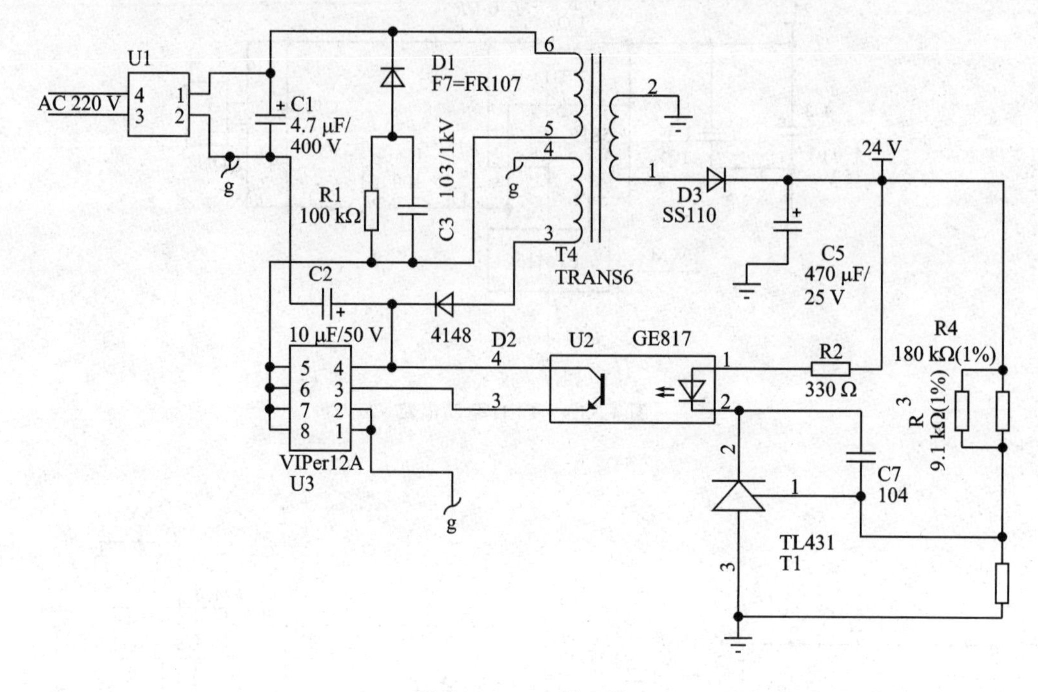

图 4.35.11　电源电路

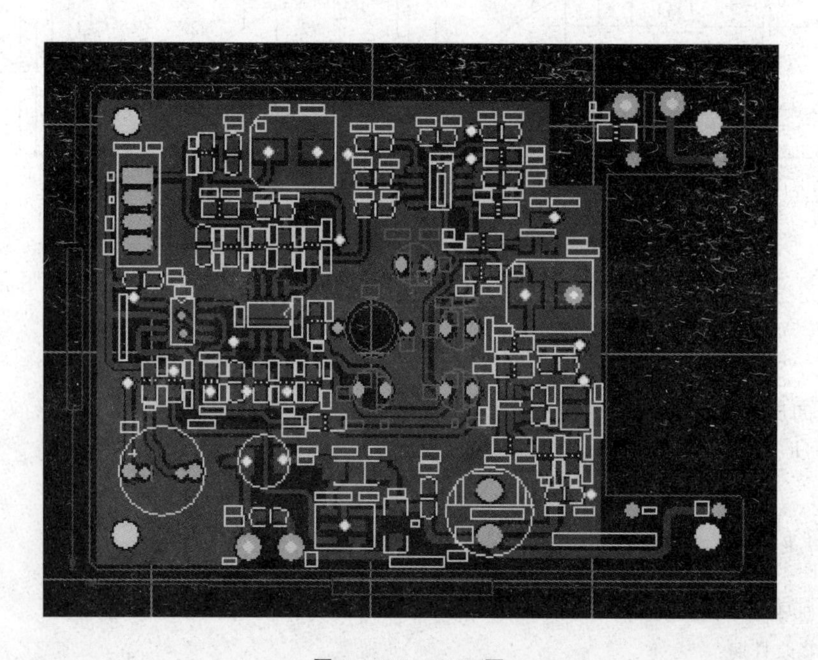

图 4.15.12　PCB 图

```
//说明：    采用 24 V 直流供电,PT4115 恒流驱动
//功能：    亮度调节自动循环 + 淡入淡出效果 + 是否限时(可以通过 XH,XS 与 DRDC、
//选择!!!!)
//...................................
#include <intrins.h> //Keil library (is used for _nop()_ operation)
#include <math.h>     //Keil library
#include <stdio.h>    //Keil library
#include <reg52.h>
//............................
#define  uchar unsigned char
#define  uint unsigned int
#define  NOP     _nop_()
//..............................
sfr      P1M0 = 0x91;
sfr      P1M1 = 0x92;
sfr      WDT = 0xc1;
//............................
bit      Flag1 = 0,Flag2 = 0,Flag3 = 0,Flag4 = 0,Flag9 = 0,Flag100 = 0,Clock = 0,UP_DOWN = 1;
bit      cl = 0,cl2 = 0,CL3 = 0;
bit      BJ0 = 0;
//..............................
sbit    FMQ    =    P3^1;
sbit    Ir     =    P3^4;
sbit    OUT    =    P3^5;
//..............................
sbit LED          =  P3^2;                    //定时器 0 的时钟输出口
sbit LED2         =  P3^3;
sbit Lux          =  P3^0;                    //3 脚
//................................
unsigned char timer1,K = 0;
unsigned char GREEN = 10,BC0 = 0,RC;
unsigned int  N1 = 0,N2 = 0;
unsigned int  T_0 = 0,T_1 = 0,T_2 = 0;
//..............................
unsigned int  NH = 14400;             //4h(小时) = 14400,开灯 4 小时自动关闭
//unsigned int  NH = 60;              //60s
//...............................
//...亮度调节循环与否      = 1 要循环; = 0 不循环
bit    XH = 1;
//....亮度是否淡入淡出      = 1,要 ; = 0,不?
bit    DRDC = 1;
//...是否 4 小时限时选择      = 1,要限时; = 0,不限时
```

```
bit     XS = 1;
//................................
void D10ms(unsigned int count)
{
    unsigned int  i,j;
    for(i = 0;i<count;i ++ )
      for(j = 0;j<500;j ++ )   //1 000
      {
        ;
      }
}
//................................
void Delay_Us(unsigned int us)
{
    for(;us>0;us..);
}
//..............................
void Delay_Ms(unsigned int ms)
{
    for(;ms>0;ms..)
    Delay_Us(1 000);
}
//.............................
void     MIE(void)
{
     unsigned int  i;
     GREEN = 0;
     for(i = 1;i<255;i ++ )
     {
       GREEN ++ ;
       Delay_Ms(5);
     }
}
//.............................
/ * void    LIANG(void)
{
     unsigned int  i;
     GREEN = 255;
     for(i = 0;i<255;i ++ )
     {
       GREEN..;                    //渐灭
       Delay_Ms(10);
```

```
        }
} */
//............................
void Init(void)
{
        TMOD = 0x21;            //20
        SCON = 0x50;            //50
        TH0 = 0XFF;
        TR0 = 1 ;
        ET0 = 1;
        EA = 1;
    }
//...........................
//      GREEN = 255 最暗     = 0 最亮
//...........................
void  main(void)
{
    unsigned char i,j;

    Init();
    N2 = 26; Flag1 = 0;
    D10ms(1);
    Delay_Us(1);
    OUT = 1;                    //亮
    FMQ = 0;
    LED = 0;LED2 = 0;
    //Delay_Ms(500);
    MIE();                      //缓灭
    OUT = 0;                    //灭
    FMQ = 1;
    LED = 1;LED2 = 1;
    GREEN = 255;
    UP_DOWN = 1;
    Flag4 = 1;                  //初次上电,灯关闭!!!!
    WDT = 0X3F;
    K = 0;Lux = 1;
    //...............................
while(1)
{
      WDT = 0X3F;
      Delay_Ms(10);             //反应快慢
      while(Lux == 0)           //强光时,自动关闭!!!!
```

```
{
 Flag4 = 1;      OUT  =  0;
 Delay_Ms(1);  WDT = 0X3F;
}
//else
//{
//FMQ = 0;
//}
//...............................
if(T_2<60) T_2 ++ ;
if(T_2 == 60)
{
 BJ0 = 0;
// LED2 = 0;
 K = 0;
}
//...............................
if(T_0<158) T_0 ++ ;
if(T_0 == 158)
{
 T_0 = 0;                                   //1 s
 if(T_1<NH) T_1 ++ ;                        //4H = 14 400
 if((T_1 == NH)&&(cl2 == 0)&&(XS == 1))     //
 {
   Flag4 = 1;Flag9 = 1;
   BC0 = GREEN;        //记住关闭前的亮度
   GREEN = 255;        //GREEN = 255;!!! 没这句不一定能关闭
   T_1 = 0;cl2 = 1;
 }
 //LED = ! LED;
}
//...............................
if(Ir == 0)
{
LED = 0;FMQ = 0;
T_2 = 0;
//LED2 = 1;

T_1 = 0;cl2 = 0;
if(N1<6000)     N1 ++ ;
Flag1 = 1;                                  //手势在上 Ir
if(N1>1)
```

```
    {
     if(CL3 == 0) K++ ; CL3 = 1;
     if(K == 2)
       {
       BJ0 = 1;
       }
       Flag100 = 1;
       Flag2 = 1;                              //短时间干扰已过
   }                                           //5.20 这里就是开关的范围
   //if(N1>25)                                 //关闭状态下长挡会打开
   if((N1>25)&&(Flag4 == 0))                   //30if((N1>25)关闭状态下不许调光
     {
     Flag3 = 1;LED2 = 1;
         if(cl == 0)
           {
           UP_DOWN = ! UP_DOWN;
           if(Flag4 == 1)    UP_DOWN = 0;
           cl = 1;
           }
      }
 }
 else
 {
 LED = 1;
 N1 = 0;
 Flag1 = 0;Flag2 = 0; Flag3 = 0;
 Clock = 0;cl = 0;CL3 = 0;
 LED2 = 0; FMQ = 1;
 }
 //.........................................
 //                  判断是否开关部分
 //.........................................
   if((Flag100 == 1)&&(BJ0 == 1))              //有遮挡,并躲过了干扰
   {
   if(N2>0)    N2..;
   if((N2 == 0)&&(Flag3 == 0)&&(Clock == 0))
     {
       //OUT = ! OUT;
        //..淡出效果处理................
        if((Flag4 == 0)&&(DRDC == 1))          //close
        {
        LED = 0;
```

```
        RC = GREEN;
        for(j = GREEN;j<254;j++)
          {
          GREEN++;
          D10ms(10);                                //速度
          }
      OUT = 0; LED = 1;
      GREEN = RC;
      }
    Flag4 = ! Flag4;

    if((Flag9 == 1)&&(Flag4 == 0))              //Flag4 == 0 此时表示开灯
    {
    GREEN = BC0;                                //BC0 为 4 小时定时关灯前的亮度
    Flag9 = 0;
    }
   //..............................淡入效果处理
    if((Flag4 == 0)&&(DRDC == 1))               //open
    {
      LED = 0;
      //OUT = 1;
      RC = GREEN;                               //GREEN 关灯前亮度值
      GREEN = 255;
      for(i = 255;i>RC;i..)
      {
        GREEN..;
        D10ms(30);                              //速度
      }
      LED = 1;
    }
//..............................
    Flag100 = 0;
    N2 = 26;
    Clock = 1;
    Delay_Ms(100);                              //避免光干扰加的延时
  }
}
//............................
   /* if(Flag4 == 0)
   LED = 0;
   else
   LED = 1; */
```

```
//............................
   if(Flag3 == 1)
   {
   Flag4 = 0;    Flag100 = 0;   N2 = 26;            //LED2 = 0;
}
//.............................
if((Flag2 == 1)&&(Flag1 == 1)&&(Flag3 == 1))       //遮挡时调光
   {


      if(UP_DOWN == 1)
         {
         if(GREEN<255)       GREEN ++ ;             //down    灭

         if(GREEN == 255)
            {
            LED2 = 0;   FMQ = 0;                    //min
            D10ms(100);
            FMQ = 1;
            D10ms(300);
            if(XH == 1)   UP_DOWN = 0;
            }
         }

        if(UP_DOWN == 0)
          {
          if(GREEN>1)       GREEN..;



          if(GREEN == 1)                            //必须是 1!!!
            {
            LED2 = 0;   FMQ = 0;                    //max
            D10ms(100);
            FMQ = 1;
            D10ms(300);
            if(XH == 1)    UP_DOWN = 1;
            }
          }
       }
   }
}
//...............................
//led1 = red led2 = green led3 = blue
```

```
//……………………………
void timer0() interrupt 1
{
    TH0 = 0XFF ;
    TL0 = 0Xe3 ;                                      //33
    //………………………
    timer1 ++ ;
    if(timer1<GREEN)
    {
      OUT = 0;
    }
    else
    {
      if(Flag4 == 0)                       // Flag4 == 0,此时可以调光。Flag4 == 1,灯关闭
      {
      OUT = 1;
      }
    }
}
//……………………………
```

设计程序时,为了抗干扰性强,在规定时间内,收到两次红外线反射回来的信号算是开、关。也就是将手左右晃动一次,实际上就是反射了两次红外线。在开灯的情况下,持续收到(手在控制器上方停留)反射回来的信号就算调光。方法见说明书。

接下来就是开模具、注塑等工作。经过一番"鬼斧神工"般的制作,终于成型了,用起来很爽!

看到了吧,这又一次验证了"失败是成功之母"这句话的正确性。

特别说明,我们不是把成功的设计直接展现给大家,而是把所有设计的过程都呈现出来,这样更能了解设计的实际过程。

下面是手势控制 LED 台灯的使用说明书。

手势控制 LED 台灯使用说明书

使用前请仔细阅读说明书

一、 产品介绍

目前市面上的台灯,都采用按钮、触摸等方式进行开关和亮度调节。但是存在两大缺陷:不易准确找到开关位置;多人操控开关,容易滋生病菌,形成交叉感染。本产品无需接触开关按钮,就可实现对灯的开关和无极调光。只要在一定范围内,用手轻轻晃动、停留,便可实现开、关和调光。产品设计新颖、独特,有创意。好用又好玩。

本产品采用进口优质LED灯珠，航空铝材强力散热，恒流驱动电源，具有高效、节能、安全、寿命长等特点。

二、 主要特点及适用范围

1. 无需接触开关，即可实现开、关和调光。

2. 灯炮使用寿命可达20 000小时。

3. 具有亮度记忆功能（指记忆关灯前的亮度）。

4. 强光下自动关灯，高效节能。

5. 适用于家庭、学校、医院、宾馆、办公等场所。

三、 主要技术参数

1. 额定电压：AC220 V。

2. 额定功率：5 W。

3. 产品尺寸：$H=280$ mm，　$W=150$ mm。

4. 使用环境：相对湿度<90%，工作温度－40℃ ～＋55℃。

5. 灯泡接口：标准E27。

四、 使用方法

1. 将插头插在220 V电源上，灯亮一下，表明工作正常。

2. 控制盒上方2米内不得有物体和强反光材料（如镜面、不锈钢等）。

3. 接通电源后，控制盒上的白色指示灯亮，红色指示灯不亮，表示可正常操作；反之，说明控制盒上方2米内有物体或有强反光材料。这时，需改变灯的位置再使用。

4. 开灯、关灯：在控制盒上方20厘米内，用手快速左右晃动一次，即可实现开或关。

5. 调光（灯亮着时才可调光）：手在控制盒上方20厘米内停留，灯的亮度就会变亮或者变暗。如果与你想要的亮度变化相反，则将手离开控制盒上方后，再次将手在控制盒上方停留，亮度就会向相反的方向变化；当已达到你所需要的亮度时便将手移开，亮度就会保持这种状态。如需再次改变亮度，重复上述过程。

6. 调光结束后，亮度具有记忆功能。当手势关灯后再次开灯，亮度保持原来不变（电源拔掉后，不具此种记忆）。

7. 强光下灯会自动关闭，达到节能的目的。此种状况下，不能开关与调光。

五、 注意事项

1. 不要在强腐蚀性气体环境中使用。

2. 避免宠物等在控制盒上方活动，以免误触发。

3. 本产品使用特制灯泡，不能用于别处（会烧坏），也不能用其他灯泡代替本产品的灯炮。

4. 长期不使用，应将电源插头拔掉。

4.36 能测高达 150 ℃的数字温度传感器 ADT7301

一个用于发电厂的测温装置，要求最高能测 150 ℃的温度，用振动发电为其供电。开始想用 DS18B20，但 DS18B20 能测的最高温度是 125℃。要注意了，125℃是个门槛，超过 125℃，使用的器件是不好找的，而且价格也是非常高的。用热电偶倒是能测高温，但要做到低功耗来适应微弱的振动发电，那是不可能了。好不容易才找到一款 ADT7301 数字式温度传感器。ADT7301 是 AD 公司推出的 13 位数字温度传感器芯片，其最小温度分辨率为 0.031 25 ℃。该芯片采用＋2.7～＋5.5 V 电源供电，具有温度转换精度高、功耗低、串行接口灵活方便等特点。

ADT7301 的功能特性如下：

供电电源为＋2.7～＋5.5 V；

内含 13 位数字温度传感器；

测温精度为±0.5 ℃；

具有 0.031 25 ℃温度分辨率；

工作电流典型值为 1 μA；

带有 SPI 及 DSP 兼容的串行接口；

工作温度范围宽达－40～＋150 ℃；

采用节省空间的 SOT－23 和 MSOP 封装。

管脚功能如下：

GND：模拟地和数字地。

DIN：串行数据输入口。装入芯片控制寄存器的数据可在时钟 SCLK 上升沿通过该管脚串行输入。

VDD：供电电源正输入端。供电电源范围为＋2.7～＋5.5 V。

SCLK：与串行端口对应的串行时钟输入。

CS：片选输入，低电平有效。

DOUT：串行数据输出端口。

管脚排列如图 4.36.1。

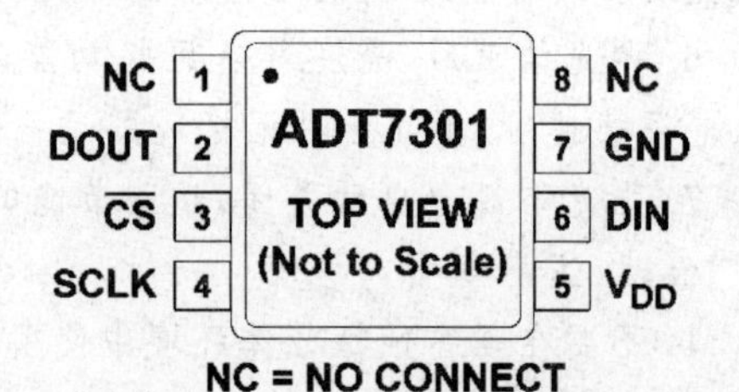

图 4.36.1 ADT7301 管脚排列

电路如图 4.36.2(只画出测温部分)。

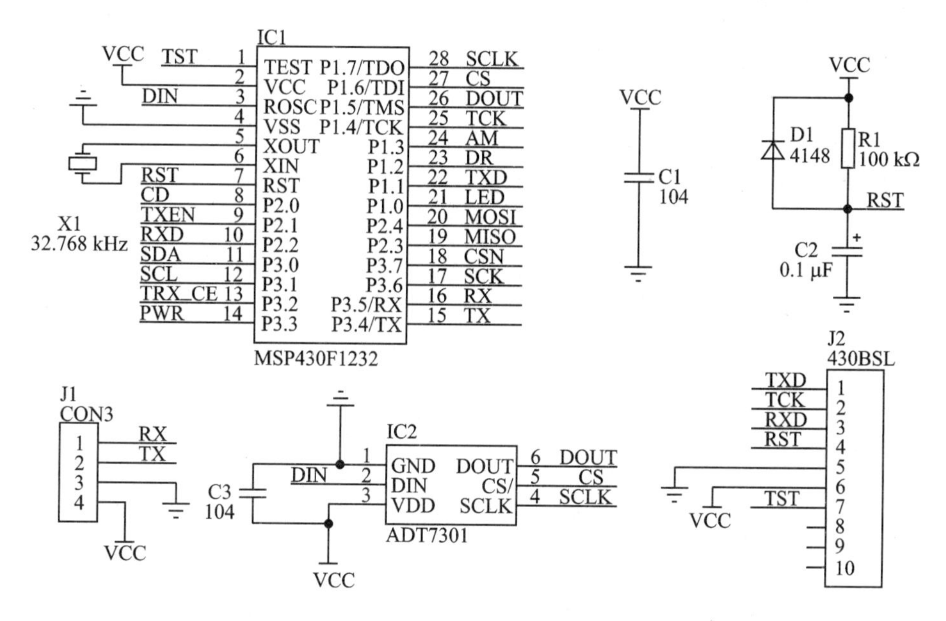

图 4.36.2　测温部分电路

由 ADT7301 和 MSP430F1232 组成的测温电路，在正常模式下，测试电流为 180 μA，节能模式下只有 34 μA，这已经是一个可以用于电池供电的电流了。

由于要低功耗，故采用了 MSP430 的单片机。下面是实际使用的程序：

```
//-------------------------------------------
//          ADT7301 程序
//-------------------------------------------
#define   uchar          unsigned char
#define   uint           unsigned int
//-------------------------------------------
//    ADT7301 控制引脚定义
//-------------------------------------------
#define  S_DIN     P2OUT |=   BIT5
#define  C_DIN     P2OUT &=   ~BIT5
#define  S_CS      P1OUT |=   BIT6
#define  C_CS      P1OUT &=   ~BIT6
#define  S_SCLK    P1OUT |=   BIT7
#define  C_SCLK    P1OUT &=   ~BIT7
//-------------------------------------------
float               ADC_TEMP_CODE_DEC;
unsigned  short     ADC_TEMP_CODE;
signed char         TEMPVAL;
```

```
//---------------------------------------
void  delay_t(void)
{
  uchar q0;
  for(q0 = 0;q0<20;q0 ++ )
  {
  _NOP();
  }
}
//---------------------------------------
void READ(void)
{
        uchar T;
        unsigned  short  byte = 0;
        C_CS;           //片选
        C_DIN;          //写入端为 0,以免进入低功耗休眠(这里其实写入了 0x0000)
        delay_t();
    for(T = 0;T<16;T ++ )//输出 16-bit 数据
        {
           S_SCLK;
           byte = (byte<<1);
           if((P1IN & BIT5) == BIT5)
           {
             byte | = BIT0;
           }
           else
           {
             byte & =   ~BIT0;
           }
           C_SCLK;
        }
      S_CS;
      ADC_TEMP_CODE = byte;        // - 10 ℃ ,0x3ec0;   + 150 ℃ ,0x12c0
}
//---------------------------------------
//  读出温度的函数
//  电源电压低于 2.7 V 读出的温度异常!!!
//---------------------------------------
ReadTemperature (void)
{
   READ();
   ADC_TEMP_CODE_DEC = (float)ADC_TEMP_CODE;
```

```
 if((0x2000 & ADC_TEMP_CODE) == 0x2000)
   {
    TEMPVAL = (ADC_TEMP_CODE_DEC - 16384)/32;
    }
    else
    {
      TEMPVAL = (ADC_TEMP_CODE_DEC)/32;
    }
   return(TEMPVAL);
}
//-----------------------------------------
//   单独切换 ATD7301 为正常模式,或节能模式
//   0x0000 ->正常模式,0x0004 ->节能模式
//-----------------------------------------
void  WR_AT7301(unsigned  short byte)
{
         uchar T;
         C_CS;                          //片选
         C_DIN;                         //写入端为 0,以免进入低功耗休眠
         delay_t();
         C_SCLK;
    for(T = 0;T<16;T++)                 // output 16 - bit
         {
           if((byte & BIT0)  == BIT0)
            {
              S_DIN;
            }
            else
            {
              C_DIN;
            }
            byte = (byte>>1);
            S_SCLK;
            _NOP(); _NOP(); _NOP();
            C_SCLK;
         }
       S_CS;
}
//-----------------------------------------
```

4.37 懒人用的手机操控蓝牙音响 DIY

如果你累了一天回到家，是不是动都不想动，就想躺在沙发上，听一段轻音乐来缓解一天的疲劳？这时如果你拿起手机就可以打开音响，播放你手机上的音乐，是不是件很惬意的事情？

买到一块效果不错的蓝牙音频模块，如图 4.37.1，其连接方法如图 4.37.2。当手机和这个蓝牙模块连接成功后，在 EN 端输出高电平，LED 停止闪烁。连接后还可以把手机上的音频传到模块上，并输出立体声音频信号，供扩音使用。模块上还有 K1、K2、K3 共 3 个按钮，可以调节音量、暂停、下一曲等。

图 4.37.1 蓝牙音频电路板

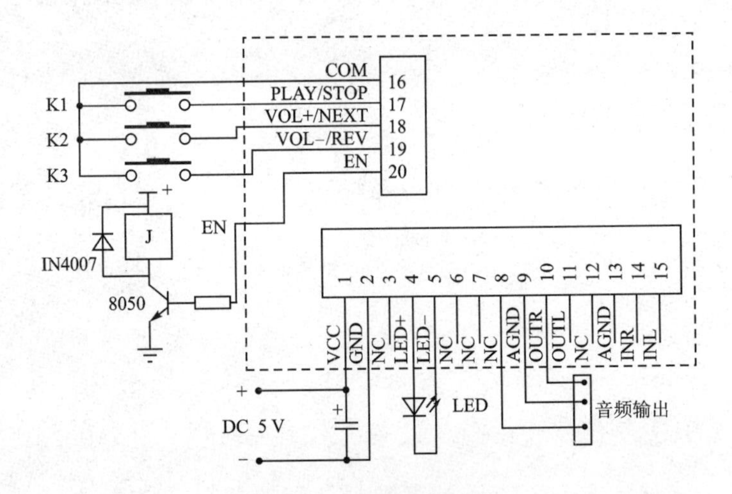

图 4.37.2 蓝牙音频电路

功放电路采用 LM1875。这是一款经典的音频功放 IC，其性能是得到一致认可的，只要不买到假货，尽管放心使用。电路如图 4.37.3，由于两个声道一样，故这里只画出一个声道。

这里要特别说明的是开关机的问题。打开手机蓝牙，单击与模块连接，模块就会自动连接上。在手机与图 4.37.1 所示蓝牙模块成功连接后，图 4.37.2 的 EN 就变为高电平，这个高电平驱动继电器 J 使触点闭合，J1 - 1 闭合，以此来控

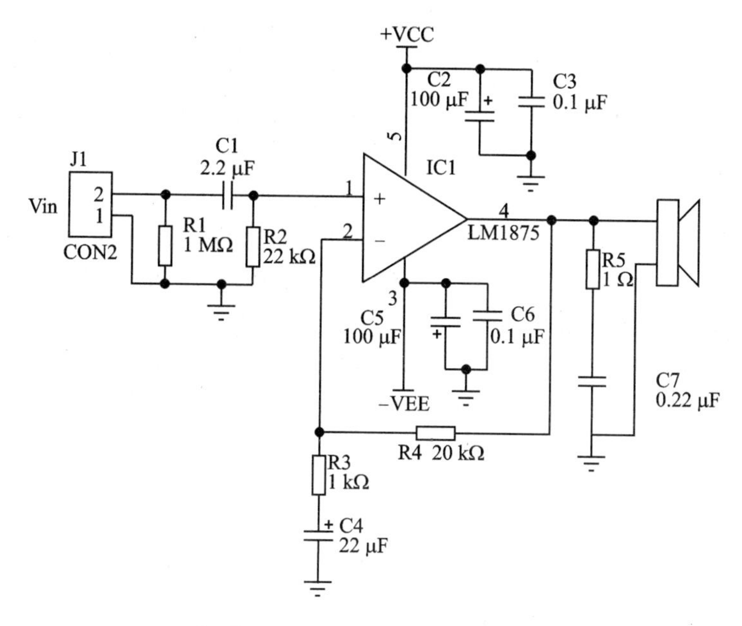

图 4.37.3　LM1875 功放电路

制图 4.37.4 的电源开关。当不需要放音乐时，断开蓝牙连接，EN 端变为低电平，J1－1 断开，功放机电源切断。蓝牙模块的供电需要单独的一组。音量、播放内容都在手机上控制，也可以在音响上控制。在音响上再加上音频输入插孔，可以当作普通扩音机来用。反过来，也可以把你的多媒体音箱加上蓝牙音频模块，实现上面的功能。

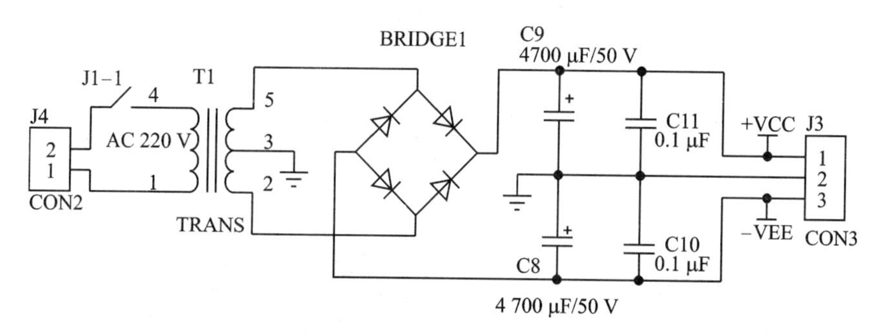

图 4.37.4　电源电路

4.38　ZigBee 门窗防盗报警器

门窗防盗报警器，早期大多是利用 433 MHz 的无线收发来实现，现在看来就过时了。

我们要用支持 ZigBee 的芯片 CC2530 来实现，它工作在 2.4 GHz，有很好的低功耗特点，主动模式 RX（CPU 空闲）：24 mA，主动模式 TX 在 1 dBm（CPU 空闲）：

29 mA，供电模式 1(4 μs 唤醒)：0.2 mA。供电模式 2(睡眠定时器运行)：1 μA。供电模式 3(外部中断)：0.4 μA。宽电源电压范围(2～3.6 V)，芯片体积也小。最重要的是，它强大的组网功能是很有吸引力的，就这一点，足可以抗衡竞争对手。

高频无线电路的设计、调试，对普通工程师来说是一大障碍。正是由于各种无线收发芯片的出现，才降低了门槛。主要的事情是高频部分的布板，它会直接影响到设计的成败。不过，只要你参考官方提供的设计，依葫芦画瓢，基本上都是会成功的。要特别提醒大家一点的就是，PCB 要高频板，元件要选高频的(高频部分)。天线设计，可以采用官方提供的倒 F 天线，也可以采用鞭状天线。鞭状天线在距离、方向性方面要优于倒 F 天线。

电路如图 4.38.1。这是实际使用的电路，S1 是安装在门窗上的门磁，图 4.38.2 是 PCB 图。

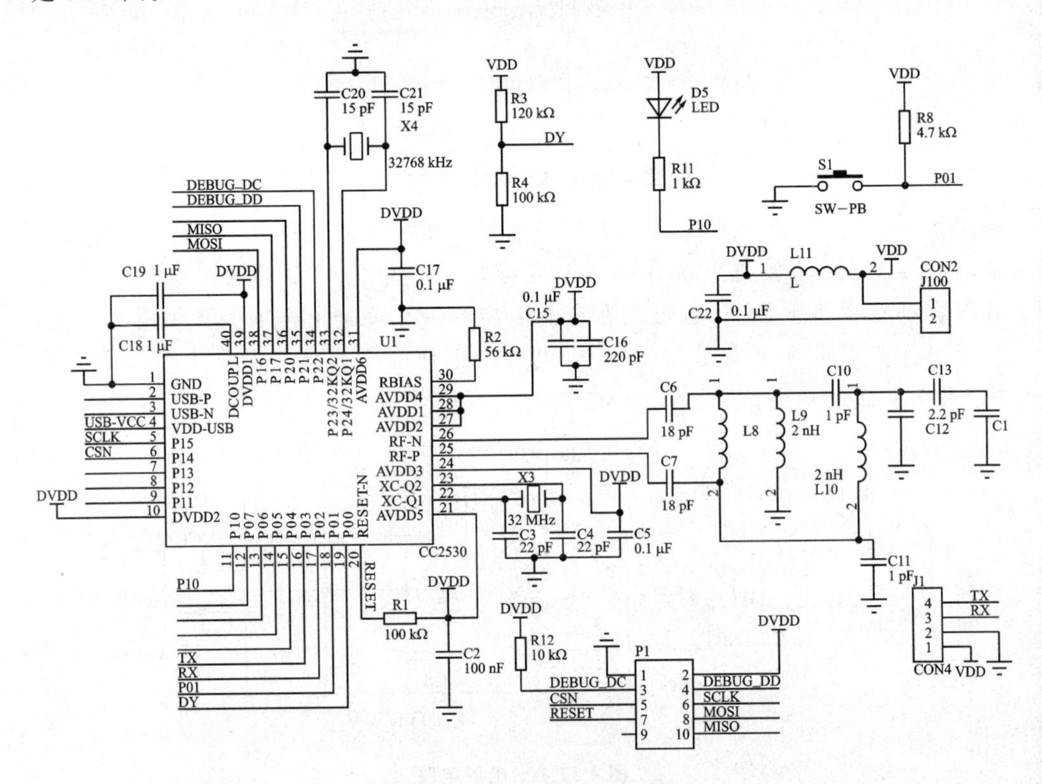

图 4.38.1　门窗防盗报警电路

现在专门来说说供电。开始使用的电池是图 4.38.3(a)所示的 3 V 电压的纽扣电池，用了很多家的这种电池供电，时间最长没有超过 6 个月，用到不能工作的时候，测试电池的电压，下降并不多，有的甚至还是 3 V。经过一番测试发现，虽有电压，但不能提供足够的电流，也就是内阻比较大。后来改用图 4.38.3(b)所示的锂氩电池，这种电池在电能表里用的比较多。锂氩电池的电压为 3.6 V，自放电十分微弱，采用

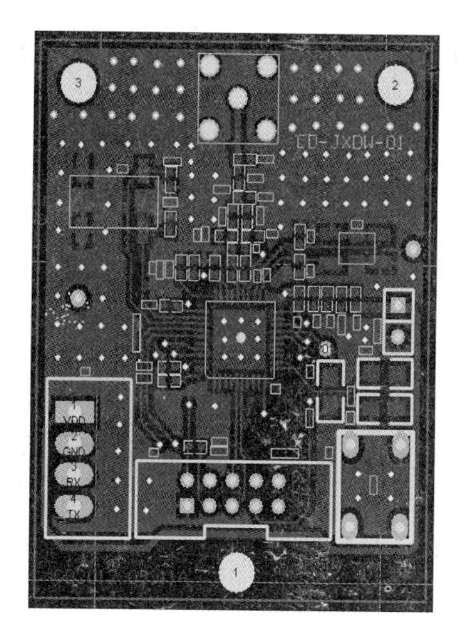

图 4.38.2　PCB 图

这种电池效果不错。

图 4.38.4 是井下作业人员定位用的 ZigBee 模块，采用的是倒 F 天线。

(a)

(b)

图 4.38.3　电　池

图 4.38.4　井下作业定位电路板

4.39 利用 DTMF 的通信电缆防盗报警电路

先来把一些基本术语简单解释一下：啥叫 DTMF？它是“双音多频”的英文缩写，DTMF 的英文全称是 Dual Tone Multi Frequency。DTMF 由高频群和低频群组成，各包含 4 个频率。这种解释很专业，但“双音多频”里面的这个“音”字没有体现出来。其实，我们看看表 4.39.1，其中的频率 697 Hz、770 Hz、1 477 Hz、1 633 Hz……看看这些频率都在 20 Hz～20 kHz 的音频范围内，也就是耳朵能听得到，所以，就有个“音”字。“双音”指的是两种声音，比如，“1”就是由 697Hz 和 1 209 Hz 组成。“多频”呢，就是由多个频率，如表 4.39.1，纵向的有 4 个，横向的有 4 个，也就是前面说的低频群和高频群，有多个频率就叫“多频”。为啥一个按键要两个频率呢？那是因为一个单一的频率太容易受到干扰的缘故。因为在通话期间也有可能输入 DTMF 码，这时用双音多频就显示出它的好处了，人说话时，某一时刻要产生两种频率，不知道练口技的人做得到不？

表 4.39.1 DTMF 编码与频率表

高频频率/Hz 按键 低频频率/Hz	1209	1336	1477	1633
697	1	2	3	A
770	4	5	6	B
852	7	8	9	C
941	*	0	#	D

再来说说几个电话上常用的术语：

① 拨号音，就是提示主叫用户，线路是完好的，可以开始拨号了的一种声音。它是频率为连续的 450 Hz，强度为－10±3 dB 的音频。当拨出第一个号码时，就不再输出拨号音了。

② 忙音，表示被叫用户忙，发出 450 Hz，强度为－10±3dB，间歇为 0.35 s 的声音，即 $T=0.7$ s(0.35 s，0.35 s）。

③ 回铃，表示被叫用户处于被振铃状态，但还没有接听电话，提供 450 Hz，强度为－10±3dB 的提示音，响 4 s 停 1 s，即 $T=5.0$ s(1.0 s，4.0 s）。

④ 催挂音，用于催请用户挂机，特别是电话没有放好时，必须给出提示，不然对方是打不进电话的，使用 950 Hz，强度为 0±20 dB 连续的声音。

⑤ 铃流：90 V、25 Hz 交流电压，提供足够的能量供铃声电路使用。

⑥ 摘机：平时电话线上都是－48 V 的恒流源，当拿起电话听筒时，电话的通话电路接通，接通电路后，电压就下降到 10 多伏了。模拟摘机就是直接给个负载，使其

电压下降，电话交换机才能检测到。

我们来看看图4.39.1，MT8880是双音多频编码译码器，可以和单片机连接后收发DTMF编码。J3是用来连接电话线的。Q5是保护用TVS。R10是模拟摘机电阻，采用模拟摘机，是因为这个不像电话机，它后面没有通话电路，由Q8控制继电器来完成摘机。当继电器吸合后，R10并联到电话线两端，实现模拟摘机，在摘机后，可以直接收发双音多频码。C1、D1、D2、D5、D6、R2、U1、R1、C2组成铃流检测电路，当有铃流到来时，在P14输出低电平，由单片机来检测。Q6用于极性保护，Q7是DTMF发送三极管，通过C7接收DTMF码。其余是单片机、LED指示灯、蜂鸣器等辅助电路。铃流检测、模拟摘机、DTMF的收发由单片机完成。

现在来说防盗的具体方法。一般在铺设电话通信电缆的时候，都是用多芯电缆，通常情况下都会有一些多余的，可以利用多余的线连接报警器的收发两端，一边做发射，一边做接收。发射方模拟摘机后拨打接收方的号码，接收方振铃后摘机，然后双

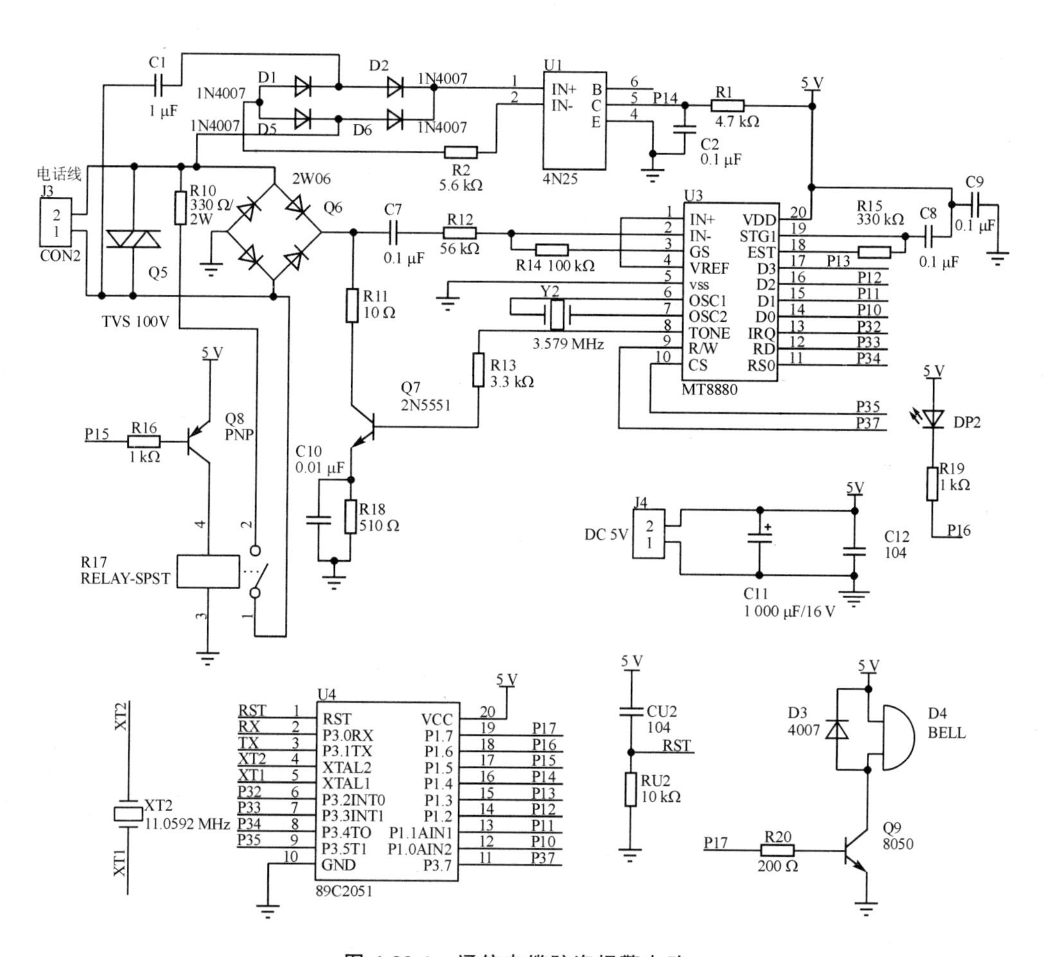

图4.39.1 通信电缆防盗报警电路

方就可以通信了,发射方定时向接收方发射DTMF编码。如果线路被盗割断,接收方就收不到DTMF编码,于是就可以报警。这个电路也可以用来传送数据,0－9、A－D、#、*。如果不需要通过交换机,也可以自己弄恒流源来实现防盗与数据收发实现远程控制等,DTMF方式,在恒流源为－48 V时,可以传输1 km以上的距离。

其他电缆、光缆也可以采用类似的方法,把多余的线用来做防盗用。

这个方法就是书中提到的高速公路收费亭的监听对讲的部分电路。

第5章 思路与技巧

5.1 用锂电为燃气灶供电

家用的燃气灶采用两只硕大的1号干电池串联供电，起初以为用大一点的电池是为了用得久一些，免得经常换电池。但是，后来才发现这个耗电真叫猛，三天两头换电池，不仅麻烦还费钱。

经常跟一个叫罗工的同事抱怨此事，他说，还不如用锂电。家里锂电池真还不少，每换个手机都留下一块电池，容量都不小，何不利用这些锂电呢？但锂电池电压3.7 V，充满有4.2 V。燃气灶上使用的是两节干电池，1.5 V×2＝3 V。看来串联二极管可以解决这个问题。

于是用图5.1.1所示电路就实现了，J1为充电接口，J2为燃气灶供电接口。由于D1、D2的存在，就有0.7×2＝1.4 V的压降，4.2 V－1.4 V＝3.5 V正好，查了燃气灶点火电路，使用3.5 V电压是没有问题的。通过实际使用，点火瞬间由原来的啪…啪…啪，变成了连续的丝丝声，就像电警棍放电的声音，听起来都爽，效果满好。

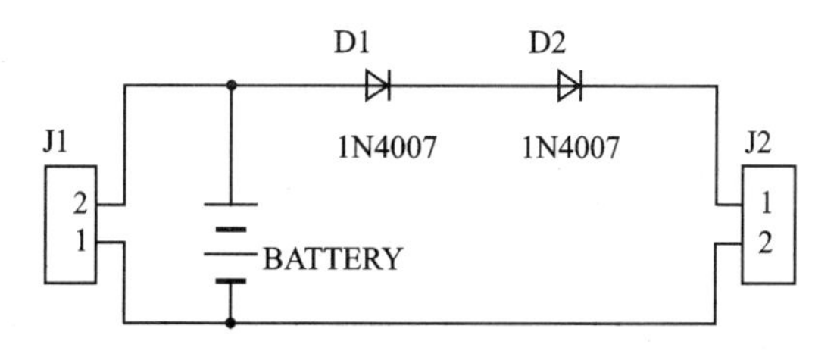

图5.1.1 燃气灶供电电路

这个方法后来在一种电子技术刊物上登载了，作者不是我；但这个方法我是在08年汶川大地震后就开始使用，直到如今，所以不是抄来的。英雄所见略同，这里呈现给大家，指不定能用上。

注意，二极管要采用IN4007等管压降大的，这里正好利用了管压降大的缺点。不要用1N5819等管压降小的肖特基之类的二极管。如果用手机锂电改装，焊接时一定要小心，不要把锂电池弄爆炸了。

这个电路虽然简单，但确实实用。

5.2 学会一图多用

图 5.2.1 是一个 LED 的驱动电路。其实很简单，只是借此来说明一幅图的多种用途而已。图中采用了 2 只三极管组成的达林顿管，R3 是限流电阻。达林顿管的放大倍数是 $\beta_1 \times \beta_2$，即两管放大倍数的积，这个大家都知道。如果从 A 点通过 R1 的电流是 I_1，那么，流过 LED 的电流是多大呢？是 $I = I_1 \times \beta_1 \times \beta_2$ 吗？不是，应该是 $I = (\text{VCC} - V_{\text{led}} - V_{\text{ce}})/R_3$。但 I_{r1}（B 极的电流）必须满足 $I_{r1} \times \beta_1 \times \beta_2 > (\text{VCC} - V_{\text{led}} - V_{\text{ce}})/R_3 = I$ 才行。也就是 B 极电流经 $\beta_1 \times \beta_2$ 放大后具有提供足够电流的能力，不是实际电流，实际电流与负载有关。实际电流是 $I = (\text{VCC} - V_{\text{led}} - V_{\text{ce}})/R_3$。我是提醒大家，当满足 $I_{\text{r1}} \times \beta_1 \times \beta_2 >> (\text{VCC} - V_{\text{led}} - V_{\text{ce}})/R_3$ 时，达林顿管就工作在深度饱和状态。举个形象的例子，一个可以扛 100 斤重物体的人，实际扛的远小于 100 斤，这就是深度饱和。

图 5.2.2 是继电器驱动电路，因为继电器是感性负载，断开时会有高电压产生，用二极管可以将其消耗掉，这个二极管也叫续流二极管。二极管 D 是保护达林顿管用的，而不是保护继电器的。我看到有人在继电器上串联电阻，那就错了，因为继电器是有足够大的直流电阻的，串联电阻导致吸合不好。画蛇添足这个成语用来形容这种情况那是最合适不过了。

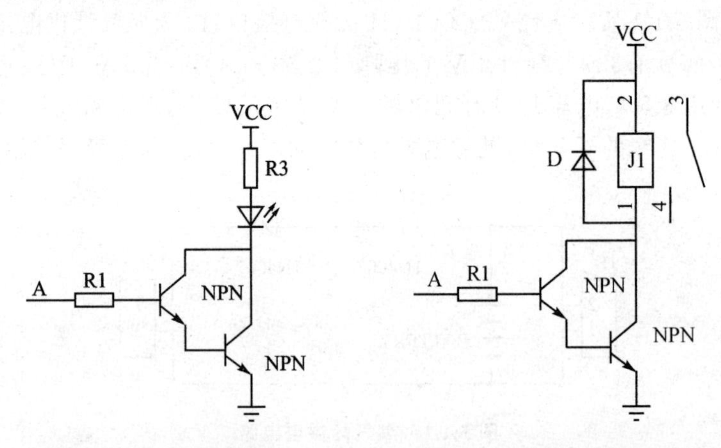

图 5.2.1 LED 驱动电路　　图 5.2.2 继电器驱动电路

图 5.2.3 是蜂鸣器驱动电路，和继电器驱动如出一辙。

还可以用这种电路来驱动电磁阀、小电机等。要不要用达林顿管要看负载电阻，还要看 B 级的电流。单片机高电平驱动能力有限，用达林顿管就比较稳妥一些。上面的电路可以用于很多场合。

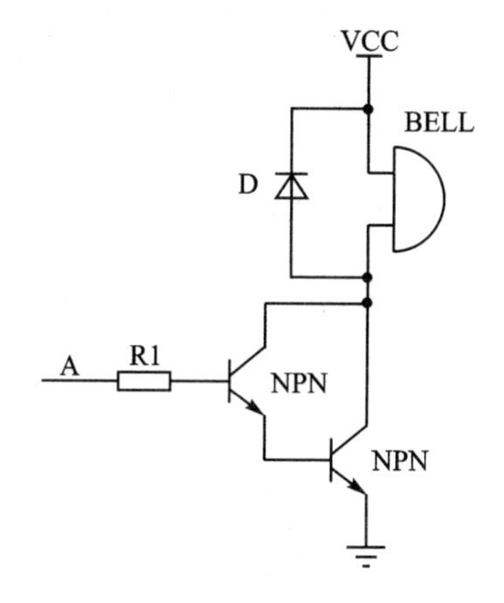

图 5.2.3 蜂鸣器驱动电路

5.3 浅说单片机加密方法

搞单片机解密的人说，他们只提供合法用途的解密；卖菜刀的人说，菜刀要用于合法的用途。但现实是不法分子利用了这一点，他们也说是合法的，干的却是非法的勾当，非法的事情还是经常发生。

要保护自己的成果，就要给单片机加密。单片机加密方法很多，虽然有的单片机厂家说无法解密，但我们还是怕那些魔高一尺，道高一丈的人，指不定想出啥高招，我们的劳动成果就被别人盗取了。

下面就我知道的一些加密方法告诉大家：

(1) 把芯片上的字磨掉。磨掉以后，要解密就要猜芯片的型号，猜芯片型号还是比较麻烦的，这是干解密的人说的。既然他们都这么说，那我们就磨掉让他们去猜。

(2) 把下载程序的管脚掰掉，当然运行的程序不要用到这些管脚。

(3) 读出单片机的唯一 ID 号，比如单片机的 ID 号为：123456，将 ID 号作算法处理，比如前后 3 位互换为 456123 的算法，当然算法不能这样简单。将这个变换后的 456123 写入到单片机的 EEPROM 中。程序在执行的时候，先读出自己的 ID，按约定的算法计算，再与 EEPROM 中保存的 456123 比较，相同则执行后面的程序，不同就不执行后面的程序。因为每片单片机的 ID 不同，即使把单片机的所有内容读出来，不知道运算方法也无济于事。当然，如果将读出的 hex 文件还原成源代码，那这个办法也就于事无补了。但要是能读懂还原的源代码，干嘛还要去抄袭别人的呢。我试过，把 hex 还原成 asm 文件，那读起来真是生不如死。

(4) 采用滚动码加密芯片 EG301 可以有效防止程序被破解。EG301 每次发出的加密数据包含一个计数字(16 位数据)，而这个计数字每次递增 1(因此叫滚动码)，所以每次的加密数据都是不同的；并且加密数据看上去就是随机数一样，没有规律。

单片机开始需要一个自学习的过程，目的是产生解密密钥。自学习就是接收两组EG301发出的加密数据，使用厂商代码和通过特定公式计算出解密密钥，并保存当前计数字。之后EG301发出的加密信号单片机直接解码，并对比当前计数字。只有当前计数字比上次保存的计数字大1～16才认为是正确的，否则就判断为错误信号。所以破解者截获加密信号，并再次发给单片机是无效的。连接方法如图5.3.1，具体实现方法可以到EG301官方资料上查看。

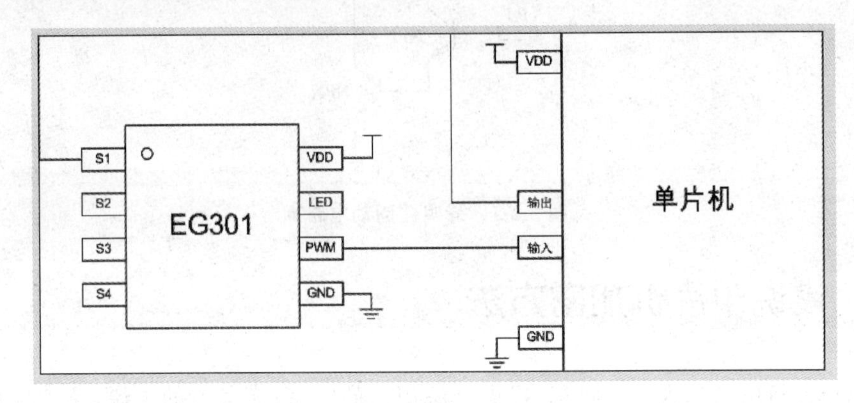

图 5.3.1　滚动加密电路图

使用不易解密的单片机也是一个好的方法；用非大众化的单片机也是个好的选择，非大众化的单片机解密的方法相对也少些。总之，万全的办法难以找到。

5.4　定时开关程序设计的逆向思维

关于逆向思维，最让人记忆犹新的是关于吸尘器的故事。早期为了除尘举行比赛，都采用吹尘的办法，一个比一个吹的威力大。有人就发现这样并没有达到预期的效果，反而将灰尘吹得到处都是，还不如用吸的方法，于是就研究出了吸尘器。

还有就是保安巡更打卡，我们知道，通常都是把卡拿到读卡器上去刷，但是像小区巡更，如果也拿着卡去刷，那就得安装好多个读卡器。那么多的读卡器安装在哪里，电源从哪里来，有些地方要拉电源线还很困难，到时还得把读卡器的数据取回来，诸多问题，确实太麻烦了。那么反过来，把卡安装在巡更点不是很好吗？圆形的卡用水泥钉直接钉进去，就像钉钉子一样简单。拿读卡器去读卡就可以了，数据保存在读卡器里，多方便啊。图5.4.1就是前面所述巡更用的卡。

一款智能插座的定时程序，要实现“开”“关”时间的设定。如果设定“开”的时间比“关”的时间数字小，这个程序还是好写的，比如8:00开，11:00关，这个程序实现就比较简单，作个比较就可以实现。但是，如果设定“开”的时间比“关”的时间数字大的话，比如22:00开，1:00关，因为要经过00:00时刻，这个程序就比较麻烦了，得分成两部分，一是在00:00前，一是在00:00后。这里最好使用24时制，问题会变得简单些。注意,时间通常都是用 BCD 码表示的。如果我们已经写好“开”时间比“关”时间数字小的程序,那就可以用简单的方法来完成“开”的时间比“关”的时间数字大的程序了。也就是要来个逆向思维。

图 5.4.1 巡更 IC 卡

思路是这样的:先判断设定的开关时间哪个大,如果“开”的时间比“关”的时间数字小,直接比较大小就可以了,只要在开的时间范围内就执行“开”,否则就执行“关”。这里也要注意,要比较范围,千万不要只比较“开”或“关”的那个时间点;否则,如果在“开”状态断电以后再通电,就有可能使设备处于关状态。初学者容易犯这样的错误。

如果程序判断出“开”的时间比“关”的时间数字大,就将一个标志(如 Flag)置为 1,然后将设定的开关时间交换。交换后就和前面的“开”的时间比“关”的时间数字小的判断方法一样了。最后要根据置的标志来执行开关。如果标志为 1,执行时“开”变为“关”,“关”变为“开”即可。

还是看看实现的代码,好理解一些。读别人写的代码是比较痛苦的,宁可自己写也不受那罪;但能读懂别人的代码也是有益处的。

下面程序可以合并为一个函数。为了一看就明白,把它写成了两个:

```
unsignedint     Time;
unsigned int    SetStart, SetEnd, TimeNow;
    Flag = 0;                                   //清标志
//..............判断部分....................
//由于时钟会经过 00:00 时,有可能“关”时间比“开”的时间在数字上小,必须要处理好这种
  情况。因为时间大多采用 BCD 码,为了比较方便,使程序变得简单,我们把时间换算为“分”
  就会方便得多。
注意,SetStart、SetEnd 分别是开时间和关时间的十进制数,不是 BCD 码。
//.........................................
SetStart = SetTimequantumStartHour * 60  +  SetTimequantumStartMin   //时间换算成“分”
SetEnd  = SetTimequantumEndHour * 60  +  SetTimequantumEndMin   //时间换算成“分”

if(SetEnd  >  SetStart)
  {
  Flag = 0;     //结束时间大于开始时间,如 8:10 开,10:15 关
  }
  else
  {
```

```
   Flag = 1;               //开始时间大于结束时间,如 22:10 开,2:30 关
   Time = SetEnd;          //开关时间交换
   SetEnd = SetStart;
   SetStart = Time;
  }
//..............................................................................
//........执行部分..Hour 当前"时",Min 当前"分"...........
//.................................................
    TimeNow = Hour * 6 0 + Min;       // TimeNow(十进制当前时间)为换算成以"分"为单位的
当前时间,Hour、Min 是十进制数,不是 BCD 码。

    if(SetEnd  >  TimeNow >=  SetStart)
    {
      if(Flag == 0) RELAY = 0;        //开启,关时间>开时间
      if(Flag == 1) RELAY = 1;        //关闭,开时间>关时间
    }
    else
    {
      if(Flag == 0) RELAY = 1;        //关闭,关时间>开时间
      if(Flag == 1) RELAY = 0;        //开启,开时间>关时间
    }
```

从上面的代码看,是不是很简单呢?

5.5 弱电工程师要学一些强电知识

强电一般是指大电流、高电压的情况,主要是针对电力而言;弱电指的是小功率、低电压,针对信息类而言。

弱电工程师要学一些强电知识的理由有下面几点:

(1) 基于安全原因,比如电机正反转控制的接触器互锁等。

(2) 弱电和强电有密不可分的关系,比如电能采集就属于强电与弱电的结合。

(3) 强电和弱电的结合,电磁兼容问题更加尖锐,比如用单片机控制接触器。

5.6 轨到轨运放

图 5.6.1 电路中,运放是 LM358,可以工作在单电源电路中。在一个电压为 5 V 的电路里做一个跟随器用,输入电压 IN 为 0~5 V,希望输出也在 0~5 V 变化,但输出电压 OUT 值达不到最大 5 V。在调试过程中发现,当输入在 0~5 V 时,输出却在 0~3.5 V,并且电压在 0 V 附近输出不是线性的,这不是我想要的。于是查资料才知

道,只有轨到轨的运放才能输出满摆幅(达到电源电压值);而 LM358 不是轨到轨的运放,只有将 LM358 的供电电压改为 9 V,输出才可以达到最大 5 V。但这时在输入为 0 V 附近仍然异常,不是线性的(不全是这样,一些厂家的 LM358 是线性的)。这种情况下必须要用轨到轨运放,比如 LMV358、OPA340、MCP623X,这些可以满摆幅输出,并且 0 V 附近输入也是线性的。

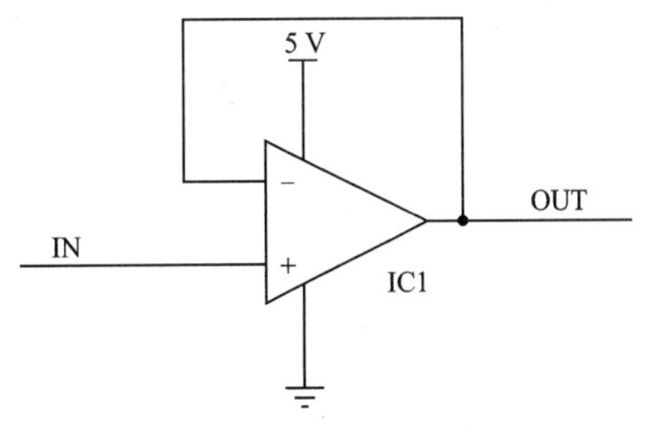

图 5.6.1 运放电路

不知道是教科书上没有讲,还是自己没记住,总之,又吃了回苦头。

5.7 光耦亮了一下

在调试一块电路板时,不慎将镊子掉到了电路板上,电路板就出问题了。一旁的小孩告诉我,有个东西亮了一下,我问他是哪个东西亮了一下,他指给我看,原来是光耦。黑乎乎的光耦,怎么可能看到光呢?我有点不信,但还是把光耦换了,居然就好了。于是又拿了个好的光耦做毁坏性的实验,果然,真的,确实亮了一下!

看来得学会观察,学警察查案子时的明察秋毫,学医生看病时的望闻问切,招招都给它用上了,一定错不了。

5.8 闹心的时序图

时序图对一个器件的操作是非常重要的。比如对液晶屏的操作,如果搞不清楚时序图,那你的程序只能去参考别人的,如果能找到可以参考的还好;如果是新器件,找不到参考程序,那就会束手无策,所以非常有必要弄懂时序图。如果你已经很有经验,即使你还在猜有些单词到底是啥意思,你也可以通过看 PDF 的管脚功能,看时序图,很快就知道是咋回事了。就好比不会说话的哑巴,如果你懂哑语,只要看看手势,就知道他想要说什么,所以必须把时序图给整明白了。教科书好像都没有专门讲这个闹心的时序图的,都是简单的提及,并未见到详细的讲解。

这里以 LCD1602 液晶屏的时序为例说明。首先要看器件的管脚,一般从表 5.8.1 就可以看出个大概。VSS 一看就知道是电源地,VDD 是电源正极,像这些常见的一看便知,大不了就再看看电压范围等细节。后面 RS 数据/命令选择(H/L),看后面小括号里的(H/L)已经暗示你了,要是数据操作就是 H(高电平),要是命令操作就是 L(低电平)。R/W 是读/写,后面也有(H/L),H 是读,L 是写。E 使能。D0～D7 数据等都可以从表中看出。如果有不清楚的再看详细的叙述,后面都会对其详细描述。

表 5.8.1　LCD1602 液晶屏管脚说明

编　号	符　号	管脚说明	编　号	符　号	管脚说明
1	VSS	电源地	9	D2	Data I/O
2	VDD	电源正极	10	D3	Data I/O
3	VL	液晶显示偏压信号	11	D4	Data I/O
4	RS	数据/命令选择端(H/L)	12	D5	Data I/O
5	R/W	读/写选择端(H/L)	13	D6	Data I/O
6	E	使能信号	14	D7	Data I/O
7	D0	Data I/O	15	BLA	背光源正极
8	D1	Data I/O	16	BLK	背光源负极

1 脚:VSS 为电源地。

2 脚:VDD 接 5 V 正电源。

3 脚:VL 为液晶显示器对比度调整端,接正电源时对比度最弱,接地时对比度最高。对比度过高时会产生"鬼影",使用时可以通过一个 10 kΩ 的电位器调整对比度。

4 脚:RS 为寄存器选择,高电平时选择数据寄存器、低电平时选择指令寄存器。

5 脚:R/W 为读写信号线,高电平时进行读操作,低电平时进行写操作。当 RS 和 R/W 共同为低电平时可以写入指令或者显示地址,当 RS 为低电平 R/W 为高电平时可以读忙信号,当 RS 为高电平 R/W 为低电平时可以写入数据。

6 脚:E 为使能脚,当 E 端由高电平跳变成低电平时,液晶模块执行命令。

再来看表 5.8.2,它已经非常清楚地告诉我们该如何操作了。比如,读液晶屏的状态,RS=L,R/W=H,E=H。注意 RS、R/W、E 都是器件的管脚,H、L 是指高、低电平。

表 5.8.2　基本操作时序表

读状态	输入	RS=L,R/W=H,E=H	输出	D0～D7=状态字
写指令	输入	RS=L,R/W=L,D0～D7=指令码,E=高脉冲	输出	无
读数据	输入	RS=H,R/W=H,E=H	输出	D0～D7=数据
写数据	输入	RS=H,R/W=L,D0～D7=数据,E=高脉冲	输出	无

来到重要的部分了,我们来看时序图 5.8.1。左边的 RS、R/W、E、DB0～DB7 都是实实在在的管脚。如果我们用一条竖着的直线从左到右移动,各个管脚的电平就会发生变化,这些变化随时间的变化而变化,就是所谓的时序。我们把图 5.8.1、

表 5.8.1、表 5.8.2 联系起来分析。比如读液晶屏的状态，由表 5.8.1 的第 5 项看出 R/W＝H 为读，表 5.8.1 的 4 项 RS＝H 是数据操作（RS＝L 是命令操作），E＝H 使能（使其可操作的意思），再看表 5.8.2 的第一行，也是如此。是不是使管脚 R/W＝H，RS＝H，E＝H 就完成了呢？不是。

在看图 5.8.1 之前，我们说说乐队的演奏。在乐队里，有各种乐器，各种乐器不会同时发声，有先后，按照时间的顺序依次发声，黑管、长笛、小提琴、鼓等乐器要按乐谱中各自的位置（指时间）发声，时间是有条不紊地往后延伸的，不会疯跑，也不会停下。这个时序图就好比演奏乐曲，从左到右依次出现，随着时间的推移，一刻不停地往前推进。所谓“时序”，无非就是“时间”与“顺序”。

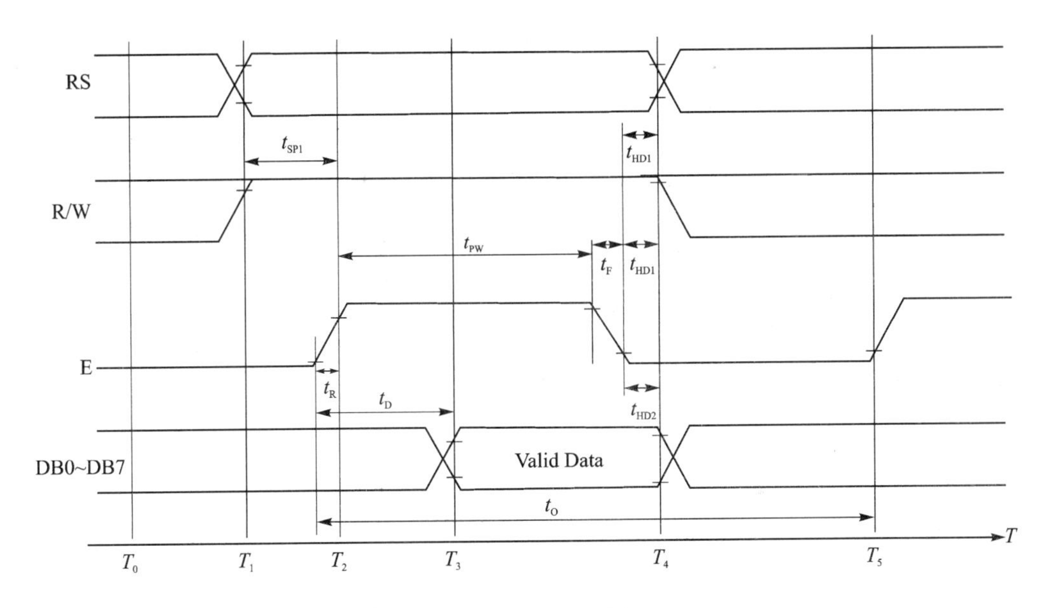

图 5.8.1　读操作时序

假定我们是读数据。从左往右来看，当时间运行到 T_1 时刻，将 RS＝H（数据操作），R/W＝H（读操作）；但此时还不能将 E＝1，图中有个 t_{sp1}，是地址建立时间，t_R 是 E 的上升沿时间，也就是说 E 的出现要在 RS＝H 、R/W＝H 后再延时 $t_{sp1}+t_R$ 以后出现才有效，要用程序延时来保证这个时间。看 T_3 时刻，也就是从 E＝H，开始后延时 t_d（数据建立时间），数据在 t_d 后（T_3 时刻）出现才有效。也就是 E＝H 后，要延时 t_d 后才能读取数据。菱形就是数据有效期，英文标注（Valid　Data）就是数据有效的意思。要注意，t_{sp1}、t_R…… 都会自 PDF 里给出，这一点不用操心，可以见表 5.8.3。

表 5.8.3 时序参数 **单位：ns**

时序参数	符 号	极限值			测试条件
		最小值	典型值	最大值	
E 信号周期	t_c	400	—	—	管脚 E
E 脉冲宽度	t_{PW}	150	—	—	
E 上升沿/下降沿时间	t_R, t_F	—	—	25	
地址建立时间	t_{SP1}	30	—	—	管脚 E、RS、R/W
地址保持时间	t_{HD1}	10	—	1	
数据建立时间(读操作)	t_0	—	—	100	管脚 DB0～DB7
数据保持时间(读操作)	t_{HD2}	20	—	—	
数据建立时间(写操作)	t_{sp2}	40	—	—	
数据保持时间(写操作)	t_{HD2}	10	—	—	

管脚在开始时应该是啥电平呢？看 T_0 就知道了，RS＝0，R/W＝0，E＝0。T_5 为结束时的电平，开始前就要用程序使其满足 T_0 时的管脚状态，结束时要满足 T_5 时刻的管脚状态。

下面是 LCD1602 读取数据的程序：

```
//...............................
LCD1602 读取数据程序
//...............................
INT8U   ReadData(void)
{
INT8U  iResult;
E = L;            //器件关闭
RS = H;           //H 为传输数据(L 为传送命令)
RW = H;           //H 为读操作(L 为写操作)
DelayNS(30);      //tsp1 = 30 ns,见表 5.8.3
E = H;            //使能器件,但要经过 tr 时间后稳定(单片机早已把这个时间耽误过去
                  //了,也就是单片机执行指令自身已经延时了),MAX = 25ns 见表 5.8.3
DelayNS(30);      //td 数据建立时间,MAX = 100 ns,见表 5.8.3
IResult = DB;     //把数据读出来
DelayNS(150);     //TPW 使能保持时间 150 ns,见表 5.8.3
E = L;            //器件关闭
DelayNS(10);      //thd1,MIN = 10 ns
RS = L;           //
RW = L;           //
Return   iResult;
}
```

//................................

上面程序中加入的 delayNS()就是延时的 t_{spl}、t_r 之类。

我们来看写数据，如图 5.8.2，将 RS＝H(数据操作)，R/W＝L(写操作)，与此同时数据也提交到了 DB0～DB7，这个数据和读状态出现的时间不同。在 R/W 变低后，还要延时 $t_{spl}-t_R$，E 才变为 E＝1，才能将数据写入。写程序主要是要按照电平出现的先后顺序来完成，要注意延时时间的长短，因为单片机型号和晶振频率的不同，延时需要根据具体单片机和晶振来调整，一些可用的参考程序移植到其他地方不能工作大多是这个原因。要弄清表 5.8.3 中那些时间的含义。

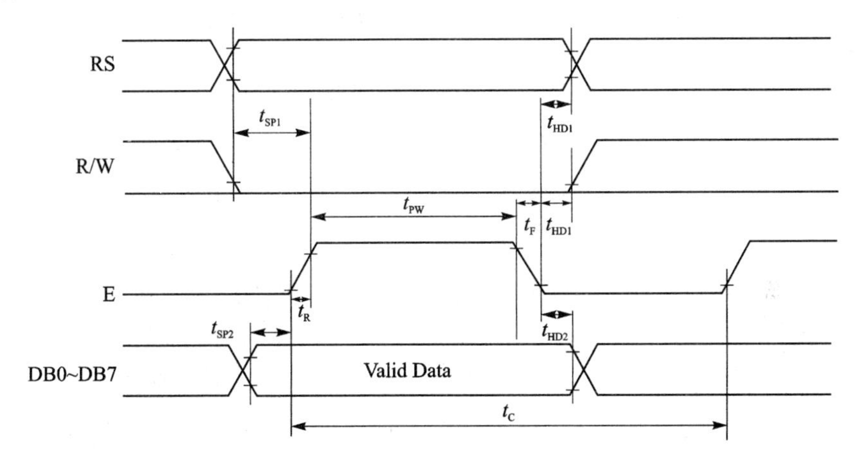

图 5.8.2 写操作时序

LCD1602 写入数据程序如下：

```
//...............................
INT8U   WriteData(void)
{
E = L;                  //器件关闭
RS = H;                 //H 为传输数据
RW = L;                 //L 为写操作
iResult = iData;        //写数据
DelayNS(30);            //tsp1 = 30 ns,见表 5.8.3
E = H;                  //使能器件,但要经过 TR 时间后稳定,MAX = 25 ns,见表 5.8.3
DelayNS(150);           // TPW 使能保持时间 150 ns,见表 5.8.3
E = L;                  //器件关闭
DelayNS(10);            //thd1,MIN = 10 ns
RS = L;                 //
RW = H;                 //
}
//..........................
```

一种比较好的办法是先在确认是正常的硬件上将程序调试通过，再拿到新板子上调试、运行。这样会事半功倍。表5.8.1～表5.8.3以及图5.8.1、图5.8.2都是厂家提供的，原样照搬而来。

5.9 给程序装上眼睛

早期单片机开发都会买一台价格不菲的仿真器，现在好多都不用仿真器，甚至下载器都是用RS232了事。其实仿真器也不是那么好用，有时也不能真实地仿真。

记得有种单片机，下载程序只能烧写一次，你想不用仿真器还不行，否则改一行代码烧掉一片，看你心疼不心疼。

早期有些单片机内部就没有程序存储器，要靠外扩EPROM，如图5.9.1，每次烧写好的程序如果要修改，就得先擦除。要擦除很不容易，要在紫外线灯下面烤上一两个小时，擦除后才能再烧写，确实麻烦。

图5.9.1　EPROM芯片

那么一个复杂的程序在单片机里运行时，看不见摸不着，如何知道它的运行情况呢？办法是有的。可以利用发光二极管、蜂鸣器、串口等来给程序装上一双眼睛，不说一双眼睛，一只也行。简单的程序，可以在某些地方加发光二极管或蜂鸣器来提示程序的走向，比如执行了某行程序就亮一下，或叫一声，没有执行就不亮不叫，就可以由此来判断程序的执行情况。特别好用的就是RS232，它就更方便了，首先在程序里写好串口通信的部分，运行的状态可以通过串口传到电脑上，在电脑上开个串口调试器观察，特别是像AD转换出来的数据就可以直接提交到串口，一看便知，何乐而不为呢？

比如：

```
if(T == 10)
{
LED = 1;
}
else
{
```

```
LED = 0;
}
```

这里只是举个简单的例子。说到这儿，想必你已经有办法了。

5.10 不要干啥都与电子技术挂上钩

学校老师每年都有几十天的暑假，老师们也借机携家带口走亲访友，或外出旅游。但家里的植物能耐那么久的酷暑吗？不干死才怪。像我这种玩电子的就有用武之地了，弄电路，买电磁阀，接水管，安装传感器，制作电路板，写程序，几经周折一套系统出来了，自己感觉相当不错，安装好就回老家去了。

暑假结束回校给同事炫耀自己的作品，居然没有人认可。问同事植物干死没？人家都说没有。奇怪了，这么多天不在家，我不信就不干死。等我问个究竟后，才发现我是多此一举，弄得好复杂。

同事告诉我，他找了一段输液管，装满满的一桶水，把输液管放在桶里，调节好滴水的速度，这样植物一直都有水了。而电子控制则要土壤干到一定程度才会启动浇水，一会干旱，一会涝，简直就是吃饱了撑的。

有简单办法就不要弄得那么复杂，不要动不动就想到电子的方法，要因地制宜，因事而为。

但是如果你按照图5.10.1、图5.10.2制作一个浇花提示器，还是蛮有意思的。把发光二极管安装在植物上，探针插在土壤里，缺水时发光二极管亮起，提示缺水了。家里有小朋友的，还可以顺便来点科普。

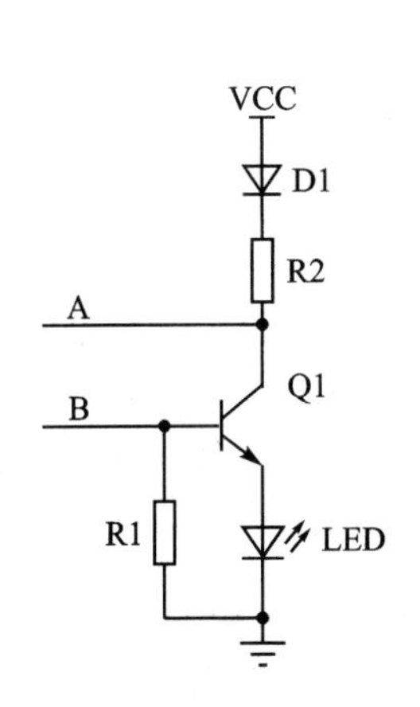

图5.10.1 LED浇花提示器

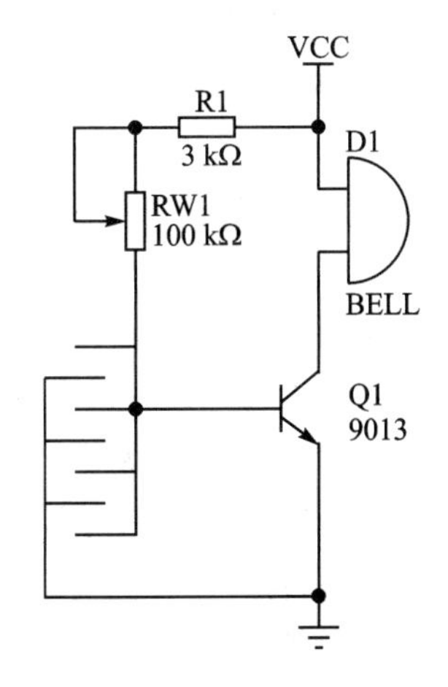

图5.10.2 蜂鸣器浇花提示器

5.11 正确对待电子技术报刊、杂志上的文章

早期，很多知识都来自电子技术报刊杂志，特别是好多实用的经验，非常受益。但慢慢发现在报刊杂志上的一些文章与实际并不相符，甚至还有错的地方。要注意以下几点：

(1) 报刊杂志上的文章采用的元件、电路布局和我们的不同，即使相同的电路，不同的元件，不同的 PCB 布板，都可能会有不一样的结果。

(2) 报刊杂志上的文章也不一定都是实验过的，也可能是编辑看到有创新、独特之处就采用了，只是为大家提供个思路，具体的还得靠我们根据实际来取舍。特别是网上搜的论文，更要注意，不要动不动就信以为真，为了另辟蹊径的作者或许并未真的实现，套进去后就可能迷惑其中。

(3) 作者的实验，未必考虑到批量生产，亦或是妙手偶得，未必能用于实际产品。

(4) 作者出于保密的考虑，故意不给出参数或标出错误的参数。

报刊杂志相对要好得多，作者和编辑都会把好关，绝大多数是没有问题的。但是网络上的东西，一定得学会辨别，是真是假得由你自己去辨别，看到的东西要多方证实，再加上自己的经验判断，方可为我所用。

我们只有多积累单元电路，多实验才有辨别真伪的能力，才能借鉴别人的东西为我所用。用一句歌词来作结尾吧，“借我借我一双慧眼吧，让我把这纷扰看得清清楚楚明明白白真真切切……”。

5.12 学校老师讲的知识有用吗？

经常听到有人说，学校里学的东西没用；或者说学到的知识都还给老师了，还调侃自己是个懂得感恩的人。听上去有些道理，但客观地说，学校里学的东西不是没用，而是没有用上，没有用好。老师教的东西是基础，如果没有老师教的知识，我们恐怕连字都不会写，欧姆定律都不知道，不是吗？

电子技术是理论与实践结合得特别紧密的学科。由于学校的条件和时间限制，不可能花很多时间去实践。这点一直都说要教改，但改起来并不容易，难着呢。

我们不仅不能丢掉学校里学的知识，还要加强；特别是搞理论研究的人，更应该注重学校老师教的知识，没事还是把发黄的书拿出来翻一翻，开卷总会有益的。

搞电子技术不是学手艺，得终身学习，不然很快就会落伍的。

5.13 走捷径，买开发板

研发过程中有一种好的办法，就是买一块开发板，可以提高开发的速度，起到事半功倍的效果。它的好处是软硬件都是没有问题的，有资料，讲得很详细，而且售后服务也好。如果自己做板，硬件、软件都一无所知的话，不能肯定软件或硬件是没问题的，那是相当麻烦的。买到开发板后，首先把原理图弄明白，然后就学习编程，主要是把程序理解和转化为自己想要的。程序搞明白了就可以做自己的板了，有了已经写好的程序，如果自己做的板不能运行程序，那就是硬件的问题了，解决起来就容易多了。要想走捷径，就买开发板。

5.14　师傅教徒弟的绝活儿到底是些啥

所谓绝活儿就是一些鲜为人知的方法和技巧，因为得来不容易，也不易掌握，所以就叫绝活儿。绝活儿是不会轻易告诉别人的。只有教书的老师，生怕学生听不懂，恨不得把肚子里的知识全倒出来。

师傅教徒弟的教学方式已经变得越来越少见了。比如厨师行业，有专门的烹调技术学校，但实际上还是有烹调学校的一些学生出来又拜了师傅的。其实师傅的作用主要还是教经验，有些经验是需要经过多年实践才能总结出来的，学校老师未必有这些经验。

比如木匠钉钉子，遇到比较硬的木头的时候，师傅能钉进去，钉子是不会弯的，但徒弟一锤下去就弯了。师傅钉钉子不弯，那是因为他知道锤子的平面必须和钉子的平面直接对接，如果锤子下去不是面接触，钉子就被打弯了（这个是我问过做木工的妹夫才知道的）。想必学校老师一般是不会教这个的，教课的老师也未必钉过多少钉子。

还记得姐姐学裁缝出师的时候，师傅最后跟她说的话。师傅说，要多比划，不要轻易下剪刀，剪刀下错了，就得赔客户的布，这就是师傅的六字绝招"勤尺子，慢剪刀"。

还有就是传说国外的装表师傅（机械手表）来中国，用中国零件组装出来的表，拿到耳朵上一听就知道是高档货；而我们的师傅用同样的零件装出来的就是不行。说明里面有很多技巧，人家不告诉你，让你慢慢去摸索。

早年理发用的推子，剪不动了就得磨，那么精细的东西总不能在磨刀石上磨吧，但有人会磨。千方百计最后才搞清楚，人家在玻璃上滴上煤油，再加烟灰，使劲按住画"8"字，推"8"字是为了受力均匀，这个方法真的有效，只是太慢，要有耐性。由于推子的面很平，如果不用这个方法谁敢轻易去磨呢？估计现在没人干这事了。

再给大家讲个草绳测量土地面积的故事。那是刚刚包产到户时候的事。生产队要分田到户，要把土地重新丈量一次，确保土地面积的准确性。当时没有那种长的卷尺，只有在草绳上每隔一米系一个红布条，就这样开始测量。那天早上好大的露水，几十号人马（每户人家至少要有一个代表参加，当时我也替父亲参加了测量）测量了一上午，有人发现这个地量出的面积和以前测量的差别不小。既然有误差，肯定就有原因。测量方法是没有问题的，但我发现那条绳子全都被露水打湿了，就拿米尺去量红布条之间的长度，果然绳子由于被露水打湿而变长了，当然测量就会有误差。最后只得重新测量。

上面说这些与电子技术没多大关系，但其中的道理是值得借鉴的。前人总结出来的经验需要学习，好的东西要传承，可以避免犯同样的错误，少走弯路。必要时，拜个师傅也是不错的选择，想偷懒时，还可以到师傅家蹭饭去，但要记得买些苹果啥的带去哟。

5.15 不要把简单问题复杂化

不管是哪种问题，总应把复杂的变简单，而不是把简单问题复杂化。乘法就是为了把加法变得简单，乘方是乘法的简便运算，微分能把计算极值变得很简单，积分能把变力在直线上作功的计算变得很简单，都是把复杂问题简单化。但是把简单问题复杂化的案例也不少，特别是有些人为了所谓的“高大上”，动不动就来个 32 位的单片机。偌大一块电路板，实际并没有几个功能，程序写了上万行，但实际千儿八百行就够了。

有个这样的案例，就是在流水线上，装了产品的盒子随传送带移动，但是个别盒子里漏装了产品，需要分捡出来，不然客户收到的是个空盒子，那就不好了。有人就开始设计了，想把盒子通过称重的方法来识别，重量不足的就是没装产品的；但问题来了，称重的设备咋装在传送带上呢？相当的麻烦，耗资也不会少。后来有人想出个非常简单的办法，就是安个小风机对着通过传送带的产品吹风，没有装产品的空盒子较轻，就被风吹走了，没被吹走的就还在传送带上。看到没有，如此简单，还实用。

5.16 坐飞机去换一个发光二极管

看到这个标题可能觉得奇怪，其实是个真实的事情。这是发生在“非典”那年的事情。

一台节电器上的蓝色发光二极管坏了，客户要求去修好。我们跟客户说发光二极管不亮不影响工作，过段时间有人去就顺便修了，客户不同意，说你们咋能这样对待自己的产品呢，等等，乍一听上去相当难以接受，但细想人家并没有说错。

没办法春运期间只有坐飞机去了。换个发光二极管坐飞机，听起来真的好奇怪。后来反复想这个发光二极管损坏的问题，机器上有 5 个发光二极管，只有一只是蓝色的，坏的就是蓝色的。我观察其他客户的机器，这个蓝色发光二极管也有坏的，其他颜色的都没有坏。这个现象有的客户没看见，也有的看见了但没有说。

在 5 V 电压下，蓝色发光二极管上串联 1 kΩ 的电阻根本不会有过流损坏的可能。后来发现蓝色发光二极管在配电柜的复杂环境下，是被静电击穿的。查阅其他资料，也证明蓝色发光二极管易被静电击穿。

得想办法解决，在蓝色发光二极管两端并联了5.1 V的双向TVS，还并联了100 kΩ的电阻（并联电阻是因为我们被吓怕了，但其实必要性不大），如图5.16.1。这样处理后，生产的机器就没有再发生过损坏蓝色发光二极管的现象了。

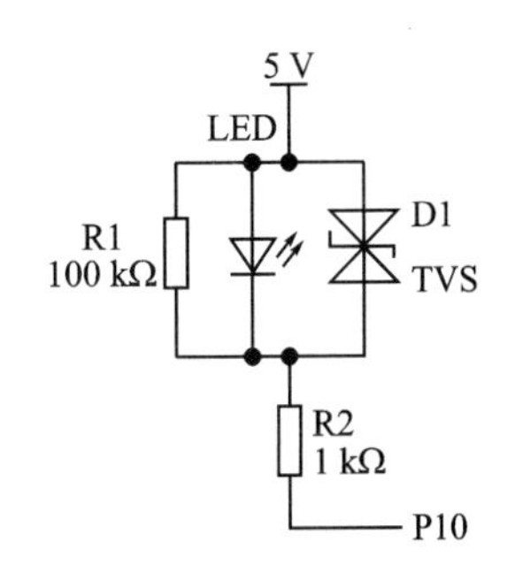

图5.16.1　发光二极管保护电路

这个就是花大钱买小经验。

有资料显示，LED芯片为GaN宽禁带材料，电阻率较高。该类芯片在生产过程中因静电产生的感生电荷不易消失，累积到相当的程度，可以产生很高的静电电压。当超过材料的承受能力时，会发生击穿现象并放电。蓝宝石衬底的蓝色芯片其正负电极均位于芯片上面，间距很小，对于InGaN/AlGaN/GaN双异质结，InGaN有源层仅几十纳米，对静电的承受能力很差，极易被静电击穿，使器件失效。GaN基LED与传统的LED相比，抗静电能力差是其鲜明的缺点。静电导致的失效问题已成为影响产品合格率和使用推广的一个非常棘手的问题。

5.17　用单片机实现逻辑电路功能

说起与非门等逻辑电路，大家都知道有专用的芯片，如74LS04、74LS125、74LS32等。在单片机非常流行、价格又非常低的当下，逻辑电路也可以用单片机代替，或用整个单片机来实现多个逻辑电路的功能，或利用单片机不用的管脚来实现逻辑电路的功能，只要写好代码就行；而且，还可以实现逻辑电路不好实现的功能，比如，加延时后再输出等。

与门：

```
sbit    A    =    P3^0;
sbit    B    =    P3^1;
sbit    F    =    P3^2;
if((A == 1)&&(B == 1))
{
F = 1;
}
else
{
F = 0;
}
```

或门：

```
sbit    A    =    P3^0;
sbit    B    =    P3^1;
sbit    F    =    P3^2;
if((A==1) || (B==1))
{
F=1;
}
else
{
F=0;
}
```

非门:

```
sbit    A    =    P3^0;
sbit    F    =    P3^2;
if(A==1)
{
F=0;
}
else
{
F=1;
}
```

表 5.17.1 是几种基本的逻辑电路符号及表达式。

表 5.17.1 逻辑电路符号及表达式

逻辑门	表达式	符 号
与门	F=AB	A, B → [&] → F
或门	F=A+B	A, B → [≥1] → F
非门	$F=\overline{A}$	A → [1]o → F

续表 5.17.1

逻辑门	表达式	符号
与非门	$F=\overline{AB}$	A, B 输入 & 门，输出 F（取反）
或非门	$F=\overline{A+B}$	A, B 输入 ≥1 门，输出 F（取反）
异或门	$F=A\oplus B$	A, B 输入 =1 门，输出 F
与或非门	$F=\overline{AB+CD}$	A, B, C, D 输入 & ≥1 门，输出 F（取反）
三态门	$EN=1, F=\overline{AB}$ $EN=0$, F 高阻	A, B, EN 输入 & ▽ EN 门，输出 F（取反）

5.18 元器件选择的重要性

很多老工程师喜欢在旧板上拆元件来做实验，是因为旧板上的元件质量有保障，并且是经过老化了的，比较放心。现在市场上的元件质量真是不敢恭维，有的产品还没有交到客户手里就坏了。我总说设计的电路再好，没有好的元件，注定后患无穷。产品出问题，客户找谁？不会去找卖元件的吧？只会找生产厂家。这些质量问题，全堆到生产厂家了。所以，一定要把好元件这一关。买正品是王道。宁愿为产品价格解释一阵子，也不为产品质量道歉一辈子。

5.19 创新不要捡到鸡毛当令箭

每一个人不可能经历所有的事情，也不可能知道所有的事情。如果我们有一个创意，首先要查查是不是早已有了，或许只是我们不知道。这种事情真还经常发生。有个新的创意需要查新，看看有没有这个创意，或有类似的创意。

如果我们的创意没有查到，这也不是说就一定没有人想到过，或许是因为某种原因限制了创意产品的形成，看看是技术问题还是其他问题。这些问题当时没有解决的原因是啥，现在有没有解决的方法，要认真分析，不盲目下结论。记住，你现在想的，可能人家早就想过了。

一个好的创意，如果实验成功了，只是起步，要做的事很多，不要捡到鸡毛当令箭。能不能成为产品，能不能复制，生产调试是否容易，还要经历样品、小批量、大批量的过程。

天天都在说创新，创新谈何容易！

5.20 芯片的焊接与保存方法

实验的时候，如果调试的过程中把芯片弄坏了，要把芯片从板子上取下来可不容易。特别是没有热风台的情况下，要取下四面都有管脚的芯片真叫苦不堪言。

先说在没有热风台的情况下是如何把芯片取下来的。把烙铁温度调高或用较大功率的烙铁，给四面都加上焊锡，尽量多一点，然后对四面的焊锡加热，不停轮流在四个方向加热，这个速度要把握好，快不得，慢不得，待四面焊锡全都融化了的时候，用镊子先把芯片推到一旁，然后夹起来。取下的芯片如果紧接着要用的话，就把周围的焊锡用烙铁清洗干净待用。如果芯片一时半会儿还不会用时，就要用图 5.20.1 右边的方法保存，也就是给管脚保留那些焊锡，要用时再清除，这样就不会把管脚弄弯。要注意，一旦把管脚弄弯了就相当麻烦了（就像图 5.20.1 的左边一样），要把这些管脚再弄直，非常困难。

图 5.20.1　芯　片

要往板子上焊接四面有管脚的芯片时，如果已经焊过，就要先把电路板清理干净，然后对准芯片，想要四面都对准，要反复调整才可以。对准之后先焊一两个脚，再检查看对准没有，千万别盲目把多个脚焊上。焊好一两个脚后，对准其他的管脚，再到对面焊一两个脚，看对准了没有，这时只焊了几个脚，即使没对准还来得及更改。

在完全对好后，就可以四面都加焊锡，可以多加一点焊锡，也可用松香处理。把板子拿起来，用图5.20.2操作，把要去掉多余焊锡的一面朝下，把多余的焊锡迅速弄走。如果焊锡少了，就会像糊泥巴一样将管脚粘在一起，加多松香和焊锡，自然就不会粘在一起，不要以为焊锡多了会使管脚粘在一起，恰恰是多点焊锡，更容易使管脚之间的焊锡分离。焊完后，若个别管脚粘连，可以用烙铁加热，用牙签将两管脚间的焊锡刮走使其分开。

如果要是有热风台，取芯片时就好办多了。对着芯片四周的管脚吹，不要只吹一个方向，要旋转着对四个方向都吹，要把握好速度。没有经验的话，可以先找块不用的板子练习一下。吹到焊锡融化时，赶紧用镊子将芯片夹走，不要恋战，免得把电路板吹坏了。

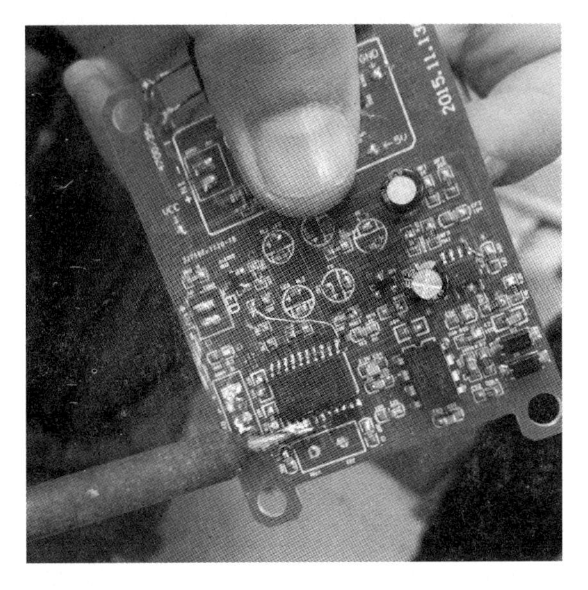

图5.20.2 焊接图

5.21 家电节能

居家过日子，能省则省。节约是一种美德，相信这不是套话。

作为一个从事电子专业工作的工程师，懂一些节能的知识是必要的，万一到亲戚朋友家发表一点你节能的高见，不是显得更专业吗？

(1) 首先说冰箱的节能。买冰箱首选是要买能效比高的。安装时要避免阳光直射，四周不要靠墙太近，太近不利于散热。如果阳光直射就会导致压缩机频繁启动，增加压缩机运行的时间，增加耗电，所以不要安放在阳光直射的地方。如果确实不好找到合适的地方，也要用帘子把阳光挡住。

大块的食品冷冻前，把它弄成小块。如果一大块取出来解冻后，切一部分，又把剩下的放回去，这样会对剩下的再次制冷，耗费能量，反复解冻对食品也不好。最好把大块的分成够一次用的小块，需要时取一块，既方便，解冻也快。

不要把热的食物放在冰箱里，热的剩饭要放凉再放进冰箱。不要把啥都往冰箱里放，热带水果就不宜放冰箱里。不要将食品放的太久，放久了的食品吃了对健康也不利，也没了新鲜时的美味。

及时化霜，冷冻室时间长了会结霜，要及时清除。用保鲜膜将食品包起来，可以防止结霜串味，还可以减少结霜。

要解冻的食品提前放在冷藏室一段时间，将冷气释放在冷藏室里。

根据季节调节温度。不要频繁开门。

(2) 空调节能。空调安装位置不要太高，出风口调节高度适中。避免阳光直射。遮住日光的直射时，如果有玻璃的门窗，在使用空调的时候要拉上窗帘，避免阳光照进房间，可以在阳台上加一个遮阳篷挡阻光。室外机最好不要在阳光下暴晒。

尽量少开门窗，不要有与外界直通的空隙，防止冷气外流。

出风口保持顺畅，不要阻挡对流，可以配合电风扇加速室内冷气流通，保持冷气均匀充足。过滤网要经常清洗，太多的灰尘会塞住网孔，对空调不利。通风口堵塞容易造成换热过慢，热量排不出去，增加空调的使用功率。

选择能力适中的空调，如 1P 的小空调用在大房间里，不仅不能提供足够的制冷效果，还会使机器由于长时间不间断运转，增加使用故障的可能性；而一个 2P 的大空调用在小房间里，也同样会使空调恒温器过于频繁开关，导致对压缩机的磨损加大，同时，造成空调耗电的增大。

离家前十分钟关机，既省电又可以防止出门温差太大感冒。温度不要调得太低，24～26 ℃都可以，睡眠时温度调到 27 ℃或 28 ℃更好。加个小风扇一起使用，即使温度调得比较高，有个小风会起到神奇的效果(真的很神奇，可以试试)。

(3) 洗衣机节能。洗涤前，先将衣物在有洗衣粉液体里浸泡 10 来分钟，让洗涤剂与衣服上的污垢脏物充分接触，然后再洗涤。

分色洗涤，先浅后深，不同颜色的衣服分开洗，不仅洗得干净，而且还可以防止互相染色。

若洗涤量过少，要够数量再洗，不然白白消耗电能。如果一次洗得太多，会造成电机超负荷运转加速磨损甚至弄出故障，也增加了耗电。

夏天的衣服用手洗，锻炼身体，节能就不言而喻了。由于内衣和外衣都在一个洗衣机里洗，容易感染各种细菌，可以适当加一点消洗灵杀菌。这又是题外话，生怕有一个读者不知道这事。

(4) 电视机节能。有一些电视机的节电方法，比如调小音量，调小亮度等。但我不主张这样节能，有点为了节能而节能的感觉。看完电视或长期不用把电源插头拔掉倒是必要的，一来可以降低待机功耗，虽然节电不多，但这是个非常好的习惯，还可以预防其他如雷击等问题的发生。

提醒大家，不要轻易买家用节电器。好多年前就有所谓的家用节电器，看上去比较简单，就是一个插头上有个发光二极管。我买过一个，回家解剖后，里面就一个100 kΩ 的电阻，加一个发光二极管，能节能吗？可买的人还不少。

后来就出现了外观比较好看的所谓家用节电器，包装、说明一应俱全，有的还有检验报告。里面就是几个电容、电感，亦或用黑的环氧树脂封住。说明书上说节电达到30%。当你买回家后，使用根本没有效果时，问商家，他会告诉你，要用一段时间效果才会明显(用一段时间，估计你都忘了)，什么抑制浪涌啊、谐波哇一类好听的名字欲盖弥彰。这种产品往往还有检测报告，你还告不了他，还不能说是假冒伪劣，但你仔细看检测报告，上面只有一些安全性的指标，比如电压范围、电流大小、绝缘等级等，而节能指标呢？执行的标准是国标吗？

这又让我想起几十年前丢包骗钱的把戏，上当的人不少。可是现在还是有人用这个把戏骗人，坏人还是屡屡得手，郁闷！记住老祖先的话吧，害人之心不可有，防人之心不可无啊。

5.22 继电器与可控硅选哪种

可控硅的优点：无触点，开关速度快，可以控制过零开、断。过零开、断不产生谐波，还可以移相作调压控制功率等。缺点：成本高，控制相对复杂，容量小，功耗大，发热严重，移相调功会产生谐波。

继电器优点：技术成熟可靠，触点容量相对较大，成本低，几乎零功耗，发热量小。缺点：开断时会产生浪涌、谐波(特别是接触瞬间不是在过零时)，反应稍慢，触点容易氧化，接触不良，无法用于很精细开断控制电路中，如移相调功等。

我们在使用中到底用可控硅好还是继电器好，要根据具体情况进行选择，综合性能、成本、安装结构等方面考虑。

有一个问题一定要引起高度的重视，那就是负载的特性，比如碘钨灯，冷态时的电阻与工作后的热态电阻差别是比较大的。1 kW 的碘钨灯在冷态只有 2 Ω！如果使用可控硅控制，选取的可控硅电流比较小的话，在通电的瞬间就可能将其损坏。其次就是可控硅控制交流市电时，在关断后负载仍然带电也需要考虑。

5.23 CRC 编程

CRC 的计算器不同，计算的结果也有可能不同。如果和其他人配合，我们习惯性给出一段大家都认可的 CRC 代码，这样就可以减少不必要的麻烦。

```
//………………………………………………………
CRC 程序：
//………………………………………………………
```

```
//crc:校验子程序
//开始地址指针 ADRS,需校验字节数量 SUM
//校验结果:高位 CRCH,低位 CRCL
//.................................................
void CCRC(unsigned char * ADRS,unsigned char SUM)
{
        unsigned int   CRC;                              //校验码
        unsigned char  i,j;
        CRC = 0xFFFF;
        for (i = 0;i<SUM;i ++ )
        {
                CRC^ = * ADRS;
                for (j = 0;j<8;j ++ )
                {
                        if ((CRC & 1) == 1)
                        {
                         CRC>> = 1;
                         CRC^ = 0xA001;
                        }
                        else
                        {
                         CRC>> = 1;
                        }
                }
                ADRS ++ ;
        }
        CRCL = CRC&0xFF;            //L
        CRCH = CRC>>8;              //H
}
```

5.24 单片机的状态机编程

写单片机状态机编程,是因为一个工程师的一句话。我告诉他可以用状态机编程解决诸如按键一类问题,很管用,他说不知道状态机编程这回事。我说你没在网上去搜过?他说名字都不知道,搜啥呀。是的,网上有很多东西,但不知道名字咋搜索呢?所以我们来简介一下单片机的状态机编程方法。

本人不建议在 51 单片机上跑操作系统,因为资源的限制,还有就是 51 单片机的程序都不会有多复杂,如果没有一套经过实践检验的成熟系统,即便使用也不一定稳定。但提倡在 51 单片机上使用各种编程技巧,一些小的技巧往往可以解决一些复杂的问题。大家都知道,单片机编程最怕的是延时和死等。因为它会影响到其他任务的执行，比如有按键、蜂鸣器、数码管显示等，按键时要延时消抖、等待释放，诸如while(! Key)之类。如果按键没有释放，会在这里死等，程序就没法去执行数码管的更新，也无法执行蜂鸣器的驱动等。为了每一个任务都得到及时的执行，可以采用状态机的思路来编写程序。

(1) 状态机的概念：状态机是一个抽象的概念，即把一个过程抽象为若干个过程的切换，这些状态之间存在一些联系。它清晰、高效。比如一个按键命令解析程序，就可以被看做状态机。在A状态下，触发一个按键后切换到B状态，再触发另一个键后，切换到C状态，或者返回到A状态。这就是按键的状态机例子。按键就可以看做是一个状态机，即按键、消抖、释放、等待状态。

(2) 状态机的要素：即现态、条件、动作、次态。它们之间存在因果关系。现态就是当前的状态，条件就是用来触发动作的，动作就是一定条件下可能导致迁移的行为。

(3) 状态机的C代码片段：下面就是状态机编程的思路。

```
cur_state = nxt_state;
switch(cur_state)              //在当前状态中判断事件
{
    case s0:                   //在 s0 状态
      if(e0_event)             //如果发生 e0 事件，那么就执行 a0 动作，并保持状态不变
        {
            //执行 a0 动作
            //nxt_state = s0;//因为状态号是自身，所以可以删除此句，以提高运行速度
        }
        else if(e1_event)
                             //如果发生 e1 事件，那么就执行 a1 动作，并将状态转移到 s1 态
        {
            //执行 a1 动作
            nxt_state = s1;
        }
        else if(e2_event)
                             //如果发生 e2 事件，那么就执行 a2 动作，并将状态转移到 s2 态
        {
            //执行 a2 动作
            nxt_state = s2;
        }
        else
        {
            break;
        }
```

```
    case s1:                //在 s1 状态
        if(e2_event)        //如果发生 e2 事件,那么就执行 a2 动作,并将状态转移到 s2 态
        {
            //执行 a2 动作
            nxt_state = s2;
        }
        else
        {
            break;
        }

    case s2: ;               //在 s2 状态
        if(e0_event)   ;    //如果发生 e0 事件,那么就执行 a0 动作,并将状态转移到 s0 态
        {
            //执行 a0 动作
            nxt_state = s0;
        }
}
```

一个按键的状态机编程方法举例,把这个搞明白了,就可以触类旁通了。

```
//....................................................................
#include<reg52.h>                   //头文件
#include"Key_State.h"               //按键扫描头文件
sbitLED = P1^0;                     //LED 灯输出
unsigned char Key_Number = 0;       //按键值
//....................................................................
void main()
{
   while(1)
   {
        Key_Number = read_key();    //调用按键扫描函数,取得按键值,定时扫描
            if(Key_Number == 1)     //按键返回值是 1
            {
             LED = ~LED;            //Beep 取反
            }
   }
}
//....................................................................
Key_State.c
#include<reg52.h>
sbit key_sr1 = P1^6;                //按键输入口
```

```
#define key_state_0        0     //按键的初始状态
#define key_state_1        1     //按键按下的状态
#define key_state_2        2     //按键释放的状态

//......................................................................
函数名称:按键扫描程序
功    能:检测按键,并返回按键值,必须经常来读,间隔 10 ms
返 回 值:key_press
//......................................................................
unsigned char read_key(void)
{
    static char key_state = 0;      //按键的状态
    unsigned char key_press;        //按键是否被按下
    unsigned char key_return = 0;   //按键返回值
    key_press = key_sr1;            //读按键 I/O

    switch (key_state)
    {
        case key_state_0:           //按键初始态,上电置为 0
                if (! key_press)    //按下为 0
                {
                  key_state = key_state_1;          // 键被按下,状态转换到键确认态
                  }
                  break;
        case key_state_1:           //按键确认态,说明键已被按下,并给出读值返回
            if (! key_press)
             {
                key_return = 1;   //按键仍按下,按键确认输出为"1",标明按键按下
                key_state = key_state_2;    // 状态转换到键释放态,等待释放按键
              }
             else
               {
               key_state = key_state_0;          //按键一旦释放,转换到按键初始态
               }
             break;
           case key_state_2:
            if (key_press)
             {
             key_state = key_state_0;
                                //按键已释放,转换到按键初始态。等待下一次的漂流
             }
            break;
```

```
    }
return key_return; //返回按键值
}
//……………………………………………………………………
```

采用状态机的按键扫描，最好用硬件电路实现消抖，不采用软件消抖。图 5.24.1 是按键抖动的波形。图 5.24.2 是简单的消抖电路，这种消抖方法实用又简单。图 5.24.3 是稍微复杂一点的按键消抖电路，具有一定的隔离作用，还可以做到不把 I/O 口暴露给用户。

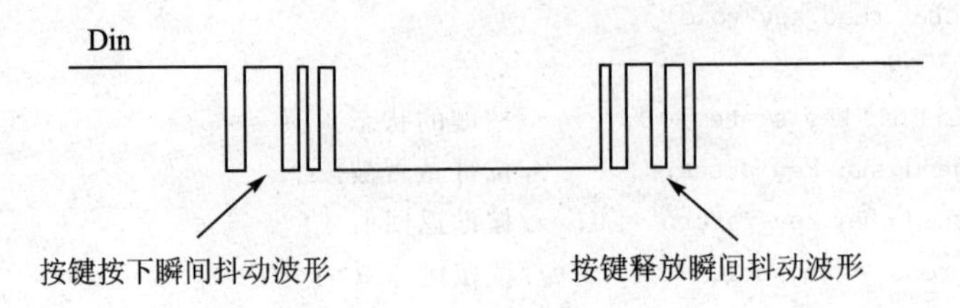

图 5.24.1 按键抖动波形

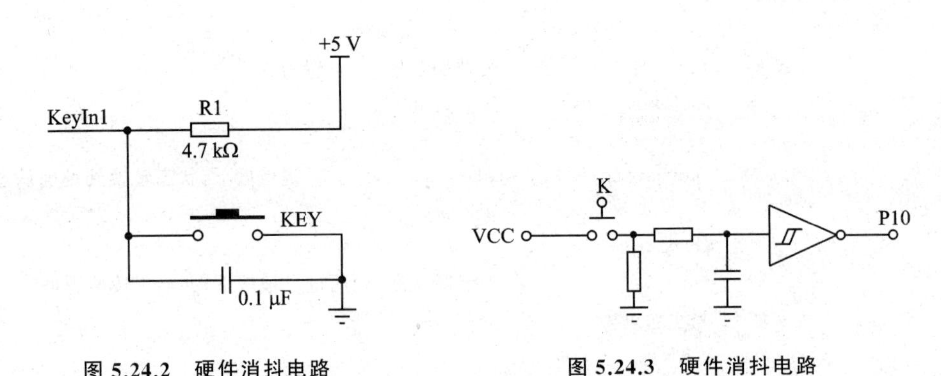

图 5.24.2 硬件消抖电路

图 5.24.3 硬件消抖电路

5.25 不能忘记的 NE555

NE555 这款时基电路芯片，在很多电路里都有它的身影，可以称做万金油芯片，在电子产品里赫赫有名。如果你说你是硬件工程师，又不知道 NE555，就好比你在北京不知道天安门一样。它可以用来做延时电路，振荡电路，单稳、双稳、无稳态电路等等。使用它可以使设计简单、稳定可靠。即使单片机有强大的功能，但 NE555 的稳定性、可靠性在某些场合是无法被单片机取代的。下面来回顾一下它的一些经典用法：

1. NE555 逆变电路

图 5.25.1 是一个用在线路防盗上面的逆变器电路，简单又可靠。NE555 组成 50 Hz 的振荡电路。由于有 Q2 的反相作用，MOS 管 Q3、Q4（IRF840）轮流导通，在变

压器的次级产生 220 V 的交流;但输出不是正弦波,适合给开关电源一类负载供电。变压器采用的是普通双 12 V 的变压器,只不过是倒过来用。这种方法逆变效率不高,只适合小功率场合。MOS 管需要良好的散热。

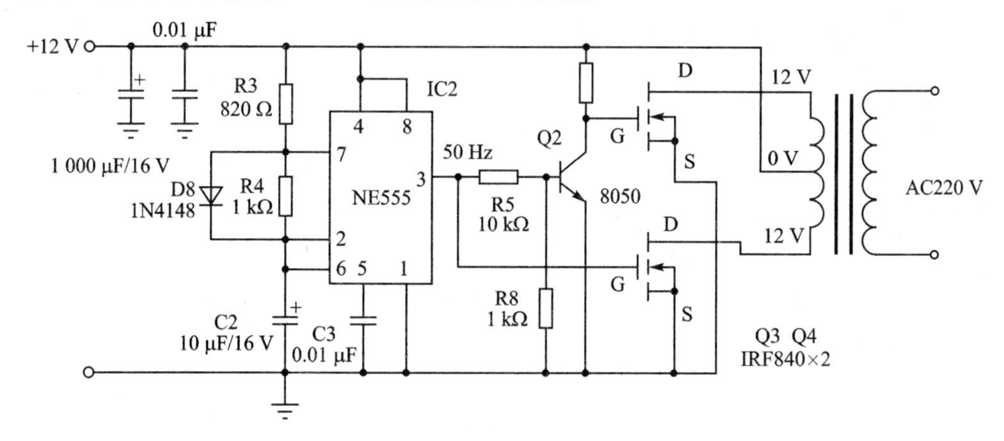

图 5.25.1 NE555 逆变电路

2. NE555 做触摸定时开关

图 5.25.2 电路,集成电路 IC1 是一片 NE555 组成的定时电路,在这里接成单稳态电路。平时由于触摸片 M 端无感应电压,电容 C1 通过 NE555 第 7 脚将电放掉,第 3 脚输出为低电平,继电器 J 释放,电灯不亮。

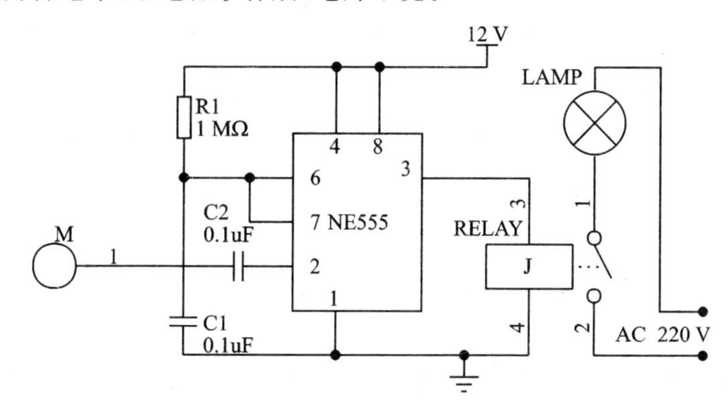

图 5.25.2 触摸延时开关

当需要开灯时,用手触碰一下金属片 M,人体感应的信号电压由 C2 加至 NE555 的触发端,使 NE555 的输出由低变成高电平,继电器 J 吸合,电灯点亮。同时,NE555 第 7 脚内部截止,电源便通过 R1 给 C1 充电,这就是定时的开始。

当电容 C1 上电压上升至电源电压的 2/3 时,NE555 第 7 脚导通使 C1 放电,第 3 脚输出由高电平变回低电平,继电器释放,电灯熄灭,定时结束。这个电路适合短时照明场合,比如过道的照明。

定时长短由 R1、C1 决定：$T1=1.1R1\times C1$。

注意：在没有交流电或远离交流电的场合，因人体没有感应到足够高的电压，这个电路不会正常工作，你信不？

3. 单电源变双电源电路

图 5.25.3 电路中，时基电路 NE555 接成无稳态电路，3 脚输出频率为 20 kHz、占空比为 1∶1 的方波。3 脚为高电平时，C6 被充电；低电平时，C3 被充电。由于 D1、D2 的存在，C3、C6 在电路中只充电不放电，充电最大值为电源电压 B，在上下两端就得到+/－B 的双电源。本电路输出电流应在 50 mA 以内为好，这一点很重要，如果电流大了，正负电压就会不相同。

单电源变双电源有多种电路，但大多不理想，电流小些还好办，电流大就比较麻烦，需要采用其他方案。

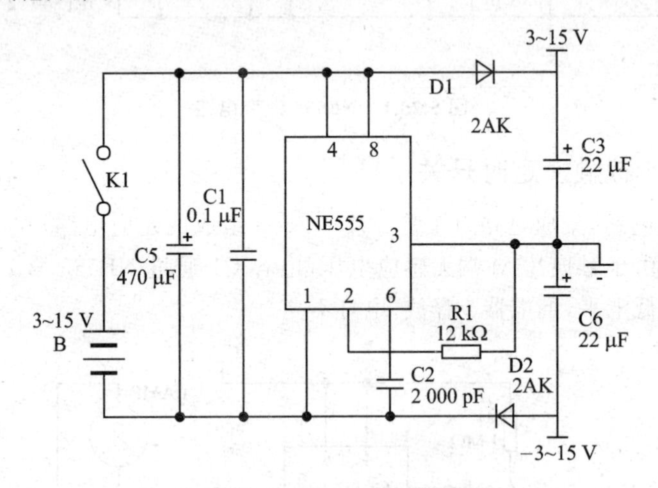

图 5.25.3　单电源变双电源

5.26　单片机实现照明灯分组控制与延时熄灭

老式的照明灯分组控制，大多采用 CD4013 实现双 D 触发器方式，或 CD4017 等方法实现多组控制。我们现在用单片机来实现分组控制，并且还可以在上面增加一些特殊的功能，比如延时熄灭等。

我们来看电路图 5.26.1，左边是 DC/DC 电路，UP1 是 MCP2359，它是专用 DC/DC 芯片。这部分电路也可以采用电容降压方式为后面电路供电。滤波电容必须在二极管 D1 之后。D1 是隔离二极管，PIN 为电源电压检测端，当有交流电时，PIN=1，否则 PIN=0。PIN 与单片机连接。

图 5.26.2 中的单片机检测 PIN 的变化，可以在开关 K 快速断开后，再闭合时被检测到。这必须要电容 CP1 的电压在断开期间还能维持单片机工作（CP1 容量要足

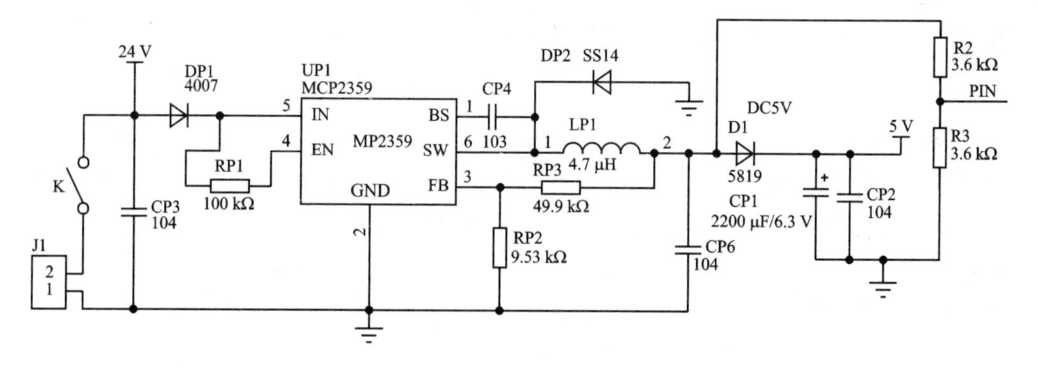

图 5.26.1　DC/DC 与检测电路

够)。也就是说,开关 K 的每一次短暂断开,都相当于给单片机一个低电平脉冲,单片机在检测到脉冲后将其作为切换的依据,对几组照明灯实现单独开关以及组合开关等。

这里只画出一组灯的开关,即 QQ1 驱动的继电器,其余相同,见图 5.26.2。

我们在这个电路上来扩充一个功能,是 CD4013 和 CD4017 等无法实现的。在给出一次低电平脉冲时,使这个脉冲时间加长,CP1 容量要足够,确保单片机在断开期间能维持工作,单片机检测到这个较长的脉冲后,使最暗的一组灯具继续照明,延时待人离开后熄灭。如果不需要这个功能,直接断开 K 就是彻底关灯了。必要时还可以加个指示灯或蜂鸣器提示进入延时关灯状态。其实,也可以多加一组识别,最后一组就是延时熄灭功能。

如果再加上无线接收模块,就可以实现遥控功能。

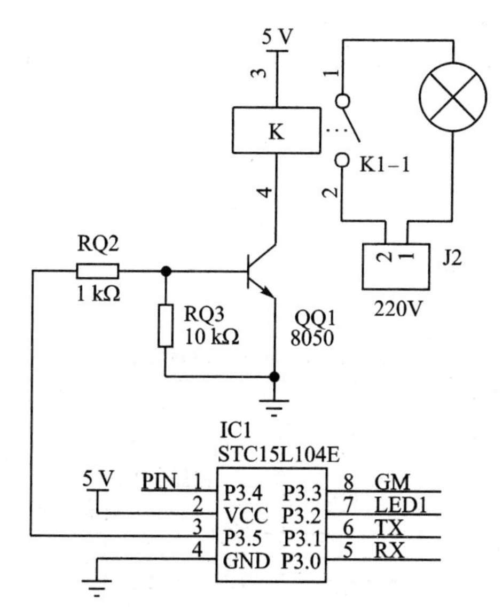

图 5.26.2　灯控制电路

5.27 模拟室内有人(防盗)

传统的防盗装置非常多,比如,门磁报警、红外线报警、手机报警、利用互联网的报警等。由于价格相对较高,安装、使用、维护都不容易,所以大多放弃使用防盗设备。本防盗用模拟室内有人开关照明灯的方法实现,是一种另类的防盗和照明一体的装置。它具有普通照明灯的功能,又可以模拟室内有人,达到一定防盗的目的,实现了一举两用的功效。本开关还可以通过蓝牙、Wi-Fi 等与手机连接,实现手机操控以及远程控制的目的。

图 5.27.1 是光照检测电路。RM3 是光敏电阻,光线强时,RM3 阻值变小,三极管 Q1 截止,GM 为高电平;天黑光线弱时,RM3 阻值变大,三极管导通,GM 为低电平。GM与单片机连接。

图 5.27.2 是电源部分,将 DC24 V 变为 5 V,前面已讲过这个电路。图 5.27.3 是单片机电路。

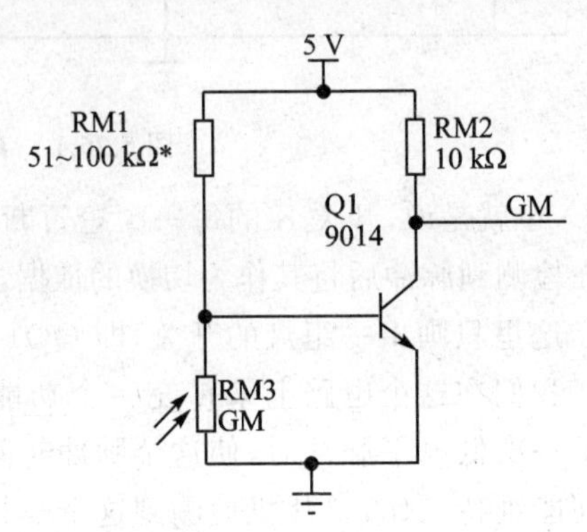

图 5.27.1 光照检测

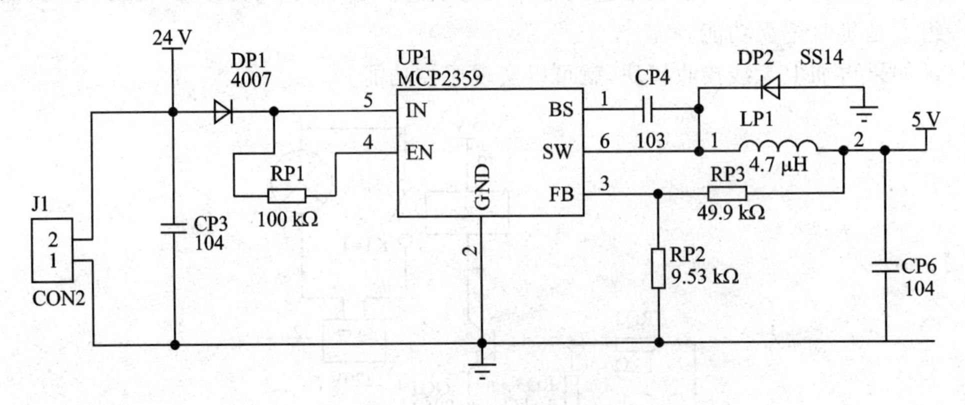

图 5.27.2 D/DC 电源电路

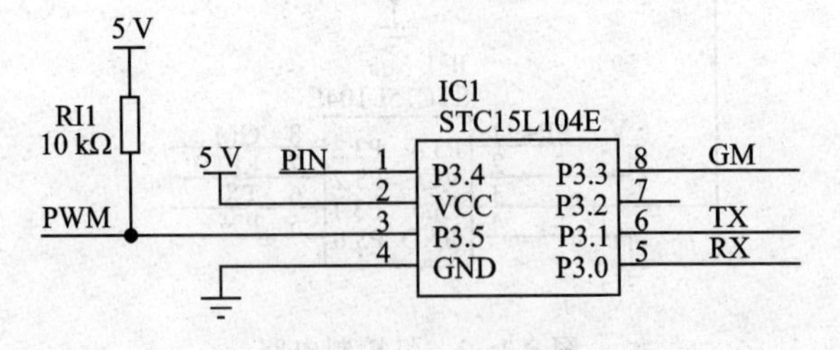

图 5.27.3 单片机电路

图5.27.4是LED驱动电路，由PT4115及外围组成，恒流值由$I=0.1/R$决定。PWM与单片机连接，可以实现开关与调光。

光线强时，GM为高电平；天黑光线变暗，GM为低电平，单片机都能检测得到。单片机在检测到GM由高变低后，程序进入随机延时，然后开灯，开灯时间也是随机的，中途可以关灯再开灯，到一定时间后彻底关灯。天亮后等待第二天夜晚再次循环上面的过程。由前面的开关灯就可以模拟有人在家的情形，起到防盗的作用。随机数可以用单片机定时器获得。图5.27.5是电路板图。

只能防盗，抓不到小偷哈。

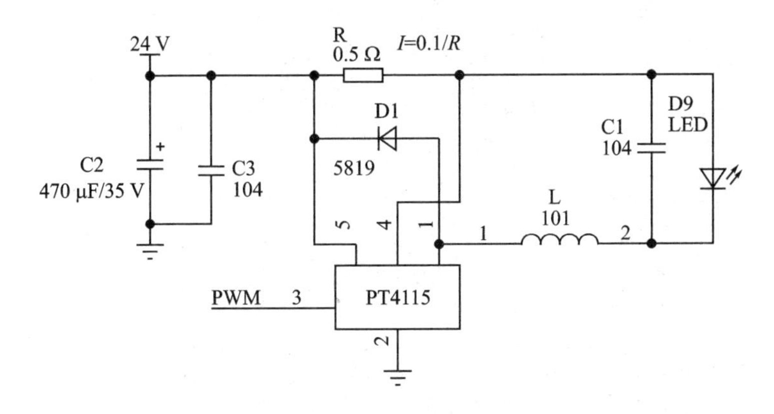

图5.27.4 LED驱动电路

图5.27.5 电路板图

5.28 心急吃不了热豆腐

我听过师傅骂徒弟，当时是因为徒弟慌慌忙忙的把板子上的元件全部焊好就通电调试，可是电源没弄好，把整个板子都烧坏了。师傅早就告诉过他，先把电源部分焊好，调试好，再焊其他的，他不听，就把板子上其他元件弄坏了，还挨了骂。是不是不听老人言吃亏在眼前呢？

举个例子来说明设计的步骤：有个自助洗车机的板子，上面有按键、数码管、GPRS 模块、IC 卡等，布局如图 5.28.1。我们来看看完成设计的步骤。

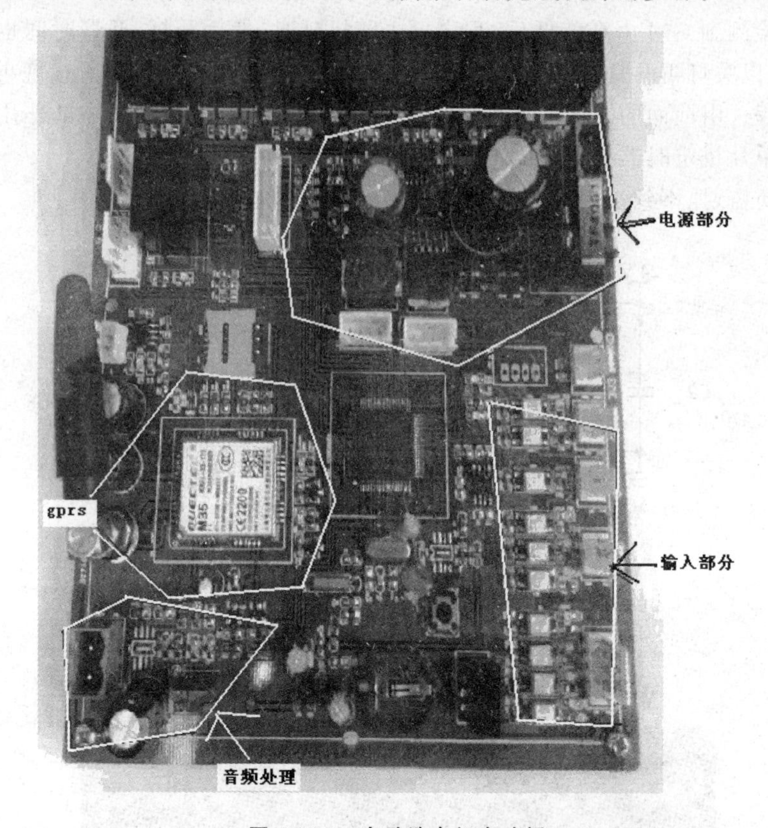

图 5.28.1　自助洗车机电路板

(1) 画电路图：根据需求画电路图，多参考一些相关的电路，可以避免一些错误的发生。如果以前用过的电路没问题，尽量用以前画好的。画好以后，要反复检查，特别是网络标号要一致，不要出现如 P11 和 P1.1 这类容易产生歧义的标号。

(2) 仿真：对新设计的电路在仿真软件上仿真，对设计进行初步的验证，可以节约时间，(电路仿真后面有介绍)避免重复做 PCB 板。特别是模拟部分，电路仿真尤其重要。单片机程序也可以先仿真一下，等 PCB 焊好后，直接验证更加快捷。

(3) 画 PCB：画 PCB 是一个细致活，也是体力活。要把各个部分的元件放在一起，千万不要把一个部分的某个元件挪到另一个部分，不要弄成“留守儿童”元件。满足性能是第一位的，美观是第二位的。

(4) 焊接：一般说来，对刚做好的新板，先焊好电源部分，调试好电源部分，再焊其他部分。没有把握的情况下，一个部分一个部分地焊，不要急于求成。

(5) 硬件调试：焊接好电路板后，要检查各部分的电压，整机电流，看是否符合要求，看有没有发烫冒烟的情况，没问题再说下文。

(6) 测试软件：新做的电路板，要确认各个部分都是正常的，才进行完整程序的编写。最好是对每一个输入按键、输出继电器、蜂鸣器等都单独写个简单的程序测试，数码管的每个段码都得进行测试。这些工作看起来没有必要，其实很有用。特别是刚入道的新手，千万不要急于求成，否则欲速则不达，心急吃不得热豆腐，千万不要在焦急的情况下完成设计。

(7) 全部软件：先写好各个模块的驱动程序并测试好，最后才编写主函数，这样就会清晰明了。

如果工作很不顺畅，一筹莫展时，那你就去休息，唱唱歌，或者躺一会儿，或者给老妈打个电话，请个安，也许是最好的办法。

5.29 使用USB转串口带来的麻烦

在一个偏远的草莓基地，安装了一套智能农业控制系统，效果满意。有一天客户打来电话说收不到大棚的数据了，也没法控制了，只得开车去检修。

到现场一看，确实收不到数据。客户用的是笔记本电脑，后台软件是安装在笔记本电脑上的，由于笔记本电脑没有串口，就采用了USB转串口的方法，这个串口与无线收发的设备相连。检查发现，后台软件设置的串口是COM3，USB转接头在电脑设备管理中显示的串口是COM5，两个不相同，能通信才叫奇怪。

把电脑后台软件串口设置改为COM5，控制正常了。那么为什么会出现这种情况呢？要不弄清楚，指不定前脚一走，电话又来了。把USB转串口线分别插在不同的USB孔位，在电脑设备管理器中可以看到，显示的串口号是不同的，有COM3的，有COM8的，还有COM5的，同一个转接头在不同的USB孔位，串口号不同！再询问客户，才得知是因为客户的USB鼠标和控制器的USB线交换了位置造成的，因两根线有交叉，就调换了位置，串口号也就变了。

现在的电脑有些干脆就没有RS232接口，USB接口也就大行其道，但又无法完全排除RS232的使用，所以多采用USB转RS232的方法解决，也有USB转RS232是TTL电平的。

后来在无线收发控制器和后台控制的软件上想办法，后台在不能通信时，就先查看有哪些串口存在，然后就更换为存在的串口号，发出特定的数据，如0xFDA398，给无线收发装置，由无线收发装置回复特定的数据，如0xFD98 A3，以此确定能否通信；如不能通信就再换一个串口号试探，直至找到为止，这样即使中途用户换了USB接口位置，也不会出现不能通信的问题。实践证明这个办法很有效。图5.29.1就是当时用的转换头。

图 5.29.1 USB 转 RS232 TTL

5.30 自动识别 L.N.PE 的方法

从电工的角度讲，插座上的 L、N、PE 线是有严格规定的。常言说，左零右火，其实就是我们说的规范，如图 5.30.1。很多现场安装并不规范，要不是没地线，要不是零线和火线接反。我们这里来做一个监视器，能够监视插座的接线状况，比如零线断，火线断，接地线不良等。用发光二极管显示出来，用液晶屏显示也是不错的方法。当然要再加个电压显示也要得，还有停电告警也可以用上。如果把电路和插板装在一起那就更方便了。

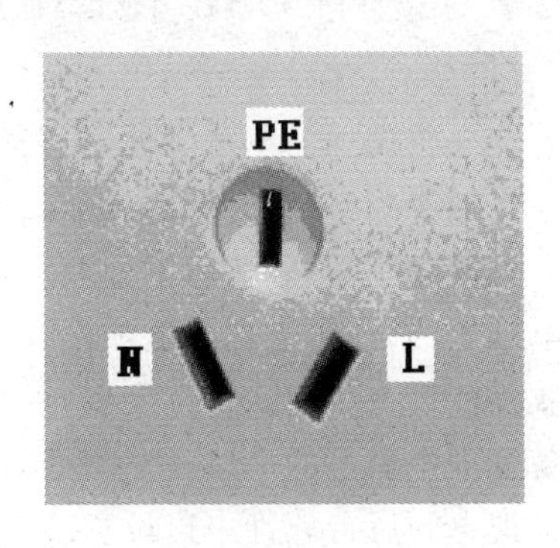

图 5.30.1 插 座

电路原理比较简单，如图 5.30.2，3 个光耦是主要的部分，分别检测 L－N、L－PE、N－PE 是否有输出，由此来判断插座的状态，并用 LED 指示灯显示出来。单片机判断方法如下：

L－N 接 P3.2，L－PE 接 P3.3，N－PE 接 P3.4

P3.2＝0，P3.3＝0，P3.4＝1；	接线正确。	LED1 亮
P3.2＝1，P3.3＝1，P3.4＝1；	无电。	LED2 亮
P3.2＝0，P3.3＝1，P3.4＝1；	缺地线。	LED3 亮
P3.2＝1，P3.3＝0，P3.4＝1；	缺零线。	LED4 亮
P3.2＝0，P3.3＝1，P3.4＝0；	零线火线接反。	LED5 亮
P3.2＝1，P3.3＝0，P3.4＝0；	火线在地线位置。	LED6 亮

电路中使用了超级电容，停电后能维持蜂鸣器响几声，停电后 P37 能检测得到。检测到停电后，单片机控制蜂鸣器提示。

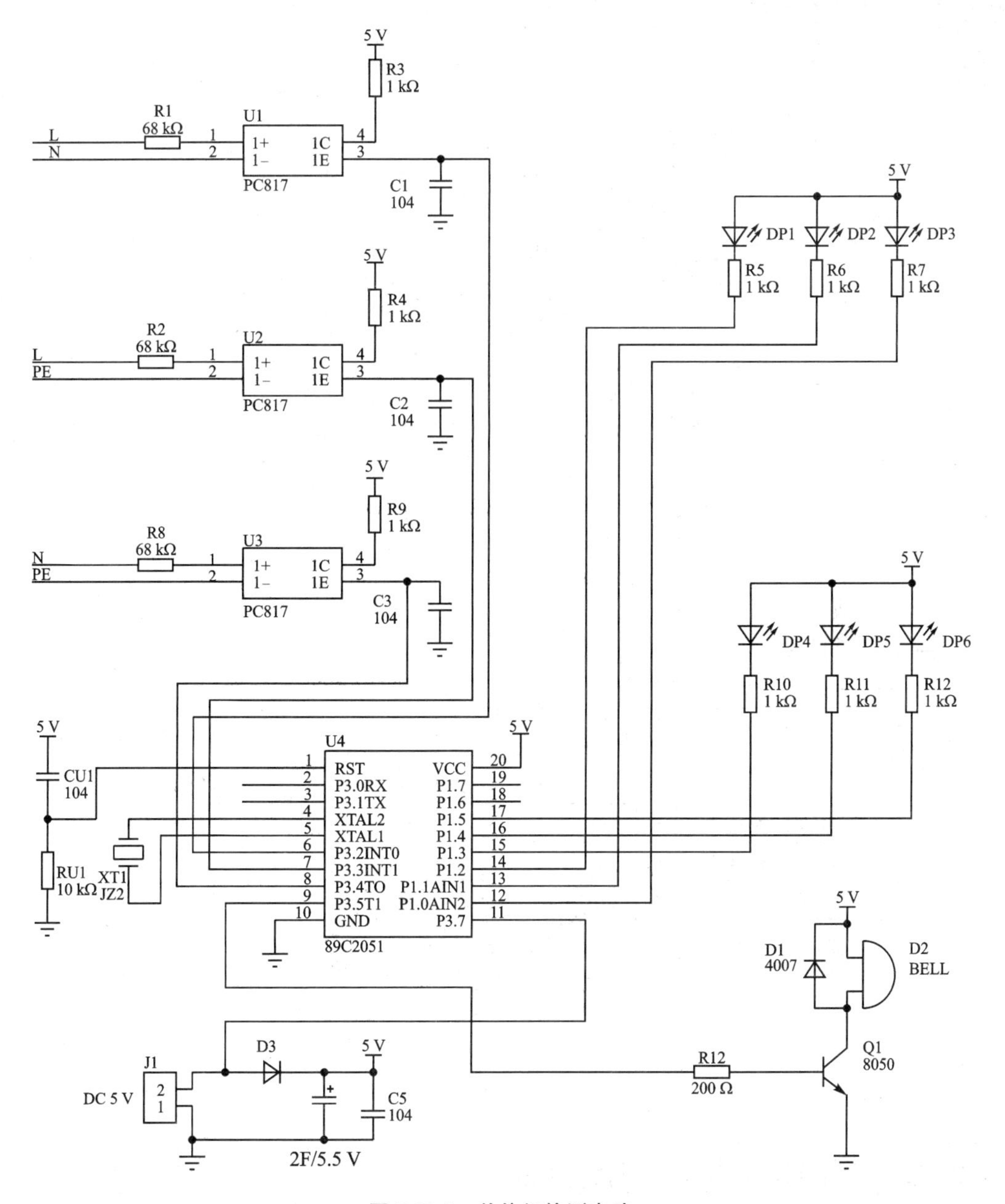

图 5.30.2　单片机检测电路

5.31　相序自动识别

把相序自动识别留给大家吧，看能不能根据图 5.31.1、图 5.31.2 实现相序自动识别功能。

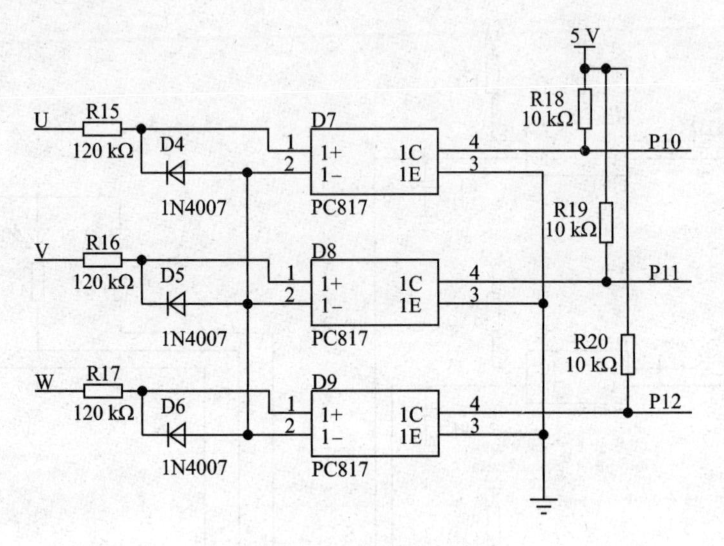

图 5.31.1　相序检测电路

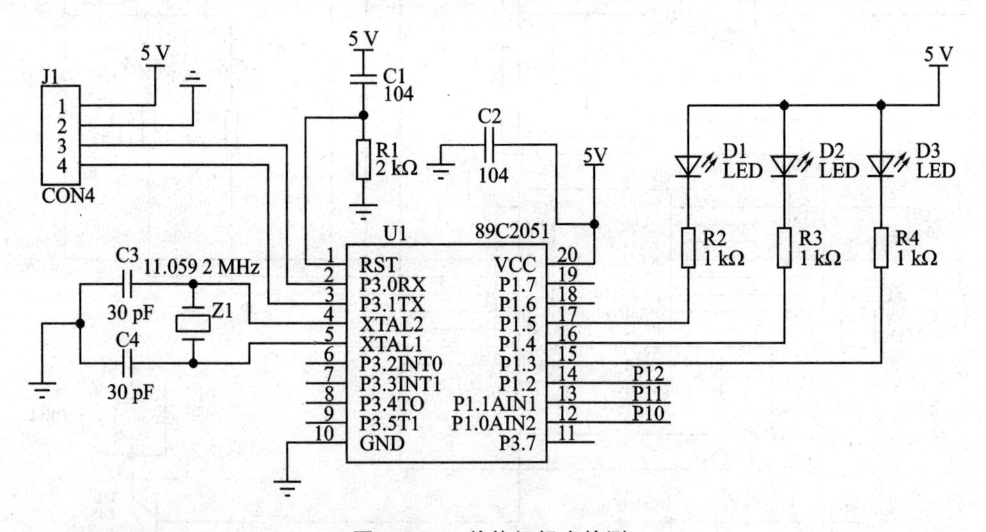

图 5.31.2　单片机相序检测

5.32　利用啊哈 C 调试程序

我们在写单片机程序的时候，往往会有些算法，直接在单片机里运行，要有硬件，还不方便看到运行结果，修改程序后，还要下载，还是有些麻烦。但我们可以先在电脑上写出来，调试好，然后再下载到单片机里运行就方便多了。我看过一本书，叫《啊哈 C 语言》。该书提供了一个 C 语言编译软件，能直接在电脑上运行。可以在这个编译软件上把程序写出来，并且调试好，再到单片机上去运行，省时省力，如图 5.32.1。

啊哈C

新建　打开　保存　运行

```
1  #include <stdio.h>
2  #include <stdlib.h>
3  int main()
4  {
5      int a=0x12,b=0x34;
6      int BJJLS=0x00;
7      BJJLS=(a<<8)+b;
8      printf("%x\n",BJJLS);
9      system("pause");
10     return 0;
11 }
12
```

图 5.32.1

5.33　架子鼓诱导练习器

当你听到一首“莎拉拉拉拉，莎拉拉挥挥你的手，莎拉拉拉拉，莎拉拉年轻你的心……”的曲子，再配上架子鼓的演奏，是不是感觉很有节奏感呢？如果让你去打那个架子鼓又是啥感觉呢？是不是很潇洒？对一般人来说，要学会架子鼓可不是一件容易的事情，必须得有很好的协调性，还要有好的节奏感，有良好的注意分配的素质。想学架子鼓的往往是一开始练习，就被其高难度吓得打了退堂鼓。

学习打架子鼓有没有捷径呢？我们先来看小朋友打地鼠的游戏，就是图 5.33.1 的那种。当有个地鼠冒出来，就给他一锤；有另一个冒出来，又是一锤。你会吗？如果会，就好办了。

图 5.33.1　打地鼠游戏

我们又来说架子鼓，如图 5.33.2，架子鼓由低音大鼓 G、踩镲 A、小军鼓 B、桶子鼓 C、E、F（3～7 个）、吊镲 D（2～4 面）所组成，图最下面的那个圆形黑色的是凳子，不要当成鼓来打。如果就这样叫你去打，估计你不知从何下手。但是，如果我们在每一个组成部分安上一个发光二极管，由单片机按照节奏控制它的亮灭，就像打地鼠一样，哪个亮就打哪个，你感觉行不行？也许你已经有点信心了。

图 5.33.2　架子鼓

现在我们来画单片机的电路图,如图 5.33.3,这个图比较简单,就是一个单片机 STC12C2051,再加上 7 个发光二极管、3 个按键、晶振、复位电路等。7 个发光二极管分别安装在架子鼓的对应位置 A、B、C、D、E、F、G,见图 5.33.2。这些发光二极管的颜色最好按左右手分不同的颜色,比如左手打的是绿色,右手打的是红色。3 个按键 1 个用于选择节奏类型,2 个分别用于速度加、减。如果要把它做得牛一点,可以与电脑相连,再在谱子上标好节奏,与这个控制器通信,可能更好玩。

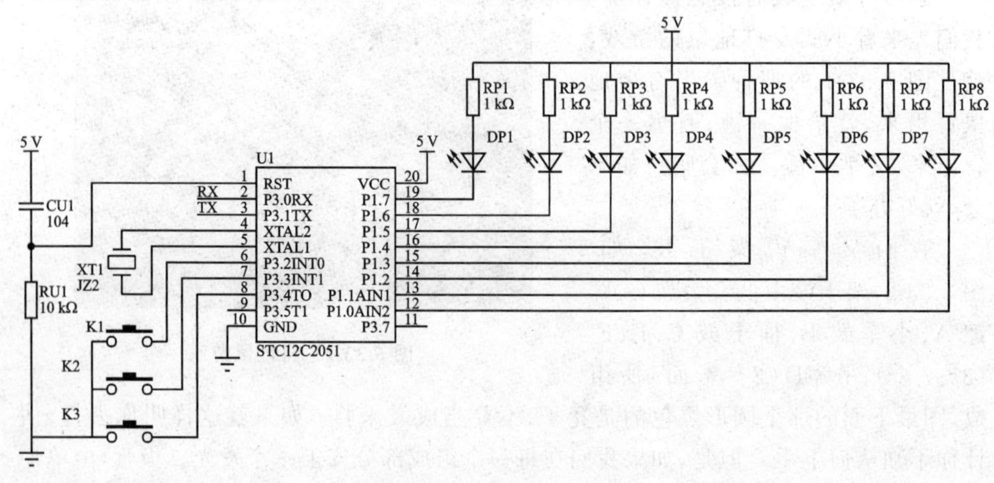

图 5.33.3　诱导练习器电路

接下来就是编程，按照节奏类型写出多段节奏类型程序，由按键K1来选择。速度用K2、K3来加减，就这么简单。

开始练习时，可以放慢速度，用较为简单的节奏类型练习，逐步加大难度。这种练习方法除了对协调性不好的人有益外，对节奏感不强的人也会有很大帮助。

注意，节奏非常重要。音乐是时间的艺术，10 ms的误差都可以凭耳朵听出来。所以通过这个练习，对节奏的掌握非常有用。打架子鼓时要靠手腕的活动，不要整个手臂都动，否则会影响速度。一开始就要养成好习惯，不然改起来很困难。这个只是个简单的练习器，只适合初级阶段的节奏与协调性练习，一首真实的音乐配的鼓声不是那么简单，要经过长期学习才行。

使劲练吧，信心源至成就感。

第6章

电路剖析

6.1 被误解了的可控硅工作原理

可控硅要导通必须要给栅极一个触发电压，要使导通的可控硅关断，要么可控硅两端电压为0，要么流过可控硅的电流为0，这是常识。为何要在这里说可控硅的触发呢？是因为在好多电子技术报刊、杂志上经常出现对可控硅错误的理解，对此有点憋不住要说一说。

首先，我们来看这两幅图，图6.1.1和图6.1.2，这里只是从原理上讲。用开关K来控制灯泡的亮灭，这两幅图会不会有同样的结果呢？这个问题的回答当然是不一样。

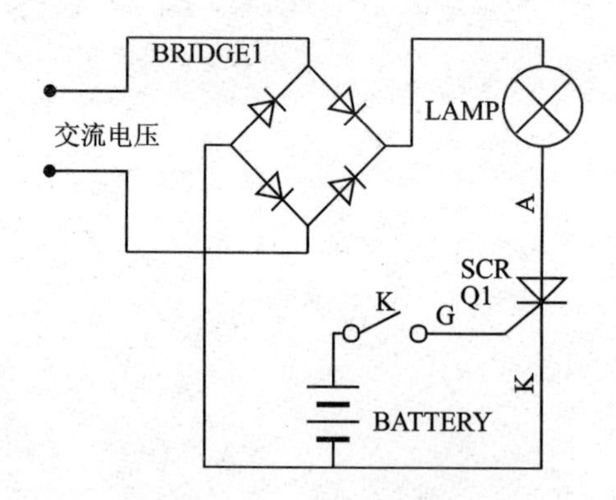

图6.1.1 可控硅控制电路(1)

我们来分析一下，图6.1.1的开关K合上，可控硅导通。K断开呢？前面说过，可控硅断开的条件是可控硅两端电压为0或电流为0。这里可控硅两端的电压波形如图6.1.3，可以看到，有电压为0的时候。当电压为0的瞬间(电流也为0)，可控硅就关闭了(此时K是打开的)，灯也就灭了。可以看出K断开只是条件之一。

图6.1.2所示的可控硅控制电路(2)与图6.1.1不同之处在于，图6.1.2加了滤波电容C。可控硅两端的电压波形如图6.1.4。当K合上时，灯泡亮；K断开后，可控硅两端电压没有为0的时候，电流也没有为0的时候，所以，K断开后灯泡仍会亮。

综上所述，一定要记住可控硅关断的条件，要么可控硅两端电压为0，要么流过

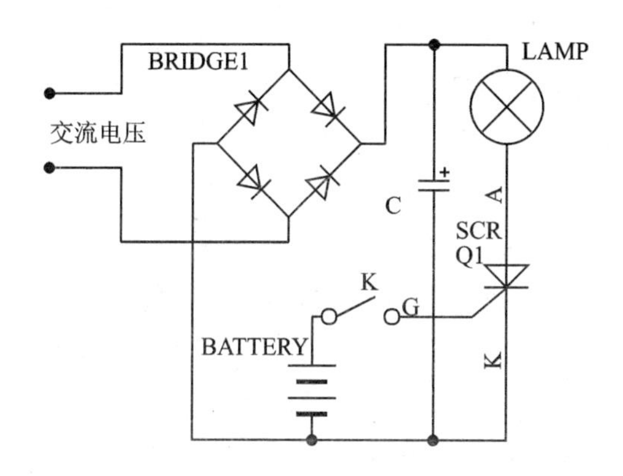

图 6.1.2　可控硅控制电路(2)

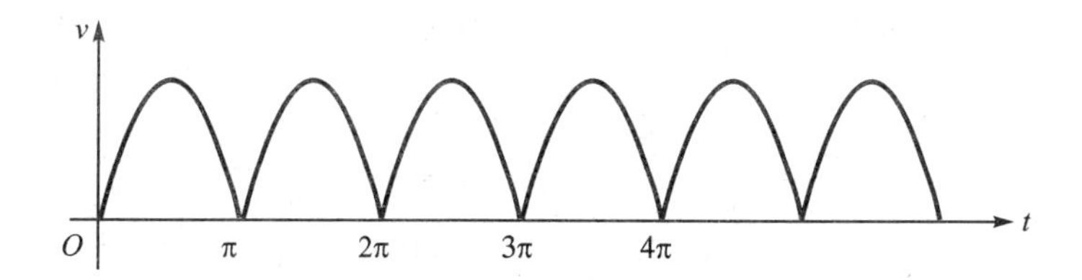

图 6.1.3　整流桥输出波形

可控硅的电流为0。好多电子技术资料上把加了滤波电容的电路和没加的等同看待。

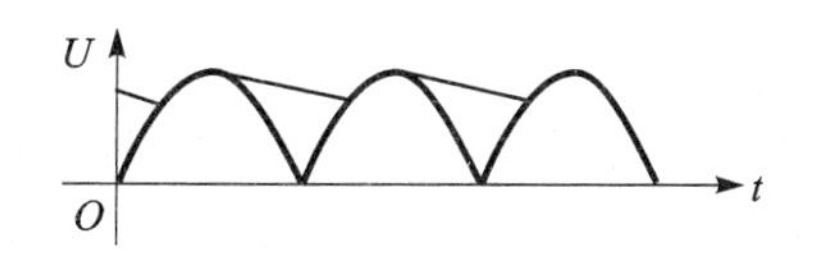

图 6.1.4　桥堆输出波形

图6.1.5留给大家分析吧，如果不需要文字叙述就能看出电路的用途、原理，那就不错了。

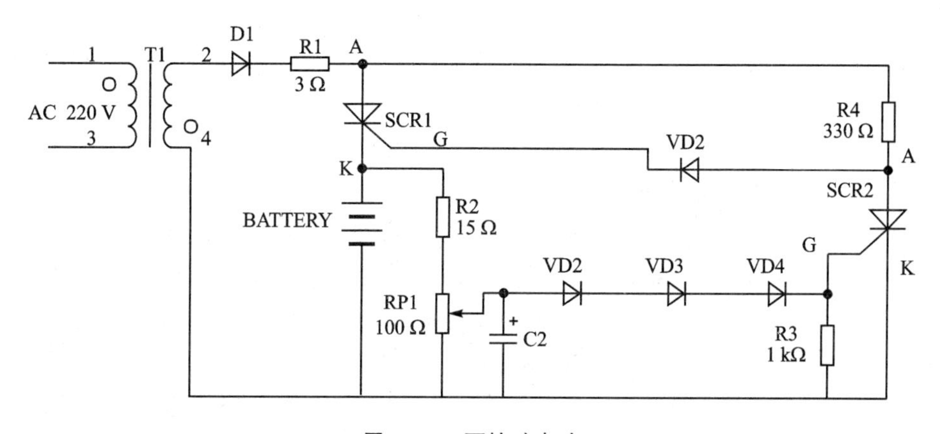

图 6.1.5　可控硅电路

6.2 偷偷耗电的小夜灯

图 6.2.1 是一个小夜灯电路。这个电路采用的是电容降压方式，由于白天光敏电阻 R2 阻值较小，三极管 Q2 的 B 级电压较高，三极管导通，三极管 C－E 间电压变低，这个电压不足以点亮后面的 LED。晚上光敏电阻 R2 阻值变大，B 级电压降低，三极管截止，LED 点亮。实际使用中，光敏电阻不要和 LED 靠太近，要避免 LED 光照射在光敏电阻上，否则电路工作异常。

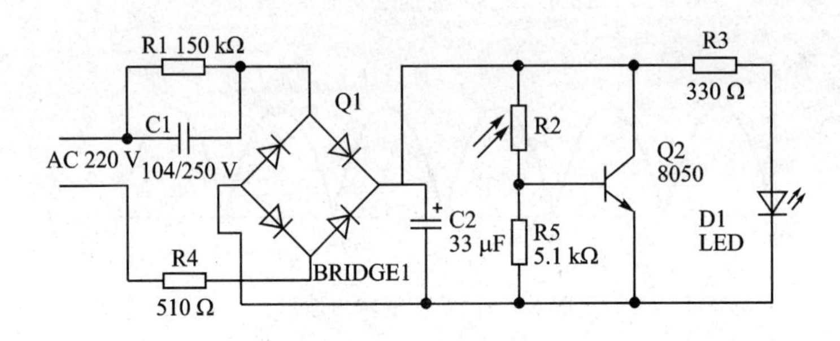

图 6.2.1　小夜灯电路(1)

晚上 LED 亮，电能消耗在 LED 上面，但白天电能消耗在三极管上！也就是说白天和晚上耗了同样多的电。能不能想办法让白天不白白地耗电呢？难！如果三极管串连在 LED 的电路里，那么三极管截止时前面电路电压会升得很高。因为电容降压有恒流的特性，只能这样设计。市面上小夜灯电路都大同小异。

有些设计不完美，不是因为设计者不用心，而确实是没有更好的办法，不得以而为之。另一种小夜灯电路如图 6.2.2，也是这种情况，只是三极管用的是 PNP 型的，光敏电阻接在下面而已。图 6.2.3 是小夜灯实物图。

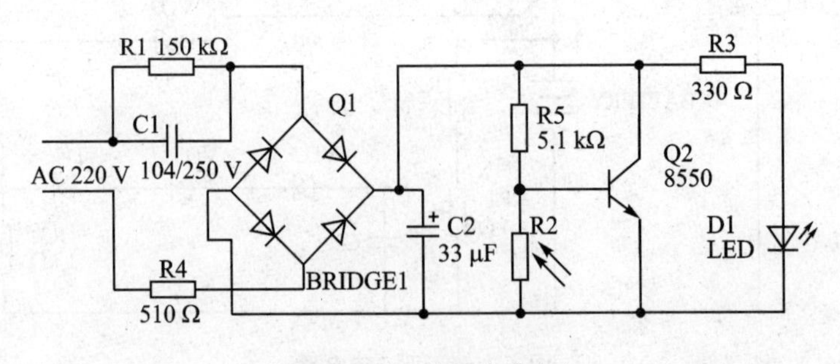

图 6.2.2　小夜灯电路(2)

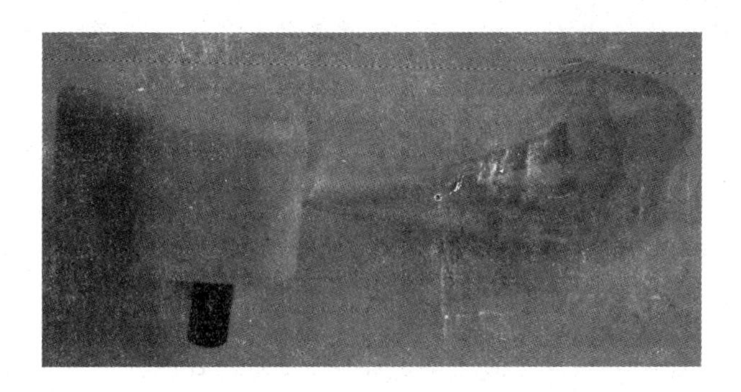

图 6.2.3　小夜灯实物

6.3　施密特电路与水塔抽水控制

我们先来看施密特电路,如图 6.3.1。当 V_i 从 0 V 上升到 2/3VCC 时,V_{O1} 输出低电平。然后 V_i 下降至低于 2/3VCC 处,V_{O1} 输出仍为低电平,而并未变高,直到 VCC 降到 1/3VCC 以下 V_{O1} 才变为高电平,这就是施密特电路的特性。

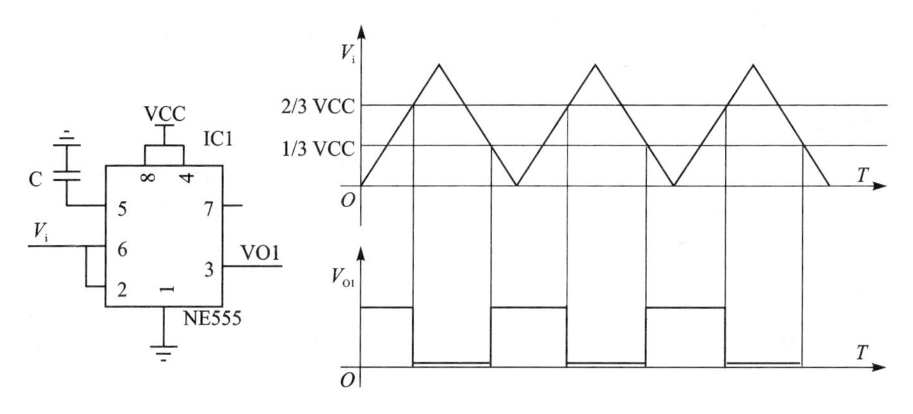

图 6.3.1　施密特电路

再来看房顶水塔供水的抽水控制方法。我们来看图 6.3.2,C 为出水口,D 为进水口,A 为低水位,B 为高水位。控制抽水时,超过水位 B 即停抽,然后打开 C 出水口,水位低于 B 点又开始抽水,如此反复。这就有个问题,就是抽水机需要反复动作,频繁启动,弄不好即使排一桶水都要启动抽一次,以使水位到达 B 点。

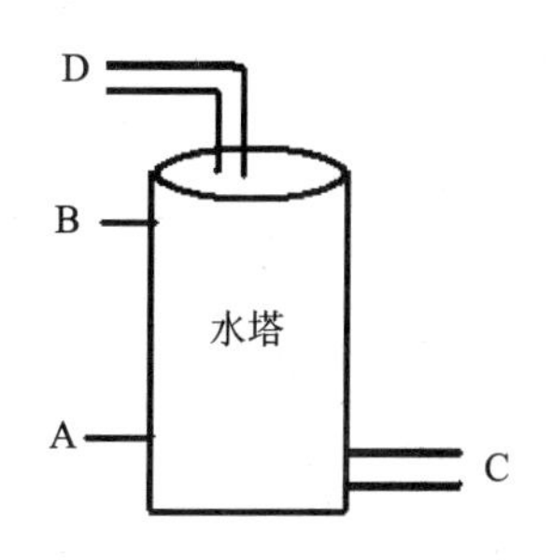

图 6.3.2　水塔供水示意图

当我们把施密特电路和水塔抽水联系起来的时候,就会发现可以利用施密特原理来完成水塔抽水。

水抽到超过 B 点后就停抽，水位低于 B 点，并不马上开抽，而是等到水位低于 A 点再开始抽，直到水位到达 B 点后停止，这样就减少了抽水机的频繁启动。所以我们在做设计时多掌握一些基础知识对设计是有好处的。这里也要说明，如果要求水压充足，可以把 A 点抬高一些。在具体实施时用单片机就可以做到。

6.4 如何看电路图

我一贯认为，如果一张不太复杂的电路图，只要看看就知道它的原理、用途那就不错了。如果再能看出点毛病或缺点、元器件值的大小，那你就进入高人的行列了。

我们要能拿到一张图就能一目了然，可以从几个方面入手。

(1) 用途：一般都会给出电路的名称，有了名称，实际上就已经知道用途了。如果没有名称，只有通过分析得出用途了。

(2) 单元电路功能：再复杂的电路，都是由单元电路组成的。搞清楚各个单元电路是分析整体的基础。单元电路要靠平时的积累。

(3) 连接：单元电路之间的连接，牵涉到匹配等问题，还有信号流动的情况。也就是搭积木会不会垮掉的问题。不匹配的电路轻则不工作，重则烧毁。

(4) 整体分析：整体分析就是解决我们看到的电路能干什么、有何功能的问题。除此之外还可以有何别的用途。

我们来看看图 6.4.1，从左到右，画图一般都会按照这个顺序进行。有交流 220 V 说明使用的是市电，L 相线、N 零线、PE 地线、FU 保险。地线、保险是为安全而设。R1，VD1，LED1 是指示灯电路。R1 限流，VD1 是为了防止 LED1 损坏的(没有 VD1 二极管会莫名其妙的损坏，不是每个都会损坏)。K1 是电源开关，开关没有打开时，LED1 也会亮，就是插上电源黄灯就会亮，做电源指示灯用。ST1、ST2 是温控

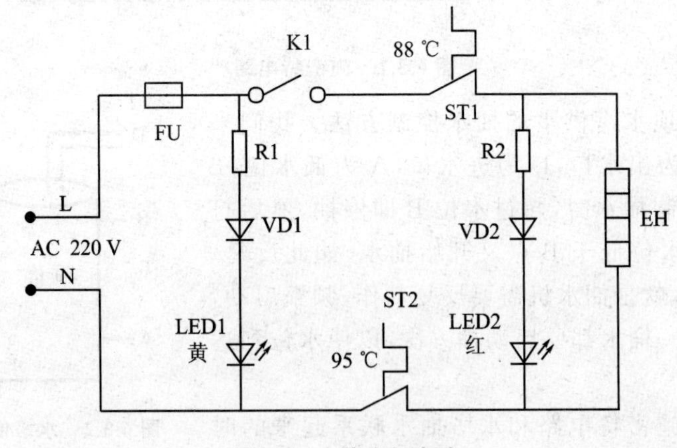

图 6.4.1 饮水机电路

器，串联在电路里。R2、VD2、LED2 和前面 R1、VD1、LED1 原理相同。EH 是负载，是发热器件。它是可以控制温度的。K1 闭合时，当温度高于 88 ℃时 ST1 就断开，低于 88 ℃时又开始加热。那 ST2 干啥用呢？它不会动作。但是假设没有 ST2，在 ST1 粘连后将会发生啥情况？也就是会长期加热，这会不安全，在大功率情况下，可能导致火灾等严重后果。ST2 就是为了解决这个问题而设计的，ST1 不能断开时，ST2 还会断开。ST2 用的很好，这个很重要，安全是第一位的。那么我们看这个电路是做什么用的？从温度 88 ℃考虑，为何是 88 ℃而不是 100 ℃呢？喝茶的人知道，泡茶的最佳温度不是 100 ℃，说明与饮水有关，那 88 ℃能杀死细菌吗？或许不能。由此说明水本身应该是无菌的，那是桶装水了？对，这就是饮水机的电路图。

这个图还可以用在其他地方用作温控，只需要改变温控器的温度值就可以了，比如，用在智能工器具库房除湿机上面等。要学会变通应用，做到一图多用。

我们来看图 6.4.2，这幅图我们先看右边。也就是 IC4 右边的变压器 B、全桥和滤波电容 C7、IC4，这些组成的整流滤波、稳压电路是很常见的电路。还有个电磁阀 DF－1，电磁阀是由左边电路的继电器 J 控制的。我们看电磁阀有何用途？电磁阀要么是气体的开关，要么是液体的开关。

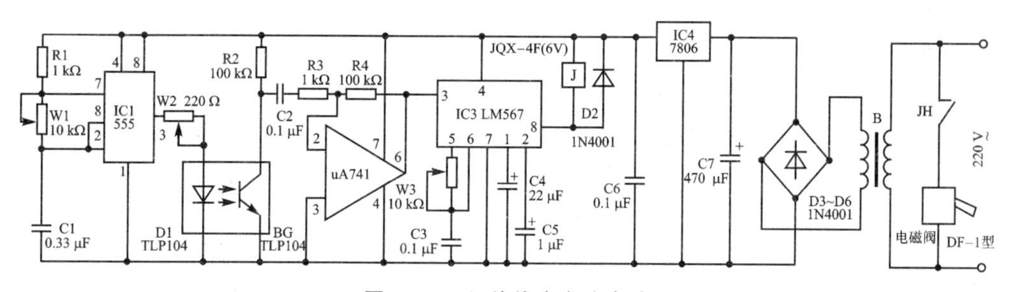

图 6.4.2 红外线水龙头电路

再来看左边的电路，IC1、uA741、IC3 及其外围电路分别组成振荡电路、放大电路和译码电路，这是几大块。J 是控制继电器，W1 是频率调节电阻，可以调节振荡的频率。W2 是发光管 D1 的输出强度调节，BG 是光接收器件，运放 uA741 的 6 脚输出到音频译码的输入端，W3 是译码频率调节电阻，其他是辅助电路，J 是输出继电器，D2 是保护二极管(续流二极管)。这就是这个电路的组成。

我们来看各个模块电路之间的关系。IC1 发出的光(有一定频率)应该不是自然光，自然光易受干扰，可以理解为红外线，如果被 BG 接收到就将其放大。接收到的信号如果和译码电路的频率相同，LM567 的 8 脚输出低电平，继电器就会吸合，电磁阀就会动作。为何接收到的信号要译码呢？是为了防干扰，其他频率它不予理会，只接收同频率的信号。如果 D1 的信号没有被接收到，那么就没有码可译，继电器就不会动作。有个重要的问题在 D1 和 BG 之间，收到与没收到信号有两种可能：一种是对射，中间阻隔方式；另一种是反射方式，即 D1 发光后被物体反射到 BG。

我们来看用途:假设是控制气体,一般是煤气,那么靠阻挡或反射来控制煤气,哪里有这种应用呢?没见到过,况且,一旦有误动作会使煤气泄漏,不安全,故不能用于此。那么控制水就有可能了,即使漏点水,从下水道流走不会有啥危险,我们是不是就会立刻想起自动水龙头呢?是的,完全可以作感应水龙头。其实,这就是感应水龙头的控制电路。这个电路还可以改成对射式报警,工厂流水线计数,自动冲水马桶等等。

这个电路的不足之处:

(1) W2 应该串一个电阻,与可调电阻同时使用,以防调到 0 时,损坏 D1(本书 2.8 节有详述)。

(2) 发射和接收调节频率的 W1、W3 两处都用可调电阻容易混乱,批量生产调试麻烦。工作时间长了电阻会发生变化,造成无法工作的现象。最好是不用可调电阻(可调电阻也不便宜)或只用一个。不用可调电阻的方法在 4.35 节也有介绍,这里就不再赘述了。

(3) IC4 输出滤波电容还应加上较大容量的滤波电解电容,与 C6 并联,不要以为有滤波电容 C7 了,就可以不用稳压输出后的滤波电容了,稳压后的电容比稳压前的更重要。

我们再来看图 6.4.3(卖家提供),这是个寻迹小车电路。小车能沿着地面画的一条白线前进。从图上看,已经分成几个部分了。从左到右,第一部分是两组收发电路,R1、R2 调节给比较器的电平,比较器用的是 LM393。D4、D5 是发光二极管,

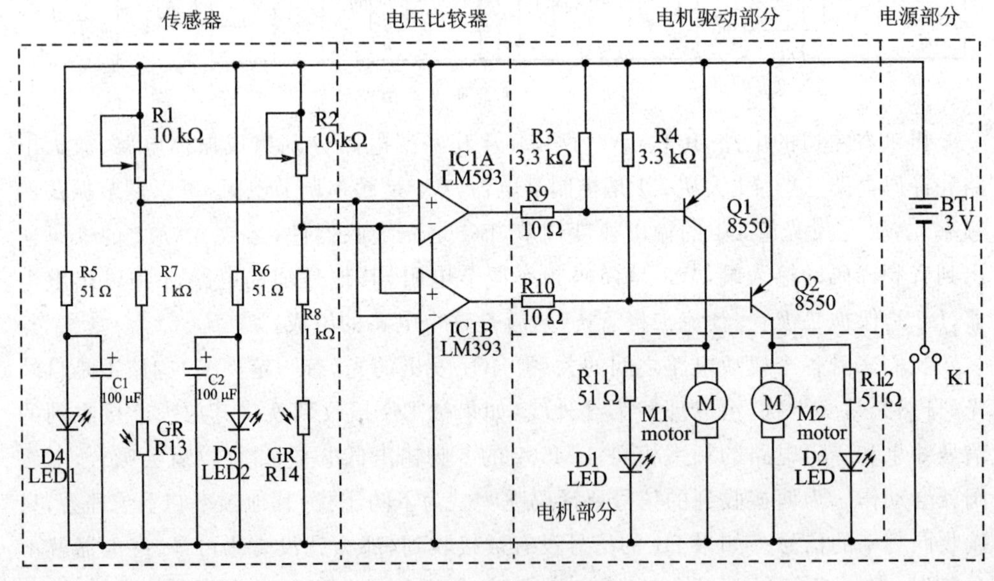

图 6.4.3　寻迹车电路

R13、R14 是光敏电阻，这是第二部分。第 3 部分上半部分是电机驱动三极管，下半部分是电机，外加 LED 指示灯，就这么简单。电机 M1、M2 由 Q1、Q2 驱动，比较器输出低电平时电机转动，高电平停止。比较器输出高低电平由比较器输入决定，这里光敏电阻收到的信号是发光二极管 D4、D5 在地面反射到光敏电阻上的。当遇到转弯时，一组 LED 会接收到强的反射，对应的电机就停转，另一组继续转动，就转弯了，转过白线位置，两电机都转动，就这样完成寻迹的动作。有卖这种套件的，可以买套试试。图 6.4.4 就是这个电路的实物图。

图 6.4.4　寻迹车实物

6.5　从过道触摸延时开关电路能学到什么

过道延时开关已经不是啥新鲜的东西了。其用途无非就是安装在过道里，当有人触摸一下，灯就亮一会儿，然后熄灭。咱们用这个图来分析一下原理，探究一些设计技巧。

从图 6.5.1 可以看出，L 是火线，N 是零线。220 V 电压经 VD1～VD4 组成的电路，桥式整流成直流。R1 是指示灯 VD5 的限流电阻。VS 是单向可控硅，在可控硅没有导通时，A、K 之间有足够高的电压。电容 C1 通过 R3 充有足够的电压，Q1 导通，可控硅 VS 栅极为低电平，可控硅是关闭的，灯炮 HL 不亮。当触摸金属片 M 时，人体感应电压通过 R6、R5 使 Q2 导通，同时将 C1 上的电放掉，Q1 基极变低电平而截止，可控硅 VS 的栅极有高电平（通过 R2 得到）而导通，灯泡发光。手离开 M 后，Q2 截止，电容 C1 通过 R3 充电。当充电到足够高时，Q1 导通，VS 关闭，灯泡熄灭,VD5 点亮。C1 的充电过程就是延时的过程。

值得注意的是,凡是这类触摸电路,必须在交流电附近才行,如果人体没有感应到交流电压,是不能触发三极管导通的。比如在野外用直流供电的这类触摸电路,是不会工作的。

特别提醒,此电路是热底板。热底板就是底板带电,人触摸到电路就会有触电的危险。R5、R6 用两个 2 MΩ 电阻串联,阻值是很大的,通过这样大的电阻不会有触电的危险。触摸部分用两个电阻串联,而不用一个较大的电阻,设计得很好。如果一个电阻失效变得很小,还有另一个大的电阻存在,此时也不会有触电的危险,设计巧妙。大家是不是也受到一些启发呢?

图 6.5.2 的原理和图 6.5.1 相同。图 6.5.2 的电路中触摸片后只用了一个电阻,在安全性上就没有图 6.5.1 的好。图 6.5.3、图 6.5.4 就留给大家分析吧,看能不能发现一些什么。

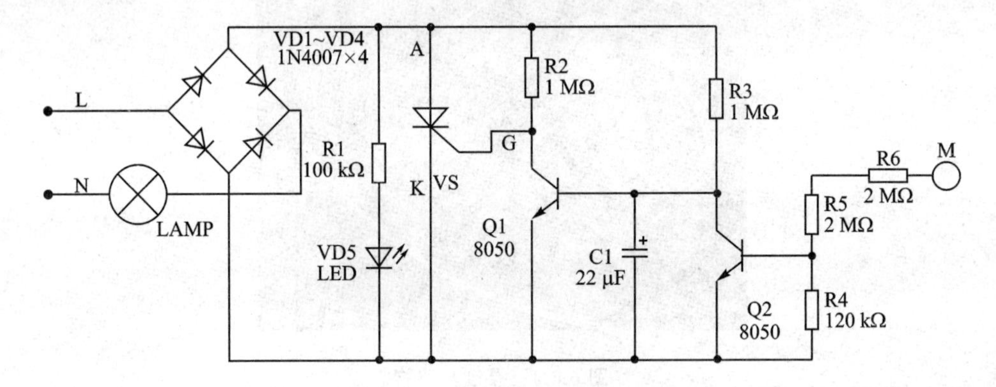

图 6.5.1　过道延时开关电路(1)

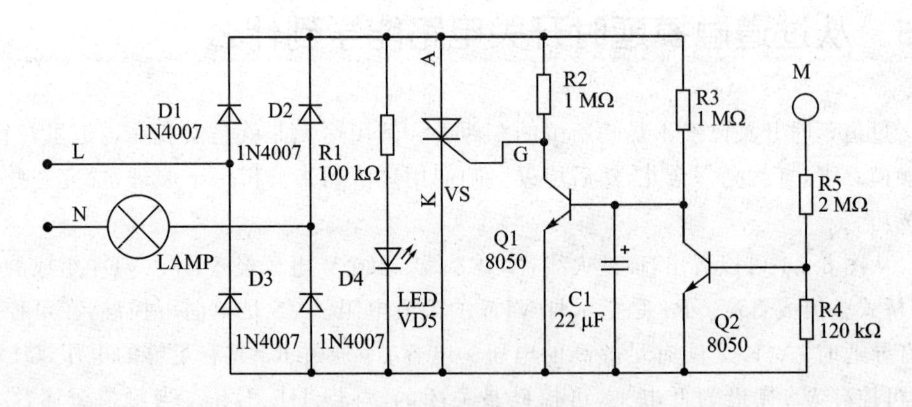

图 6.5.2　过道延时开关电路(2)

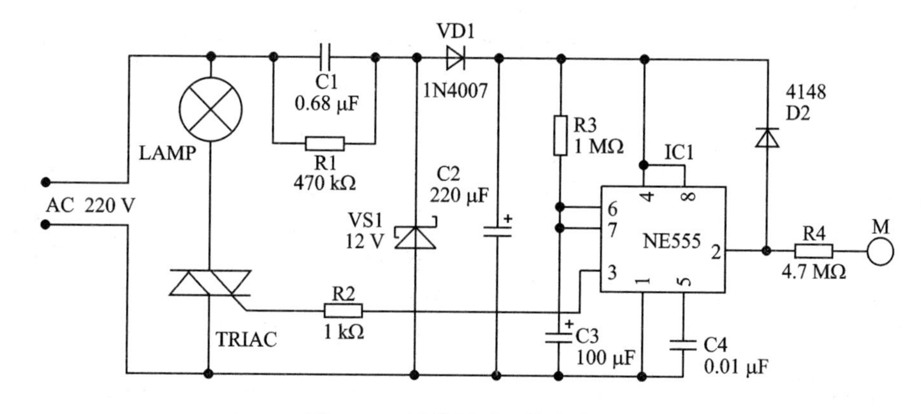

图 6.5.3　过道延时开关电路(3)

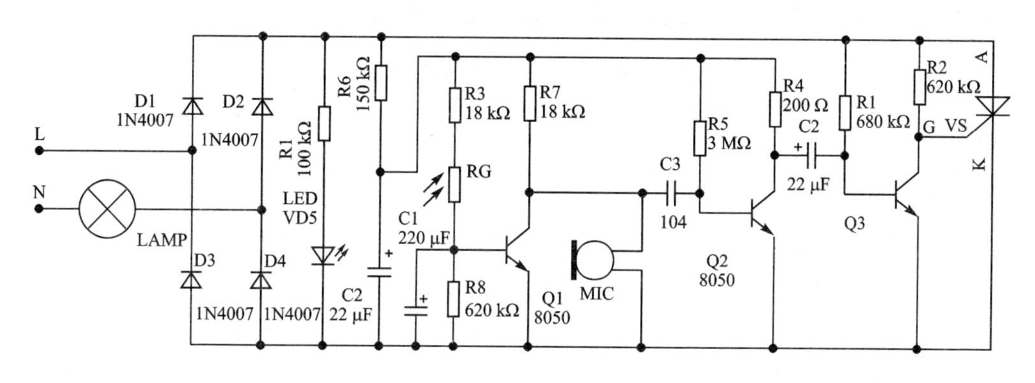

图 6.5.4　声控过道延时开关电路

6.6　触摸电路的升级换代

图 6.6.1 所示的触摸开关电路有个特点，就是开关各是一个触摸金属片，开、关非常明确。M1 为开触摸片，触摸时，Q2、Q3 组成的达林顿复合管导通，K 吸合，K1－1 闭合，通过 R3 为 Q2 提供上拉，Q2、Q3 维持导通。同时 K1－2 闭合，为负载供电等。工作电源由右边的电容降压完成。当触摸 M2 时，Q1 导通。使 Q2 的 B 极为低电平，Q2、Q3 截止，继电器 K 断开，K1－1 断开后，Q2、Q3 保持截止。这里 K1－1、K1－2 是一个继电器里两组不同的触点。

图 6.6.2 也是个触摸开关电路。触摸开时，通过人体电阻使 R1 与 Q2 的 B 极形成回路，Q2 导通，Q3 导通，Q4 导通，K1－1 闭合灯亮，并通过 R3 反馈一个高电平自锁。触摸关时，Q1 导通，Q2、Q3 截止，Q4 也截止，K 释放 K1－1 断开，灯灭，R3 失去电压，解除自锁，如此反复。

这个电路有个不好的地方，就是触摸时必须接触金属的两端，这就有可能触摸的不是很准。好处是无接触不良的担忧，可靠性比较高。

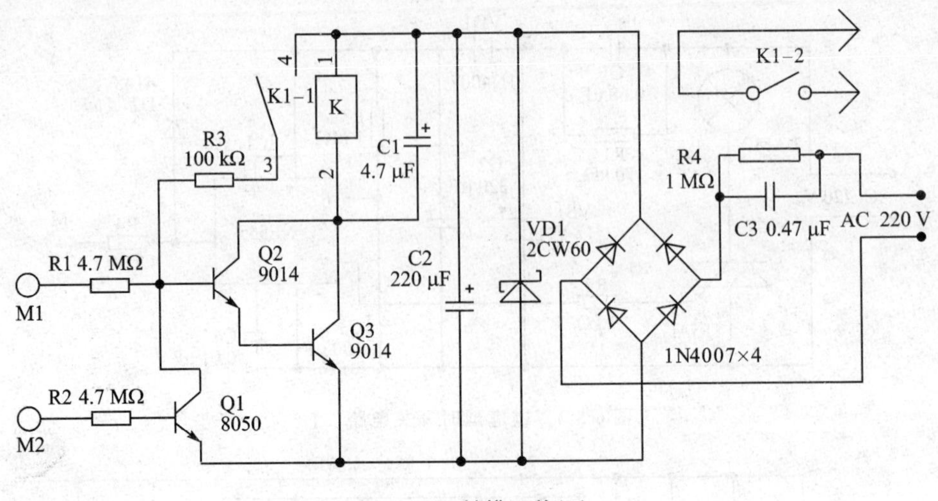

图 6.6.1　触摸开关(1)

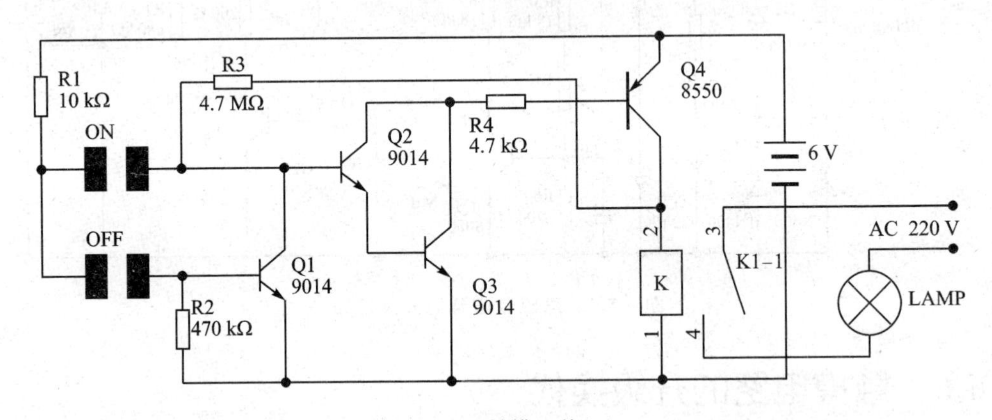

图 6.6.2　触摸开关(2)

前面讲的电路都有种种弊端，而且电路还比较复杂。图 6.6.1 中还动用了继电器这种有噪声、体积大、耗电多的器件。图 6.6.2 的触摸需要接触到金属的两个部分，这比打十环都难。图 6.6.1 和图 6.6.2 的弊端还有就是价格高。就在这种场景下，触摸 IC 就闪亮登场了，体积小、可靠、接口简单、灵敏度高、价格低。比如 图 6.6.3，型号为 TTP223，就是一种单键触摸芯片，体积还没有一粒米大，非常好用。

图 6.6.3　触摸芯片

6.7　单片机与流水灯

单片机的出现,给设计者带来了极大的方便。如果用单片机设计 8 个 LED 的流水灯,非常容易,还可以变出无数的花样。要是不用单片机呢?你能设计出多个花样吗?即使能设计,硬件有多复杂,想都不敢想。下面是一个多年前就流行的流水灯电路,它只能从一个方向流动。图 6.7.1 原理很简单,NE555 组成的振荡电路,在 3 脚输出脉冲,使 CD4017 依次输出点亮 LED。这不是说 CD4017 就没有用武之地了,在以前还是用得非常多的。老字辈的人看到这些都会觉得非常亲切,当时要是有几片,一定也是爱不释手的。图 6.7.2 是流水灯电路板。

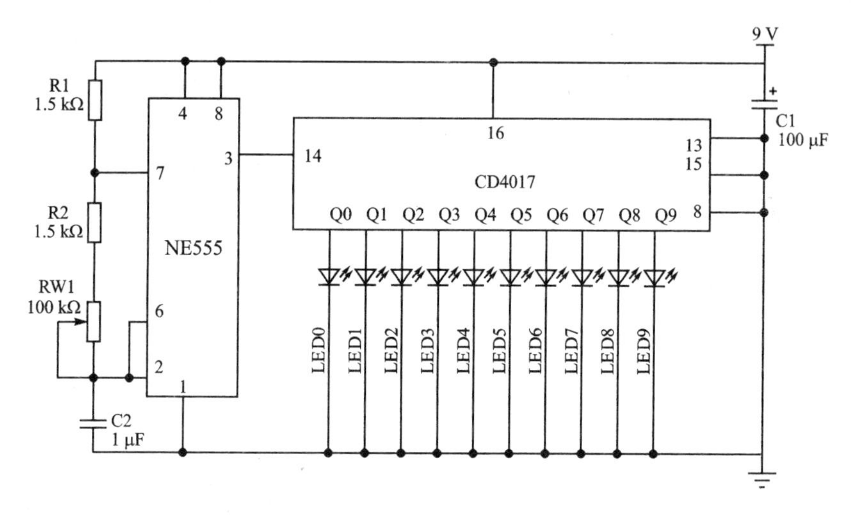

图 6.7.1　流水灯电路

图 6.7.2　流水灯电路板

6.8 想简单,结果却不简单

我们来看下面两个电路,也就是数码管或多个 LED 的电路。图 6.8.1 电路是在每个 LED 上串一个电阻,图 6.8.2 是多个 LED 只串联一个电阻。猛地一看,好像也没有啥不妥,感觉图 6.8.2 用的电阻要少 3 个。特别是在画电路板的时候,少几个电阻就好布局得多。但是,我们仔细看看,图 6.8.1 和图 6.8.2 到底有哪些不同。图 6.8.1 每个 LED 有单独的限流电阻,其好处是各个 LED 发光时会有相同的电流,而这些电流与 LED 的个数没有关系,电流 $I=(\mathrm{VCC}-1.5)/R$,这样每个 LED 亮度是相同的。而图 6.8.2 的 LED 与亮的个数有关,一个亮的时候比 4 个同时亮的时候亮度大多了,1 个亮的时候电流 $I=(\mathrm{VCC}-1.5)/R$,4 个亮的时候电流 $I=(\mathrm{VCC}-1.5)/(R/4)$。如果在数码管里,显示笔画少的就特别亮,如“1”,显示笔画多的就会很暗,如“8”,在显“18”时看起来“1”特别亮,“8”就很暗,特别不舒服。

看来想把问题变简单,必须得考虑有啥不妥之处。

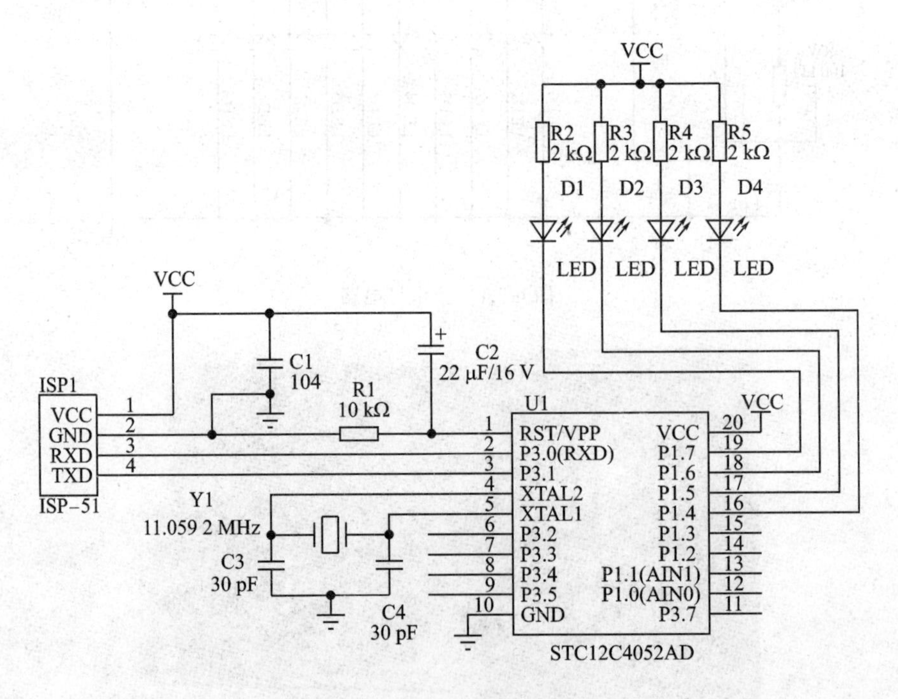

图 6.8.1 发光二极管电路(1)

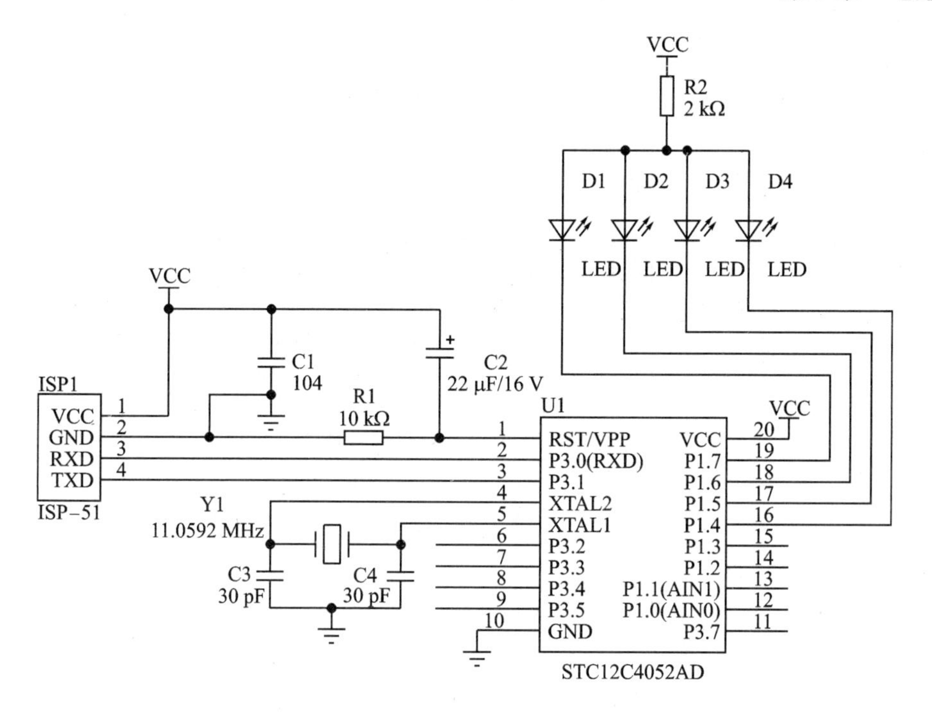

图 6.8.2　发光二极管电路(2)

6.9　深藏不露的双基极二极管

说双基极二极管深藏不露，主要是它用得不像三极管之类的那样广泛。为啥我记双基极二极管（也叫单结晶体管）记得这么牢靠？因为它的工作原理和古老的公厕冲水马桶太像了，也不知道是哪位聪明的大师设计了这么神奇的东西。

以前的公共厕所需要定时冲水，但又不可能派专人定时去冲。于是有人发明了一个能自动冲水的水箱，每当水箱放满水后，水箱就翻转，水就放出来冲刷厕所，水放光后，水箱就会回到原位，待下次水箱的水放满了再次翻转冲刷，周而复始。

后来学双基极二极管振荡电路的时候，感觉原理很像自动冲水马桶。如图 6.9.1，图(a)为基本的双基极二极管振荡电路。上电后电容 C1 通过电阻 R1 充电，当电容 C1 上的电压充到 V_f（峰点电压）后，双基极二极管就导通，在 R2 上就有波形，电压波形如图(b)。电容 C1 上的电压通过双基极二极管放掉。电容 C1 上的电放掉后，双基极二极管关闭。电容 C1 又开始充电，当电容 C1 上的电压充到 V_f 时，双基极二极管又导通，又在 R2 上产生波形，如此反复。是不是像自动冲水马桶呢？

把上面这二者联系起来看，基本过程是一样的，所以至今记得相当牢，这也算一种记忆的技巧吧。

图 6.9.2 是双基极二极管的符号与等效电路图。

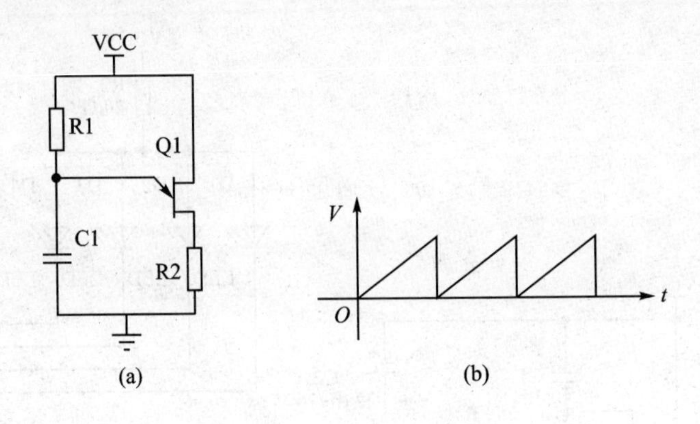

图 6.9.1 双基极二极管电路

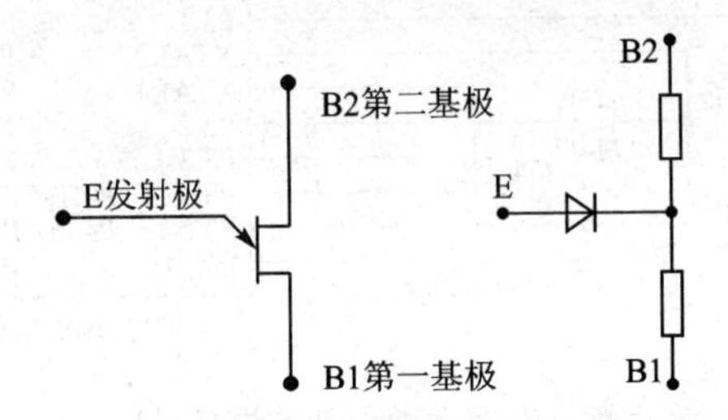

图 6.9.2 双基极二极管的符号与等效电路

我们再来分析一下利用双基极二极管的调功电路,如图 6.9.3,进一步说明双基极二极管的用途。首先要说明,这个电路适合用来调节白炽灯的亮度。当然,这也不是说这个电路只能用来调白炽灯的亮度,它也可以是电热毯的调温电路,也可以用来调节烙铁的温度,等等。但这个电路不能用于 LED 灯泡(除非是可调光的)、节能灯等的调光。

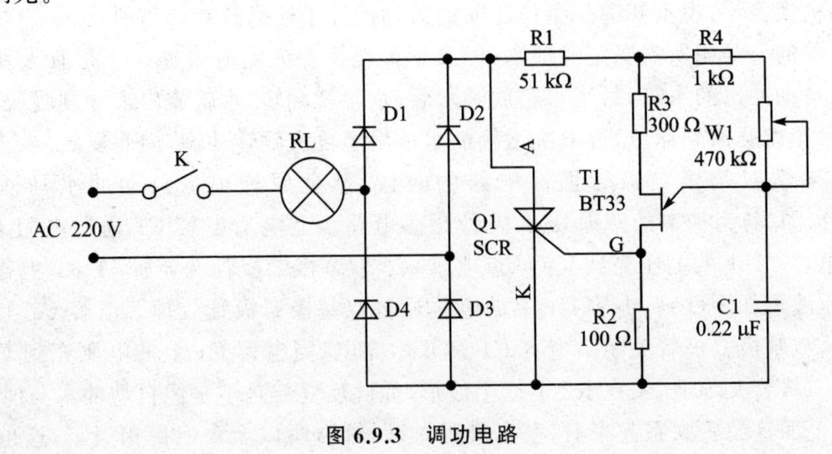

图 6.9.3 调功电路

电路中,K 是电源开关,RL 灯泡(也就是负载),D1～D4 组成全桥,Q1 是单向可控硅，R1、R4、R3 是限流电阻，T1 就是主角双基极二极管了，W1 是可调电阻，通常和 K 联动，它是开关和电位器做成一体的元件，名字叫带开关电位器。全桥 D1～D4 整流，波形见图 6.9.4，这个波的电压从 0 开始上升，通过 R1、R4、W1 给 C1 充电，充电快慢由 W1 调整。C1 上的电压达到 T1 导通的电压后，T1 导通 R3、R2 分得触发可控硅的电压，Q1 导通，RL 得电。Q1 导通前只有很小的电流在 T1 及外围电路里流动，并没有足够的电流流过 RL，也可以从图 6.9.5 的空白部分看出。只有 Q1 导通后才有足够的电流流过 RL，见图 6.9.5 的阴影部分，阴影部分就是 RL 耗电的部分。在 R2 上产生压降触发可控硅导通的同时，电容 C1 上的电也被放掉，T1 随之关闭。触发的角度由电容 C1 的容量和 W1、R4、R1 等决定，容量小，阻值小，触发就早，在 RL 上获得的功率就高；反之，功率就低。每个波都如此反复，这样就实现了调功。

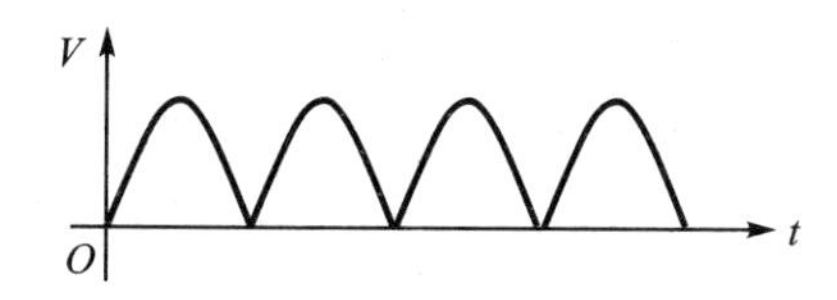

图 6.9.4　A 点电压波形

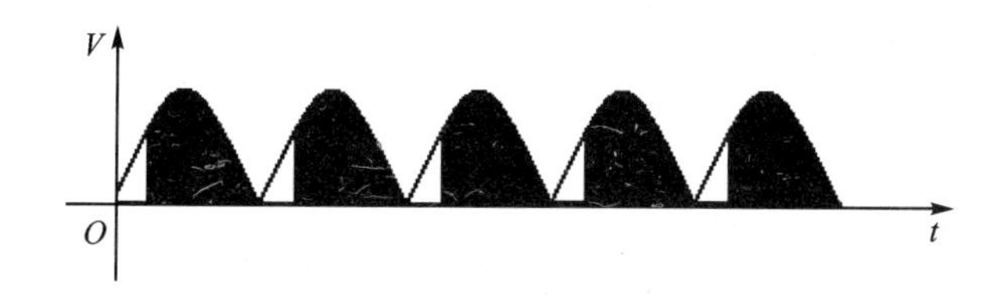

图 6.9.5　功率波形

这里还有个工作原理像自动冲水马桶工作原理的电路，如图 6.9.6。先说工作过程，IN 处的电压是 220 V 交流电整流后的直流，有 310 V，同时 C1 两端充得 310 V 电压。通过电阻 R1 和 R2 后对 C2 充电。当电压在大于一定值（能使蜂鸣器发声的电压）到 60 V 之间时，蜂鸣器发声。当电压超过 60 V 氖泡就会发光导通，氖泡 N 导通将电容 C2 上的电放掉，蜂鸣器两端电压立即下降并停止发声。氖泡 N 由于电压下降，无法再导通。于是 C1 上的电通过电阻 R1 和 R2 又开始对电容 C2 充电，充到一定值时，蜂鸣器又发声，氖泡电压到 60 V 又放电，如此反复。注意 R2 的用法，为避免在 R1 调节为 0 时损坏氖泡 N，所以串了一个 1 MΩ 的电阻 R2。

这个电路是用来催眠的，就是发出单调的滴滴声，使人入睡。也有用模仿雨滴声催眠的。这些方法对一些人有效，但对一些重度失眠者是没有效果的。

要特别强调的是，输入电压是 220 V 交流，插上电源，C1 电充满后，将插头拔掉就可以使用了，利用 C1 储存的电能工作，不需要长时间在线工作。电容 C1 上的电慢慢放完，人也差不多入睡了。如果长时间通电，这个电路是不安全的，就是我们说的热底板。谨记：安全是第一位的！

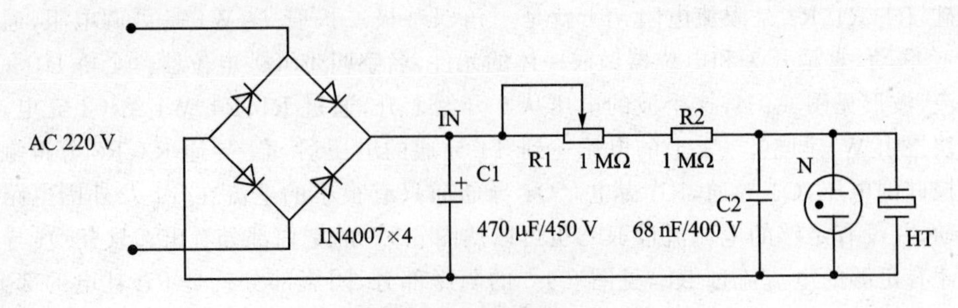

图 6.9.6 催眠器电路

6.10 LED 照明驱动电路高效的奥妙

一个普通的发光二极管要使其发光非常简单，只要有电源，再串个电阻就可以了。但是，用于照明的发光二极管就没有这样简单了。因为串联的电阻会消耗能量，这与高效节能相违背。我们总是想办法把能量用来发光，而不是发热。那么，我们能不能不串联电阻，直接接电源使其发光呢？不行！因为每一个发光二极管的饱和压降不相同，白色发光二极管的饱和压降为3.0～3.2 V，当电压超过饱和压降时，电流会没法控制，超过规定的电流就会损坏发光二极管。那么在发光二极管上串恒流源如何呢？图 6.10.1 就是这种情况，假定 LED 上的电压为 3 V，恒流源两端电压为 VH＝VCC－3，那么在恒流源上消耗的能量为 $P=I\times \text{VH}$，VCC 越高，VH 越大，那么在恒流源上消耗的能量就越大。所以，这种办法是不可行的。

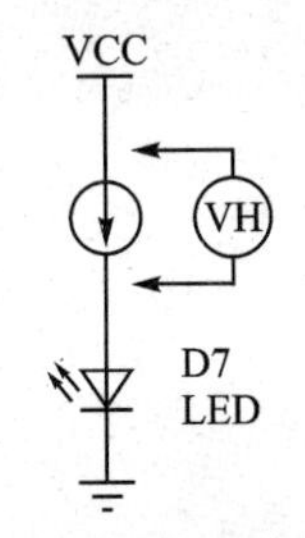

图 6.10.1 发光二极管限流电路

我们来看专用的驱动芯片 MGTT21，下面是对芯片的描述：

高效率：	优于 90％。
宽输入电压范围：	2.5～400 V。
工作频率：	最大 2.5 MHz。
工作频率可调：	10 kHz～2.5 MHz。
驱动 LED 灯功能强：	LED 灯串可以 1 至几百个。
亮度可 PWM 可调：	通过 EN 端，调节 LED 灯亮度。

图 6.10.2 是基本的电路图。稳压二极管和电阻 R1 提供芯片的工作电压。电感 L 是储能元件。MOS 管上面的二极管 D2 是续流二极管。MOS 管开通期间电能储存在电感 L 中，MOS 管关断时，电感 L 上的能量通过二极管 D2 形成回路，点亮 LED。下端电阻 Rcs 是电流取样电阻，由此来调整 PWM 控制输出电流的平均值。MOS 管的驱动波形如图 6.10.3，这个波形的宽度会根据输出进行调整，以保证输出电流满足要求。图 6.10.4 是 LED 上的电流波形图，I_L 是平均电流，I_{LMAX} 是通过

LED的最大电流。重要的一点就是MOS管工作在开关状态，要么导通，要么关闭。MOS管导通电阻非常小，在MOS管上消耗的能量是很少的。根据工作原理可以看出，VIN输入电压即使变化比较大，也不会有额外的能量消耗。MOS管的工作状态非常重要，如果不是在开关状态，那就会把能量消耗在MOS管上。这个LED驱动电路的原理与开关电源基本相同，DC/DC转换也是这类原理，其共同特点是MOS管工作在开关状态，并利用电感储能为后面提供能量，没有额外消耗电能的元件。

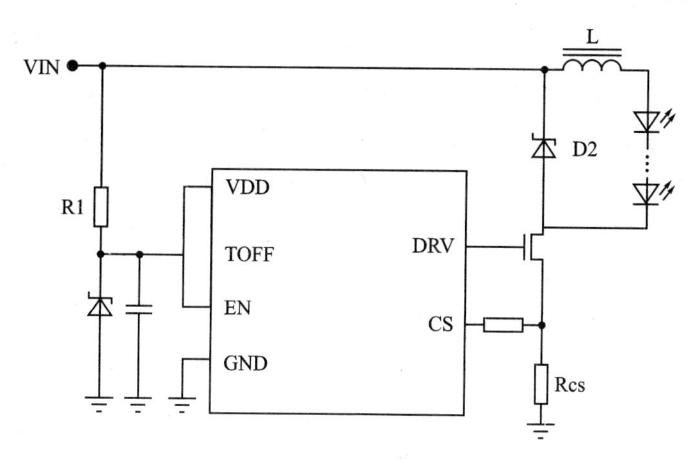

图6.10.2 LED驱动电路

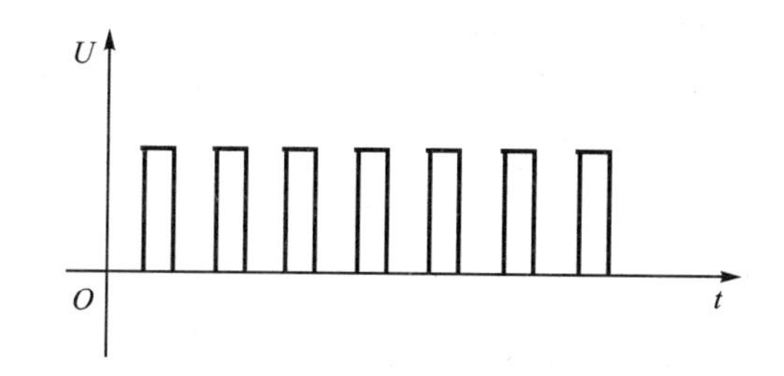

图6.10.3 LED驱动波形

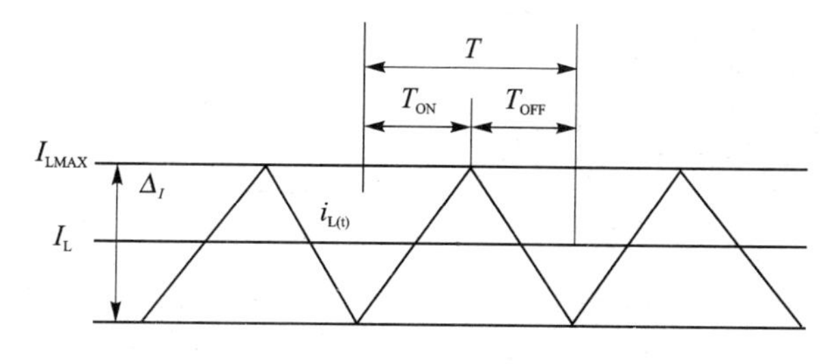

图6.10.4 LED驱动电流波形

6.11 太阳能的 MPPT 是怎样一回事

先来基础回顾。请问,电池的内阻为 20 Ω,那么接多大电阻时的输出功率最大?回答是,20 Ω 的负载时输出功率可以最大,也就是负载和内阻相同时,可以输出最大的功率。这应该是早就学过的知识了。

玩电子管功放的人一定知道,扬声器要与功放输出阻抗匹配,匹配的目的是使输出功率最大;还有就是不使其失真,因为阻抗不匹配时,会通过反射阻抗影响电路的工作状态,工作状态的变化会引起失真。

再来说太阳能的充电问题,不要以为把太阳能电池接到电瓶上就完事大吉,看看后面就知道为什么了。

太阳能 MPPT 控制器的全称是"最大功率点跟踪(Maximum Power Point Tracking)太阳能控制器"。MPPT 控制器能够实时检测太阳能板的输出电压,并寻找对蓄电池充电时的最大功率时的电压、电流值,达到最充分地利用太阳能电池发出的电能目的。

我们用比较平民化的语言对上面的说法做一个解释。看图 6.11.1,假设太阳能板在某个特定的光照不变的情形下,我们来调节电阻 R 的大小,并计算 R 上的功率。如果太阳能电池是一个恒压源,那么,R 上消耗的功率就是 $P=V^2/R$,也就是电压不变的情况下,输出功率直接由电阻值 R 确定,呈现出来的是线性关系,电阻值 R 越小,消耗的功率越大。但太阳能电池不是一个恒压源,实际的状况是,在轻负载的情况下,太阳能电池的输出电压较高,在负载较重的情况下,电压下降严重。这种状态下,在电阻 R 上消耗的功率可以从图 6.11.2 的波形看出,输出功率最大不是在电阻最小的时候,也不是在最大的时候,而是在某个特定电压和电流的时候,所以就有了 MPPT 的这个说法。要用控制电流来实现 MPPT,就得给出一套电路和控制算法。

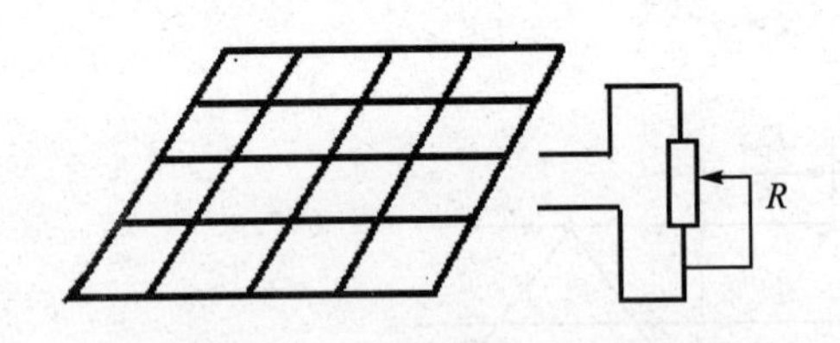

图 6.11.1 太阳能输出实验电路

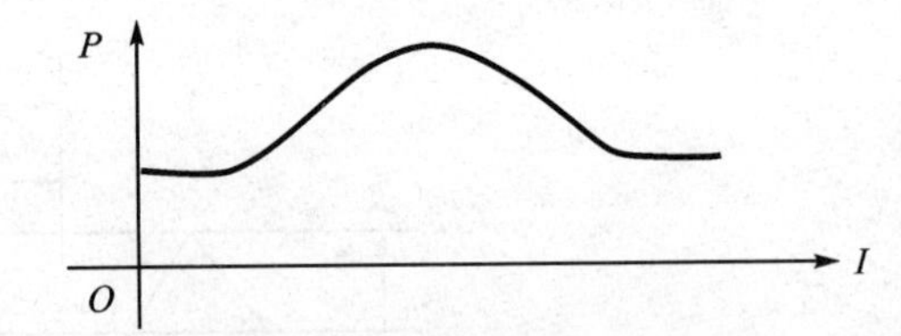

图 6.11.2 太阳能输出功率波形

控制电路如图 6.11.3,这是一个比较典型的降压型 BUCK 变换电路。三极管 Q2 是控制 MOS 管 Q1 通断的,Q1 的通断是由 Q2 给出的 PWM 信号完成的;L1 是储能电感;D4 是续流二极管;D3 为箝位二极管,是用来保护 MOS 管的。在 C2 上得到的输出电压，由 PWM 的占空比确定。R2 是电流取样电阻，IA 与单片机 AD 转换连接，根据 IA 的值计算电路的电流，R6、R7 组成分压电路检测太阳能电池的输出电压，V 也和单片机的 AD 转换连接。Vin 接太阳能电池。为了保护电瓶，还要加上放电限制电路。

图 6.11.4 是整体结构。与单片机连接的有太阳能电池电压检测，充电电流检测，电瓶电压检测等，还可以加液晶屏等做显示。

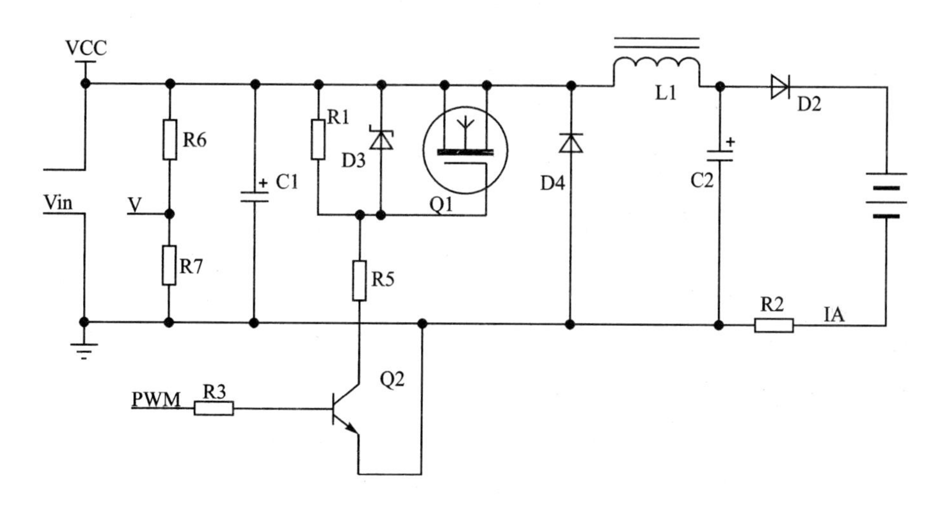

图 6.11.3 MPPT 控制电路

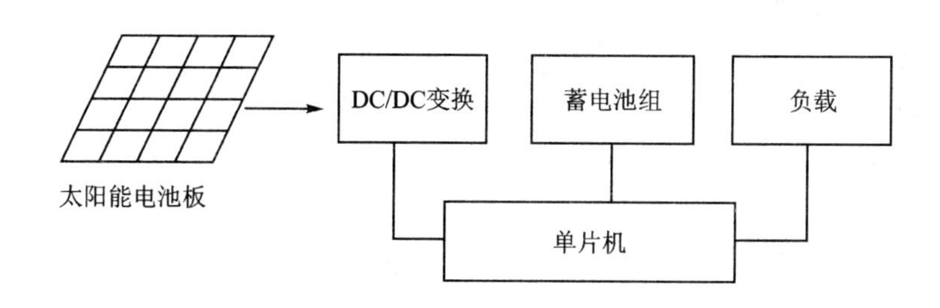

图 6.11.4 太阳能充电结构框图

MPPT 软件设计流程如图 6.11.5。还应加上电池放电检测与控制、充电控制等。

12 V 电瓶充放电相关参数(最好按厂家给的参数充放电)：

电压应充到 14.5～14.8 V 才能充满。

当电压降到 10.5 V，放电终止。

电瓶容量不能按电压来确定，要按实际放电能力来确定。

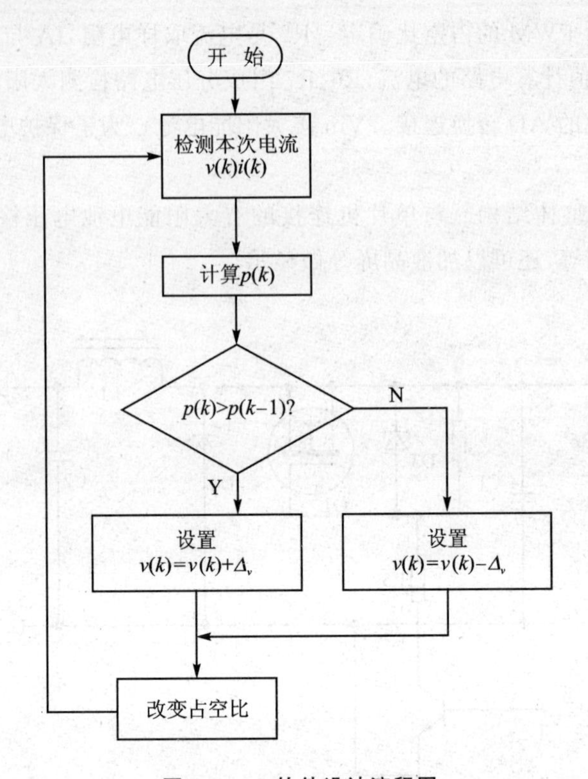

图 6.11.5 软件设计流程图

第7章

常用工具的使用

7.1 常用工具小软件简介

还记得用汇编语言的那阵子，要计算单片机的定时时间、波特率都相当困难。但现在不一样了，有好多现成的小软件，在电脑上计算起来很方便。还有一些调试软件也非常实用，像STC提供的下载软件，包括串口调试，甚至还可以直接生成代码。五花八门的工具我们要掌握一些，以使设计更加方便快捷。这里除了对工具本身的简介以外，还包括使用中的一些注意事项。下面就对部分工具软件进行介绍，若能起个抛砖引玉的作用，那我就得偿心愿了。

7.1.1 串口调试器

搞电子技术的，经常会用到串口。我们看看图7.1.1的串口调试器，只需要设置

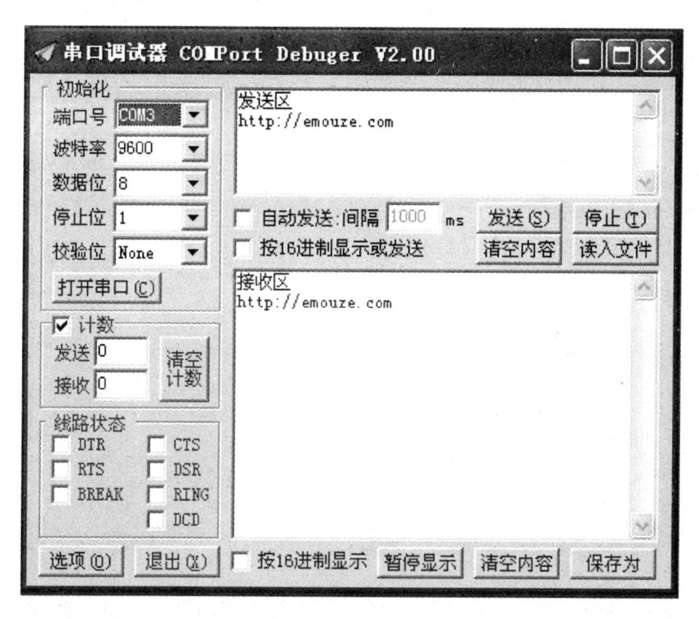

图7.1.1 串口调试器

好相关参数就可以使用了。要注意端口号在电脑上必须要有才行，不要选择一个不存在的端口。如果是笔记本电脑，一般都不会有串口，那就要买个 USB 转串口的模块才可以使用。

要特别提醒的是，有些串口调试器在发送字符时，末尾有的加有回车换行符，有的没有加。而有些成品的模块一定要以回车换行结尾，这个一定要注意，否则调不通，还不知道为啥。回车换行即"\r\n"。

买回一块 M35 的 GSM 模块，用网上下载的串口调试器收发 AT 指令，始终不能通信。检查硬件连接，也没有发现不对，后来换了一个串口调试器就可以了。用串口监视软件才发现，开始用的串口调试软件末尾没有加"\r\n"，而 M35 需要加"\r\n"才算完整的数据帧。之前使用串口调试器时都是用的 HEX 格式，M35 用的是字符。

要注意，有时电脑用的串口调试器会有延时现象，甚至会有把一帧数据分成几帧的可能。还有的调试器要在"发送新行"前打上钩，才能将新数据发出去。

7.1.2 网络调试器与手机网络调试助手

电脑上用的网络调试软件与手机上的大同小异，功能都差不多。调试双方都必须要有正常工作的网络才行。TCP 必须先建立连接才能通信，只有建立了连接才能收发数据。这个好比打电话，对方接听了，就可以说话了。而 UDP 不需连接就可以通信，千万不要以为显示数据发送成功了，对方一定就能收到。这和寄信一样，寄出去了收没收到不知道，说不定地址名字都是错的，根本没法送达。所以 UDP 方式通信，必须要收到才算成功，单单是发出去了，不能说明成功。

在做软件时，可以先用调试器调通，再用软件去实现，如图 7.1.2。

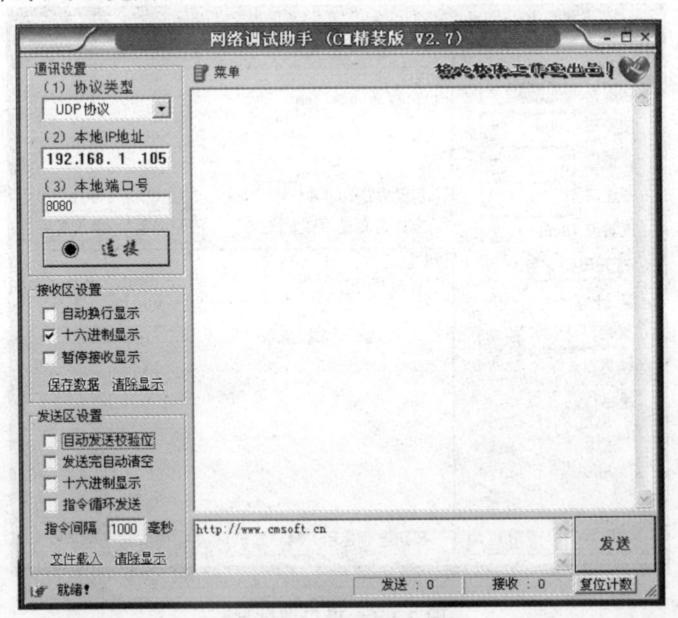

图 7.1.2 网络调试助手

7.1.3　并联电阻计算器

并联电阻的计算相对较麻烦，所以最好用计算器来算，不是你不会算，而是当你集中在设计时，突然转思路计算并联电阻值，会影响到你的工作效率。串联就是做加法，就不必用计算器了，口算都可以。但随时都要记住，串联时比大的还要大，并联时比小的还要小。并联电阻计算器如图 7.1.3。

输入单只电阻的阻值：

R1　1000

R2　500

R3　200

R4　100

图 7.1.3　并联电阻的计算

并联电阻在线计算器可以计算 2～4 只电阻并联后的阻值，计算中应保持单位一致。

并联电阻阻值的计算公式为：$1/R_{并}=1/R_1+1/R_2+1/R_3+\cdots+1/R_n$。

7.1.4　色环电阻计算器

早期的电阻都是直接标数字。标数字虽然明了，但表示的内容非常有限；还有就是安装在电路板上后，压着字符会看不见，不便于读数；还有就是把字磨损了不好辨认。后来改用色环标注，色环被磨损一面还有另一面可以看到，表示的内容也丰富得多。色环电阻虽然有优点，但读起来比较麻烦，要背色谱，棕 1、红 2、橙 3、黄 4、绿 5、蓝 6、紫 7、灰 8、白 9、黑 0、金 5%、银 10%、无色 20%等。还有用四环、五环等复杂的标注。初学者没几个不为此烦恼的，还有好多“老革命”，几十年啥没见过，被几个小小的色环给整晕了的大有人在。当然了，用色环电阻计算器就易如反掌，只要不是色盲都可以搞定。使用时直接单击色环就能成。有一点必须提醒大家，要学会判断哪个是第一环，这个很重要，记住！金环和银环，一般很少用作电阻色环的第一环，所以在电阻上只要有金环和银环，就可以基本认定这是色环电阻的最末一环，找到尾就可以找到头了。棕色环是作数字还是误差标志的判别，可以按照色环之间的间隔加以判别：比如对于一个五道色环的电阻，第五环和第四环之间的间隔比第一环和第二环之间的间隔要宽一些，如图 7.1.4 后面的棕色与前面的黄色要远一些。计算器如图 7.1.5。

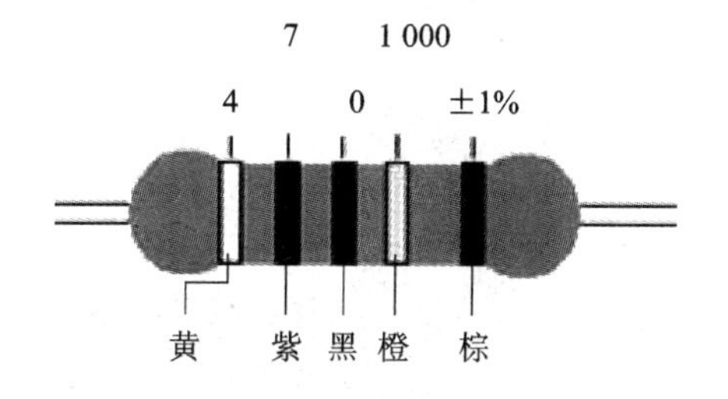

图 7.1.4　色环电阻

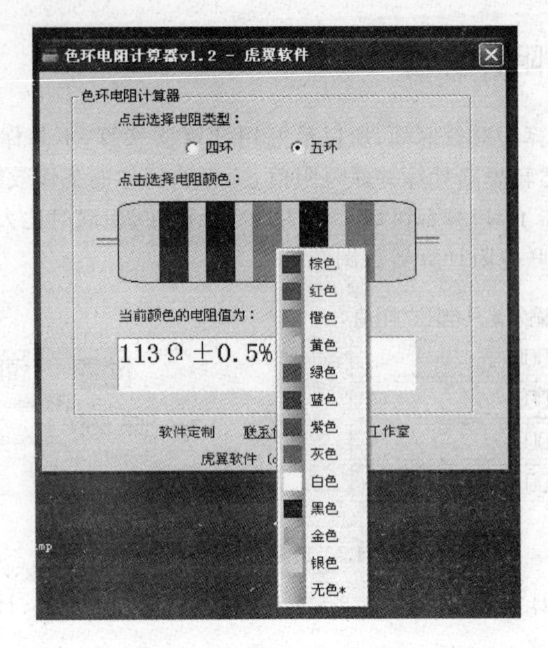

图 7.1.5　色环电阻计算器

7.1.5　CRC 计算器

CRC 校验是比较完善的，很多场合都用到。在网上下载的不同的 CRC 计算器可能计算结果不一样，所以如果是同其他人配合，得统一用一个计算器，这样才得到相同的结果。CRC 计算器如图 7.1.6。

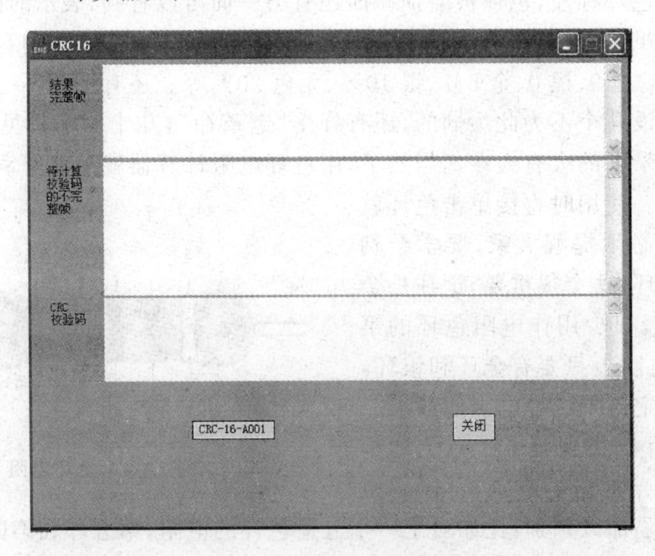

图 7.1.6　CRC 计算器

7.1.6　MODBUS CRC 计算器

MODBUS 是很常用的一种通信协议，是一个工业通信系统，由带智能终端的可编程序控制器和计算机通过公用线路或局部专用线路连接而成。MODBUS CRC 计算器如图 7.1.7。

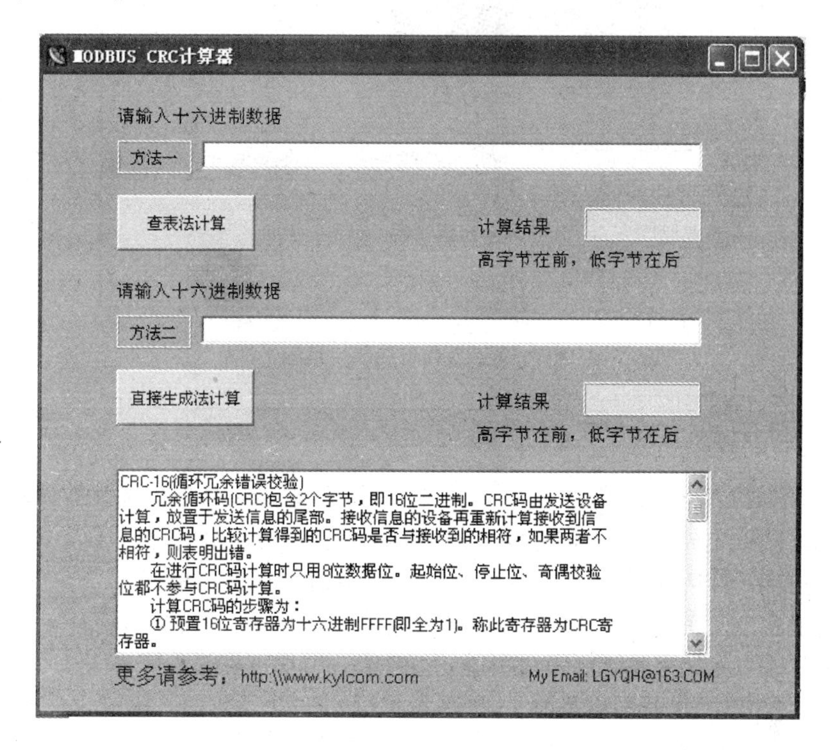

图 7.1.7　MODBUS 计算器

7.1.7　数码管段码生成器

刚刚开始使用数码管进行设计时，要显示出想要的数字，要有对应的码表，这个码表需要手工生成。手工生成码表很麻烦，而且生成的码表对共阴和共阳两种数码管还不一样，如果管脚接错位了，那就更痛苦了。

但是有了专门的数码管码表设计工具软件，可以说就非常简单了。管脚的连接无需考究，在这里可以随你选，接的哪个脚就点哪个脚，共阴共阳可以选择，可以说随心所欲地使用。如果为了扰乱抄袭人的视线，还可以随意连接数码管的管脚。数码管码表生成器如图 7.1.8。

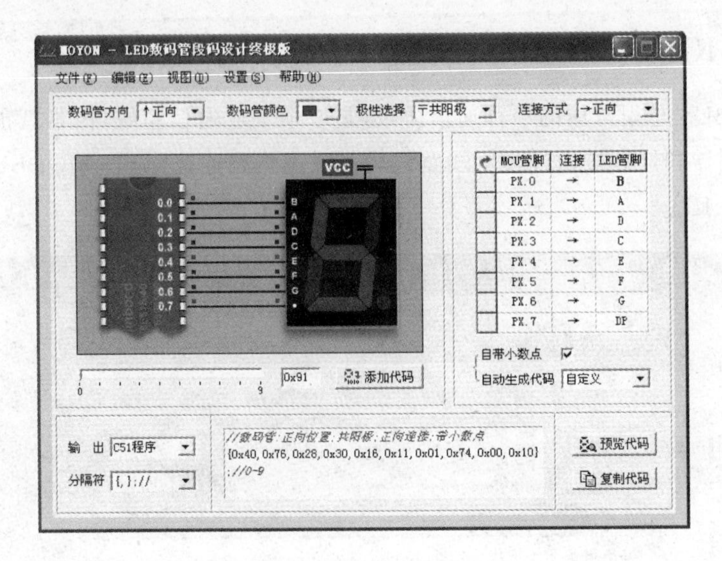

图 7.1.8　数码管码表生成器

7.1.8　多用途 STC 下载工具

STC 下载工具已经不仅仅是一个下载工具了。它还包括串口调试器、波特率计算、KEIL 仿真、定时器计算,甚至好多基本的代码直接为你生成,很方便。

说句实话,自从 STC 单片机问世以来,无论从性能还是价格,开发下载都变得很简单,把单片机彻底拉下了神坛。早期要想自己买仿真器、下载器都是一笔不小的开销,这无形之中就把穷孩子们拒之门外了,STC 的出现可以说意义非凡。使用 STC 提供的软件细节这里就不再多说了,想必不会用 STC 单片机的人比较少。最令人高兴的还是,STC 单片机是国产的! STC 下载工具如图 7.1.9。

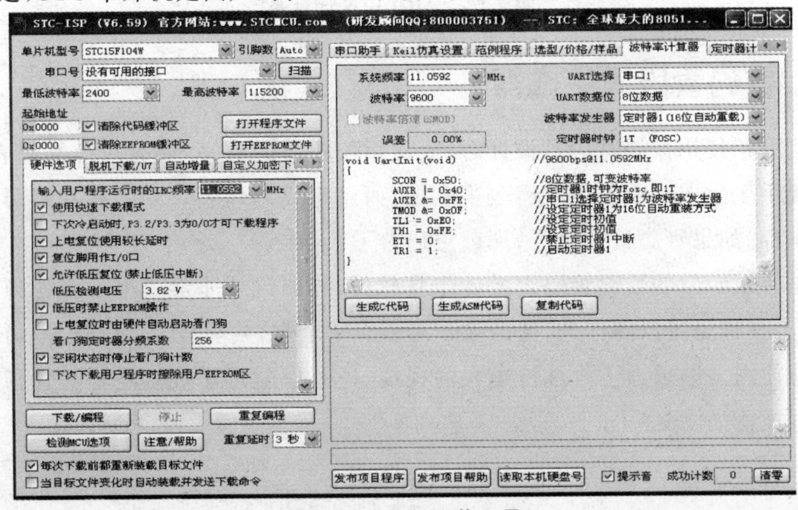

图 7.1.9　STC 下载工具

7.1.9　迟滞比较器计算器

这个计算器将计算电阻率 R1/R2 和参考的滞后曲线，给定上、下门限电压和输出的电压值就可以计算了，如图 7.1.10。

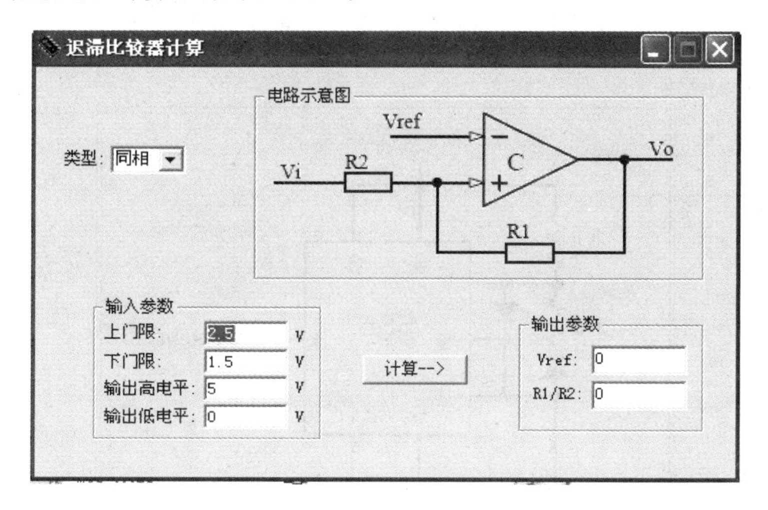

图 7.1.10　迟滞比较器计算器

7.1.10　函数计算器

电脑系统提供的计算器无法进行函数计算，所以下载一个具有函数功能的计算器还是必要的。比如，在一些电能表芯片设计时就会牵涉到函数的计算，如图 7.1.11。

图 7.1.11　函数计算器

7.1.11 NE555 频率计算器

NE555 是个万金油芯片，可以有多种用途，甚至还有关于 NE555 的专著，可见一斑。有个 NE555 的计算器理所当然是很有必要的了，如图 7.1.12。

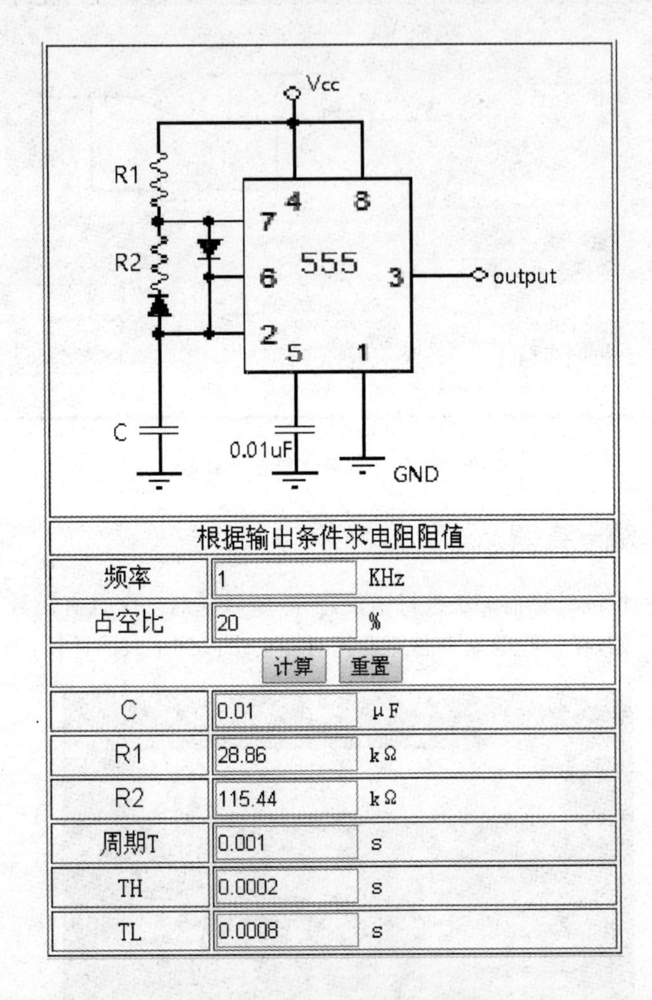

图 7.1.12 NE555 频率计算器

7.1.12 开关变压器设计软件

开关电源的门槛就在开关变压器的设计上，电路设计相对好办一些，所以有个专业的开关变压器计算软件，当然就很好了。开关变压器计算软件如图 7.1.13。

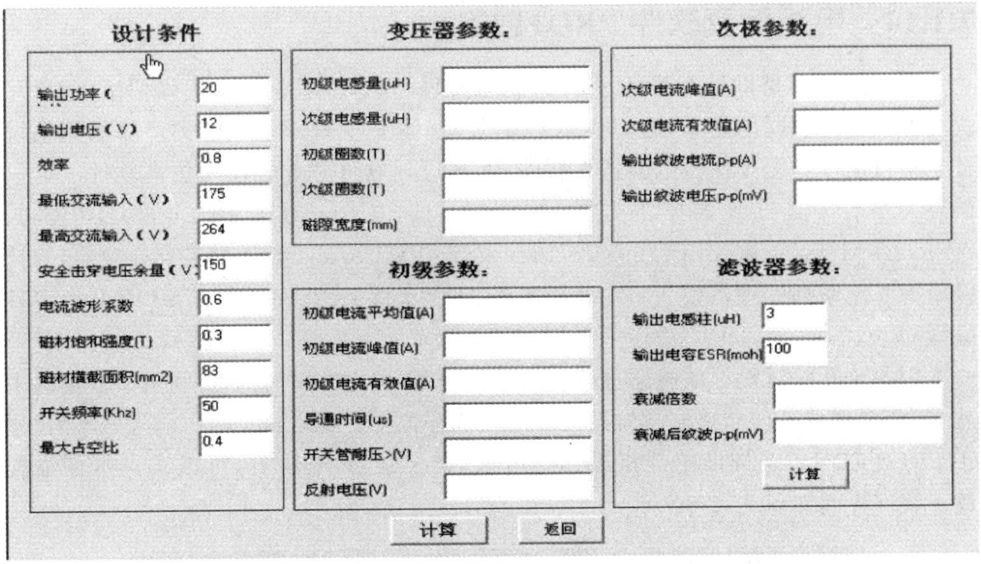

图 7.1.13 开关变压器计算软件

7.1.13 串口监视软件

串口监视软件,是一个重要的工具。一个串口通信上下行数据到底是什么,特别是其他厂家提供的产品,到底有哪些数据在串口流动,我们无法看到。但是用了这个监视软件就可以清楚地看到上下行的数据了,用起来非常方便。通信与监视两者的端口号要相同,最好是先开这个监控软件的串口,然后再打开实际使用的串口,否则会发生冲突打不开,显示端口被占用(有的版本没有这个问题)。具体用法,参考相关说明。串口监视软件如图 7.1.14。

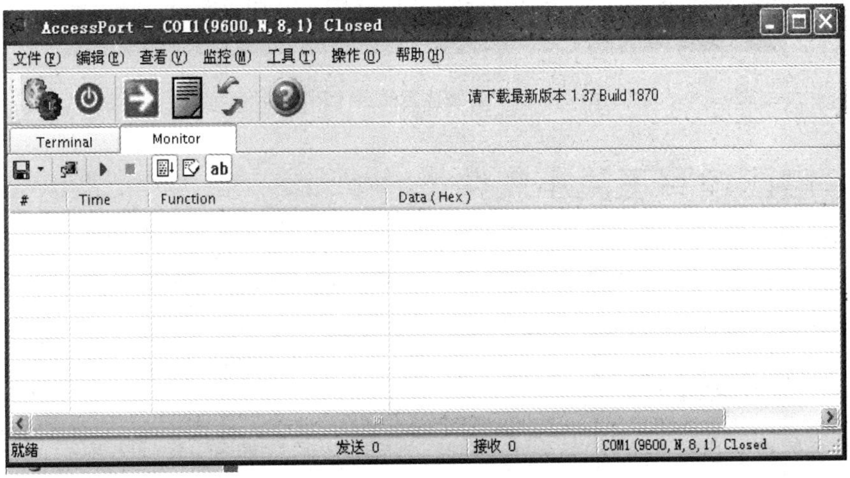

图 7.1.14 串口监视软件

7.1.14 电路仿真软件 PROTEUS

PROTEUS 是世界上著名的 EDA 仿真软件。从原理图布图、代码调试，到单片机与外围电路协同仿真，一键切换到 PCB 设计，真正实现了从概念到产品的完整设计。是目前世界上唯一将电路仿真软件、PCB 设计软件和虚拟模型仿真软件三合一的设计平台。其处理器模型支持 8051、HC11、PIC10/12/16/18/24/30/DsPIC33、AVR、ARM、8086 和 MSP430 等，2010 年又增加了 Cortex 和 DSP 系列处理器，并持续增加其他系列处理器模型。在编译方面，它也支持 IAR、Keil 和 MATLAB 等多种编译器。

用此款软件对设计的电路进行仿真后再制版，可以节省时间，提高效率。用起来就 3 个字，爽呆了！北京航空航天大学出版社有关于 PROTEUS 的专著，书名叫《基于 PROTEUS 的电路及单片机设计与仿真(第 3 版)》，非常好，可以买一本仔细阅读。软件界面如图 7.1.15。

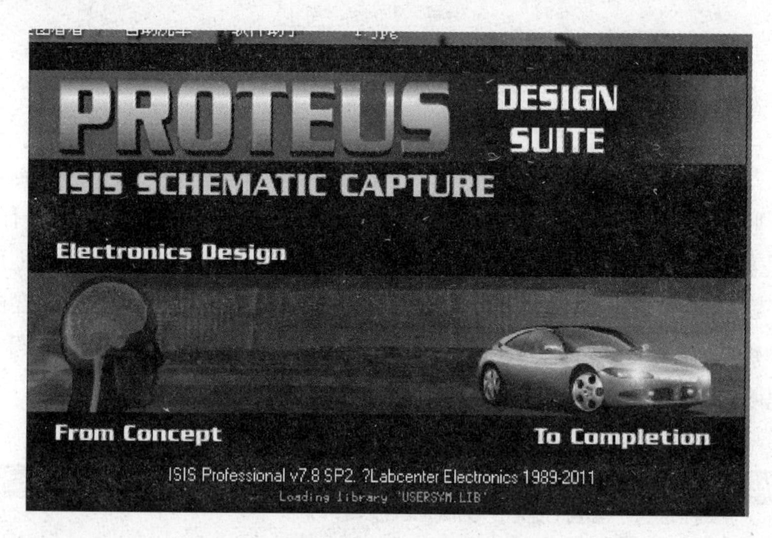

图 7.1.15 电路仿真软件 PROTEUS

7.2 自己编写工具小软件

硬件工程师最好能学会一种高级语言，编写一些小程序是满有意思的，如果和上位机软件人员配合，也免得扯皮。下面是作者自己写成的小软件。

7.2.1 根据域名查 IP

这个软件可以根据域名查到 IP 地址。特别是调试期间，各种不确定的因素太多，利用各种软件是非常有帮助的，如图 7.2.1。

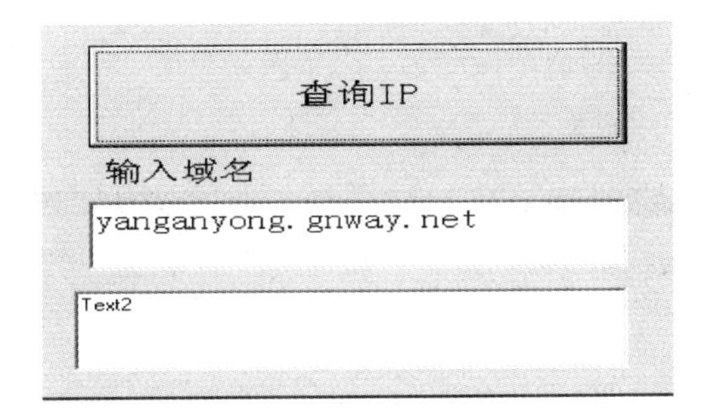

图 7.2.1　IP 查询软件

7.2.2　汉字 GBK 码查询

可以查询汉字 GBK 编码的软件，如图 7.2.2。

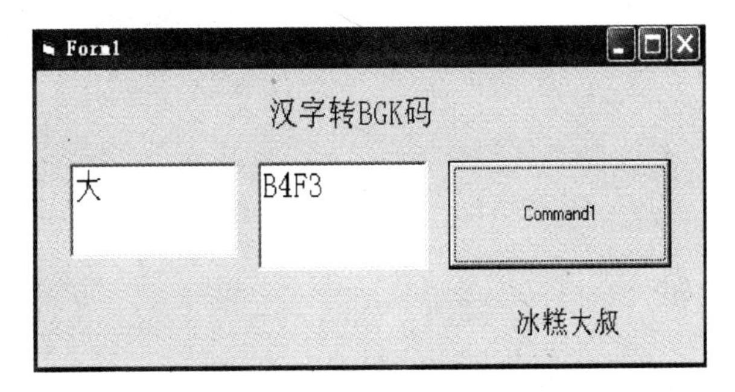

图 7.2.2　汉字 GBK 码查询

7.2.3　电能表校准计算器

由于电能表校准时牵涉到多种运算，其中还有反正弦等，如果没有一个快捷的计算器，那就很纠结。比如要完成下面的计算，用笔算那就痛苦了，而网上也找不到这样的软件，自己编写无疑是个好办法，如图 7.2.3。这个是电能表芯片 ATT7026A 的校准计算软件。

代码如下：

```
F1 = Text1.Text
F2 = Text2.Text
ERRB = (F2 - F1) / F1
F3 = (1 + ERRB) * 0.5
F4 = Atn( - F3 / Sqr( - F3 * F3 + 1)) + 2 * Atn(1)
F5 = (F4 / 0.01745329222 - 60) * 0.01745329222
If F5 >= 0 Then
Text3.Text = F5 * 8388608
End If
```

```
If F5 < 0 Then
Text4.Text = F5 * 8388608 + 16777216
End If
```

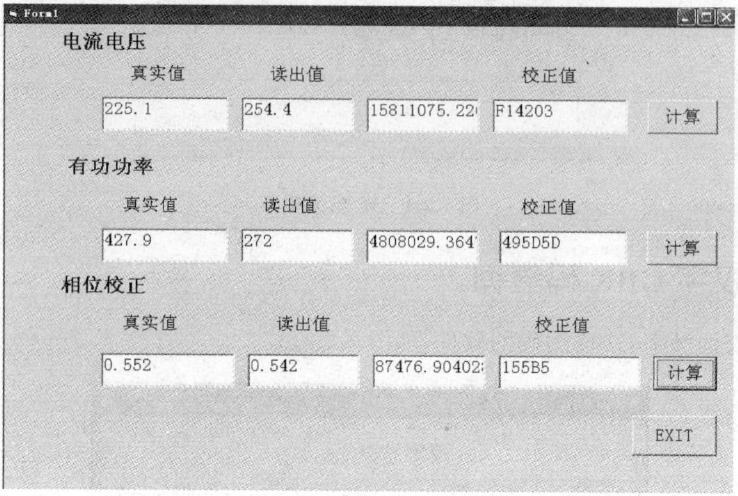

图 7.2.3　电能表校准计算器

7.2.4　另类时钟

时钟的种类可以说是五花八门，总能看到一些另类的时钟不断出现。用手指比划数字是老祖先发明的，据说好多年前买卖猪牛的时候，都是把手放到长袍里面用手比划来讨价还价，当面讨价还价是不好意思说出口的。现在还是有人在用，但比法不尽相同。这里用手比数字的方法来显示时间，可以教小孩学习比划数字，看起来也是别具一格的，如图 7.2.4，图 7.2.5。

时光飞逝，还有好多愿望都没有实现，时间都到哪儿去了？

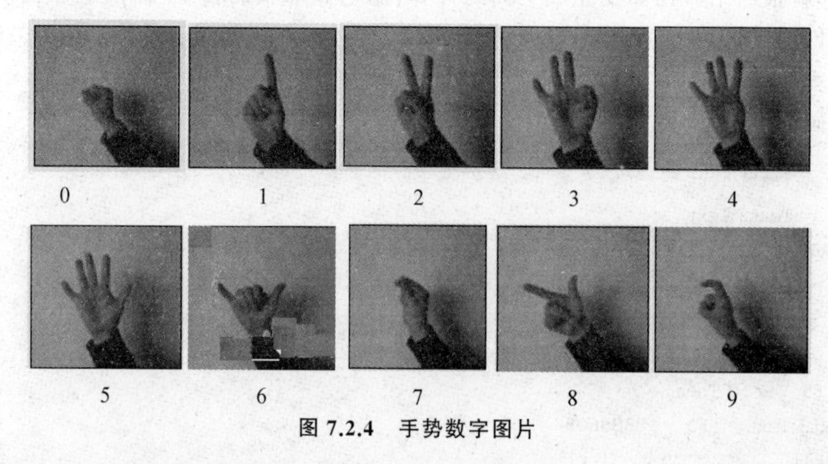

图 7.2.4　手势数字图片

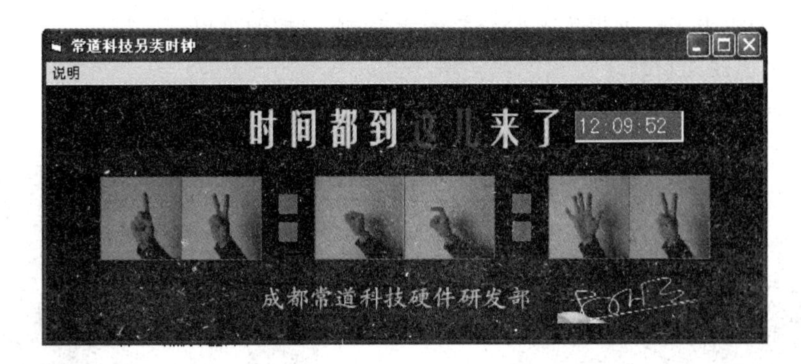

图 7.2.5　手势图片时钟

7.2.5　GPRS DTU 设置软件

设计的 GPRS DTU 模块，在使用前需要设置相关参数，包括 TCP/UDP、心跳包、域名、IP 地址、身份识别等。编写一个小软件使用就很方便，如图 7.2.6。特别是提供给用户，一定要简单好用。

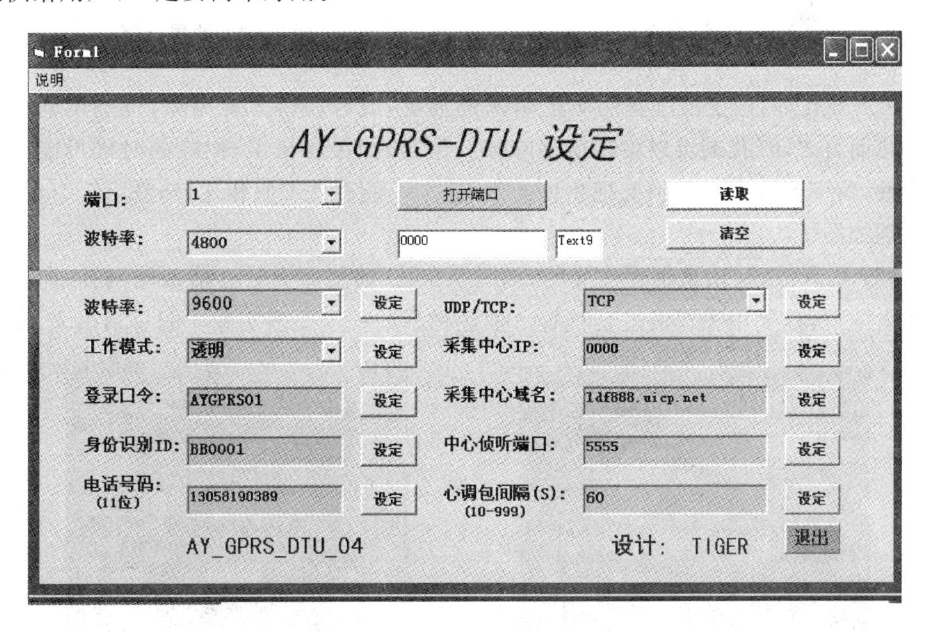

图 7.2.6　GPRS DTU 设置软件

7.3　自己动手做丝印

搞电子产品，总免不了跟丝印打交道，了解丝印的常识是很有必要的。因为总觉得少量丝印外协加工的价格高且不方便，所以就自己弄些材料回来印。经过一番摸索,终于给印出来了。这里把经验分享给大家,有兴趣的可以试一试。

首先来说丝印材料:

(1) 油墨,就是印到产品上的墨迹,如图 7.3.1、图 7.3.2。

图 7.3.1 油墨(黑色)

图 7.3.2 油墨(红色)

(2) 开孔剂:用于清洗丝网版上堵塞的油墨,或者印错了要擦除,也要用到开孔剂。总而言之,开孔剂可以将油墨擦除掉。但是,如果印错了,擦除的时候可能会弄脏物件,留下痕迹。尽量不要把物件弄脏,这个不能和洗衣服相比,清洗后会有痕迹。开孔剂如图 7.3.3。

(3) 稀释液:是用来稀释油墨的,如图 7.3.4。油墨太干时会堵塞丝网孔,印出来还会太浓,所以要用稀释液进行稀释。油墨稀释的程度要多实验才能总结出来。

图 7.3.3 开孔剂

图 7.3.4 稀释剂

(4) 网版:就是要印的文字或图案的模板。一般有专门做丝网版的,可以定制。要印的文字、图案是镂空的,油墨可以漏过去,其余部分是完全封闭的,油墨漏不下去。网版上可以做多个内容,不用的可以用不干胶贴住,把要印的留出来,这样可以少做网版。注意相同颜色的可以做在一起,可以避免互相污染。网版如图7.3.5。

(5) 支架:是用来固定网版的。可以使网版上下移动,后面有个配重,用来调节平衡,有螺丝可以调节高度,左右也有螺丝,可以调节物件的位置,使物件与丝网上的位置对准。当然,事先要基本对准,螺丝只能用来微调。支架如图7.3.6。

图7.3.5 网 版

图7.3.6 支 架

(6) 刮刀:是用来将丝网版上的油墨挤压到物件上的工具,如图7.3.7。

(7) 棉布边角料:用来擦拭网版上油墨,也就是清洁用布,这种布都是软棉布。棉布边角料如图7.3.8。

图7.3.7 刮 刀

图7.3.8 棉布边角料

丝印过程如下：

先将网版安装在支架上，再制作固定物件的卡子。其实很简单，就是用些纸片或塑料片用502胶水将其固定，便于使物件放到对应的位置，与网版配合；有小的偏差没关系，可以通过螺丝来微调，将位置对准。图7.3.9就是用一个散热器做固定平台，上面加了个纸片，用502粘好，使得每次将物件放上去都是同一个位置，不需要每次对准网版上的文字、图案，物件往上一放就可以印了，这点很重要。固定物件每次不一定相同，不用弄得那么结实。

把油墨用稀释液稀释到适当的程度，这个要靠反复试几次。太稀，印出来字迹会淡一些；太干，容易堵网版，印的字迹也会浓一些。油墨应该比流动的蜂糖稍微干一点。

开始丝印，放好物件，把网版按下，用刮刀在网版上向单方向刮，力度要均匀，力度的大小也得反复试几次才能掌握。开始不要直接印在物件上，印错了就废掉了。虽然用开孔剂可以擦掉，但会有痕迹，也不一定就能擦得干净。先拿些废纸来印，反复多次，感觉满意了，再往物件上印。印的过程中，可能会出现油墨干的现象，油墨干了会造成堵塞。如果有堵塞，要用棉布沾开孔剂反复擦拭，将堵住的干油墨擦掉。印好的物件，要过十来分钟才干透，不要急于用手摸，不然会弄花。印完后，要把网版清洗干净，下次再用；刮刀也要清洗干净这些都是用开孔剂来清洗的。

最后提醒一下，丝印过程中要戴上塑料手套，否则会把手弄脏，不易清洗。

图7.3.10是印好的样品。

图7.3.9 固定物件

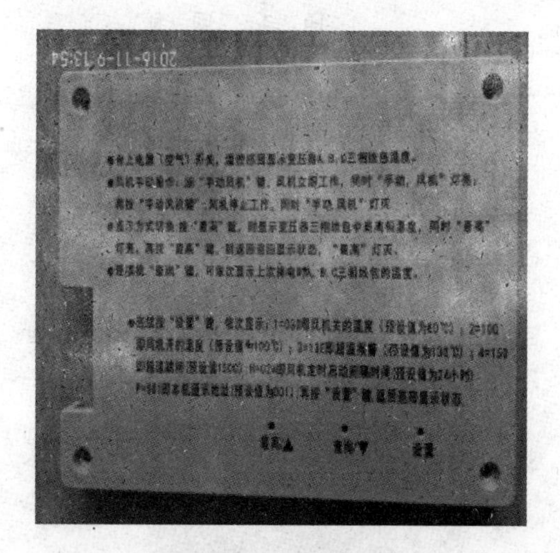

图7.3.10 印好的样品

第 8 章

μC/OS 直通车

8.1 嵌入式操作系统的迷局

听别人说产品里面是带 RTOS(实时操作系统)的,就像小时候听到嵩山少林一样让人着迷,我最早接触 μC/OS-Ⅱ是一本中文版的翻译教材,花了相当长的时间来读这本书。说实话,除了对嵌入式操作系统的原理有些初步的了解外,并未真正掌握,更不要说实际使用了。只见树木,不见森林。

后来买了一些相关书籍(只要是有关 μC/OS 的书差不多都买了),慢慢读出了一些道道,但还是仅仅停留在书上,看也看懂了,就是弄不到板子上去。这事后来因工作忙搁浅了好长时间。直到后来买回一本北京航空航天大学出版社出版的周航慈老师的书,才彻底地应用到产品上。这本书名字叫《基于嵌入式实时操作系统的程序设计》。这本书非常好,感觉作者知道我们在想什么,想要什么,他讲的就是什么。这种好书真的少见,读了让人热血沸腾。

再回过头来看原版教材,感觉读起来就很轻松了,也佩服作者。书中有这样一句话,大意是读完前 3 章,你就已经了解了 μC/OS-Ⅱ。当时不知道是没看见,还是没有引起重视,不得而知,但确实是这样。除非你要详细研究,你完全可以不去读后面的那些内容。一个初学者要理解那么复杂的内容,真是不易,弄不好反而会陷入迷局,不知所措。

其实像 Windows 这样的操作系统,如果把源代码给你,先来研究一番,把它弄懂才能使用的话,估计能干这事的人不多。μC/OS 也一样,先会使用,再慢慢理解,是很快捷的方法。那些不开源的操作系统,我们连代码长啥样都不知道,还是一样的用。一样的道理,没有研究开源的代码也可以用 μC/OS。

学习 μC/OS 的原因,大都是冲着开源来的。不否定那些经验已经很丰富的人对源代码的研究,应该鼓励,咱们国家缺的就是这块。

学习操作系统有如练拳法,练起来艰苦,但用起来却很神奇。它可以把复杂问题简单化,使程序稳定、安全、可靠。做啥事都不要没有学爬就想学飞,脚踏实地一步一步来,不要急于求成。我们这里先将大家带进门,引个路,不在这里作详细的讲解。只要入了门,慢慢积累就好办了。

我们这里要说的是嵌入式操作系统，不是电脑上用的操作系统。相比之下，嵌入式操作系统比电脑操作系统简单得多。虽说简单，但还是把好多人吓得泪奔。我们在用电脑操作系统时没有觉得多难，为何用嵌入式操作系统这么难呢？只要你把嵌入式操作系统当常用的操作系统来对待就简单了，不信我们慢慢往后看。

8.2 为何要用嵌入式操作系统

回顾我们没有操作系统时程序的写法，一个死循环里有多个要处理的事情，而且需要循环处理。比如，有动态扫描的数码管，有多个继电器，还有 GPRS 模块、蓝牙模块、串口通信等，一听就头大是不？要协调好各个程序块之间的关系是比较麻烦的。

但是，如果每个任务程序给你一个单片机，比如，一个完成数码管显示，一个完成继电器驱动，一个完成 GPRS……你一定说那就好办多了。曾经有个朋友，为了开发一个复杂的产品，用了 8 个单片机。我问为什么这样做，他说这样程序很好写。那么，能不能将一个单片机分化为类似多个单片机呢？回答是肯定的，那就是嵌入式操作系统。操作系统所完成的，就是管理我们的程序，由此来协调各个程序之间的关系。

其实操作系统自身也是程序，只是把我们的程序按约定的方式加到它里面，由它去管理、运行而已，只要有了这个思想我们就好办了。

欲知后事如何，且看下面分解。

8.3 嵌入式操作系统与生活实例

理解操作系统的机理非常重要。我们举个生活中与操作系统运行最像的例子：一个人在家里有好多事情要做，比如看孩子、炖肉、扫地、洗衣服。这个人不能先把地扫完了，再去看孩子有没有醒，或者把衣服洗完再去炖肉。如果是这样，估计会花很长时间。假设一直照看孩子，别的事就做不成了；而实际情况是，既要看孩子，又要炖肉，还要扫地，所有事情都在进行。注意了，这些事情本质上是不可能同时进行的，还是分别在进行，只不过是把这些事情协调着进行。比如在扫地时，小孩醒了，就得把扫地的事停下，先处理孩子的事，孩子的事处理好，又干别的事，时间到了往锅里放盐，等等。根据轻重缓急来处理各种事情，微观上是分别进行的，从宏观上看是同时进行的。在上面的任务中，最紧要的是孩子的事，之后是炖肉的事，之后是扫地的事，这样一来就有任务优先级的问题。假如在扫地时，小孩哭了，得把扫地的事停下来，先处理小孩的事；处理好了再回过头来去扫地，是接着前面的扫，不是从头扫，扫到哪里了，扫把放在哪里。这些信息要保留，在单片机里就是堆栈。把这些内容保存下来，对人而言是记在大脑里，对单片机而言是保存在 RAM 里。操作系统和上面的例子一样，只不过是把事务分了轻重缓急（优先级），先后执行而已，其实质是每时每刻只做一件事情。

8.4 如何进入嵌入式操作系统殿堂

接下来我们就一步一步地学习 μC/OS。先把 μC/OS 用起来，然后再慢慢扩充，边学边理解，即先树木后森林。由于篇幅的限制，不可能面面俱到，否则就成了一本讲 μC/OS 的书了。至于是 μC/OS－Ⅱ还是 μC/OS－Ⅲ不重要，会一种就能用两种。这就和会吹笛子的人学吹洞箫一样，很容易学会。

我们先从现成的模板开始学习，学习如何在板子上把程序跑起来，把理论和实践结合起来，才是最有效的学习方法。不要一开始就想到移植，移植的事要等学会使用再说。不要一来就是一闷棍，弄得最后放弃。下面是我给一些初学者讲的内容，通过学习都会用了。

8.5 最简单的嵌入式操作系统例子

在学习前，一定要有一个现成的开发板（也可以是自己运行正常的板子），有一个现成的模板，移植好操作系统的程序。最初我使用的是 LPC 单片机，现在都流行 STM32 了，我们就以 STM32 为例讲解。

先来看一个实例，3 个 LED 灯，LED1、LED2 和 LED3 的闪烁，用一个程序实现。我们知道，如果 3 个 LED 闪烁的频率相同时或成整数倍时，程序是好写的。但是，如果 3 个 LED 闪烁的频率不同，如 LED1 按 100 ms 亮，100 ms 灭的规律闪烁；LED2 按 305 ms 亮，305 ms 灭的规律闪烁；LED3 按 235 ms 亮，235 ms 灭，那就麻烦了。要协调好这个节奏，不是不可能，但是比较麻烦。如果能用 3 个单片机来实现那就简单了，但实际使用不会这样浪费单片机，我们用操作系统来完成，看看通过操作系统是如何把这个变简单的。

我们把程序让操作系统去协调。我们只写 3 个简单的循环。

循环 A（LED1 闪烁）程序：

```
while (1)
{
    GPIO_ResetBits(GPIO_LED,LED1_PIN);     //点亮 LED1
    OSTimeDlyHMSM(0, 0,0,100);             //延时 100 ms,先理解为一个普通延时函数
    GPIO_SetBits(GPIO_LED,LED1_PIN);       //熄灭 LED1
    OSTimeDlyHMSM(0, 0,0,100);             //延时 100 ms,先理解为一个普通延时函数
}
```

循环 B（LED2 闪烁）程序：

```
while (1)
{
    GPIO_ResetBits(GPIO_LED,LED2_PIN);  //点亮 LED2
    OSTimeDlyHMSM(0, 0,0,305);           //延时 305 ms,先理解为一个普通延时函数
    GPIO_SetBits(GPIO_LED,LED2_PIN);     //熄灭 LED2
    OSTimeDlyHMSM(0, 0,0,305);           //延时 305 ms,先理解为一个普通延时函数
}
```

循环 C(LED3 闪烁)程序：

```
while (1)
{
    GPIO_ResetBits(GPIO_LED,LED3_PIN);  //点亮 LED3
    OSTimeDlyHMSM(0, 0,0,235);           //延时 235 ms,先理解为一个普通延时函数
    GPIO_SetBits(GPIO_LED,LED3_PIN);     //熄灭 LED3
    OSTimeDlyHMSM(0, 0,0,235);           //延时 235 ms,先理解为一个普通延时函数
}
```

单独看这三个程序是不是很简单呢？

把上面三个不同频率闪烁的 LED 程序加入操作系统里，先让它转起来再说。前提是要会用 STM32。

```
//---先给出头文件等----------
1   #include "includes.h"
2   #include "stm32f10x.h"
3   #include "stm32f10x_rcc.h"
4   const uint32_t SystemFrequency = 72000000; /*! < System Clock Frequency (Core
    Clock) */
5   /*下面是对 LED 的相关定义*/
6   #define RCC_GPIO_LED   RCC_APB2Periph_GPIOF      /*LED 使用的 GPIO 时钟*/
7   #define LEDn                        4            /*LED 数量*/
8   #define GPIO_LED                    GPIOF        /*LED 灯使用的 GPIO 组*/
9   #define LED1_PIN                    GPIO_Pin_6   /*DS1 使用的 GPIO 管脚*/
10  #define LED2_PIN                    GPIO_Pin_7   /*DS2 使用的 GPIO 管脚*/
11  #define LED3_PIN                    GPIO_Pin_8   /*DS3 使用的 GPIO 管脚*/
13   GPIO_InitTypeDef GPIO_InitStructure;
14   //每个任务都有一个优先级-----------
15   #define    START_TASK_PRIO     4              //任务优先级
16   #define    TASK_1_PRIO         5              //任务优先级
17   #define    TASK_2_PRIO         6              //任务优先级
18  /*******设置栈大小(单位为 OS_STK,UC/OS 定义的)**********/
19  #define  START_TASK_STK_SIZE      100
20  #define  TASK_1_STK_SIZE          100
```

```
21  #define     TASK_2_STK_SIZE        100
22  //-----------------------------------------
23  //单片机有堆栈,操作系统把一个单片机分为几个单片机,
24  //那就得有几个堆栈,各堆各的
25  //-----------------------------------------
26  OS_STK  start_task_stk[START_TASK_STK_SIZE];  //定义栈 OS_STK,系统定义的变量
27  OS_STK  task_1_stk[TASK_1_STK_SIZE]    //定义栈 TASK_1_STK_SIZE 在 20 行定义
28  OS_STK  task_2_stk[TASK_2_STK_SIZE];  //定义栈
29  //-----------------------------------------
30  //  把三个 LED 闪烁的程序(任务)放进来
31  //-----------------------------------------
32  void Task_1_Change(void * arg)          //任务 1
33  {
34    (void)arg;                            // "arg"并没有用到,防止编译器提示警告
35    while (1)                             //不会在此死循环,后面有述
36     {
37       GPIO_ResetBits(GPIO_LED,LED2_PIN); //点亮 LED2
38       OSTimeDlyHMSM(0, 0,0,305);         //操作系统提供的延时,不会在这里等待
39       GPIO_SetBits(GPIO_LED,LED2_PIN);   //熄灭 LED2
40       OSTimeDlyHMSM(0, 0,0,305);         //操作系统提供的延时,不会在这里等待
41     }
42  }
43  //-----------------------------------------
44  void Task_2_Change(void * arg)          //任务 2
45  {
46   (void)arg;                             // "arg"并没有用到,防止编译器提示警告
47   while (1)                              //不会在此死循环,后面有述
48   {
49      GPIO_ResetBits(GPIO_LED,LED3_PIN);  //点亮 LED3
50      OSTimeDlyHMSM(0, 0,0,235);          //操作系统提供的延时,不会在这里等待
51      GPIO_SetBits(GPIO_LED,LED3_PIN);    //熄灭 LED3
52      OSTimeDlyHMSM(0, 0,0,235);          //操作系统提供的延时,不会在这里等待
53     }
54   }
55  //-----------------------------------------
56  //下面这个任务 Task_Change,是操作系统初始化后创建的第一个任务,还要用它来创
     // 建其它任务
57  // 这里用 Task_Change 创建了任务 1 和任务 2
58  //-----------------------------------------
59  void Task_Change(void * p_arg)          //任务 START_TASK,在 main 里创建的
60 {
61     (void)p_arg;                         // 'p_arg' 并没有用到,防止编译器提示警告
```

```
62 //创建任务 1,创建任务的目的是告诉操作系统有这个任务,它知道后才可以去管理
63   OSTaskCreate(Task_1_Change,(void * )0,&task_1_stk[TASK_1_STK_SIZE - 1], TASK_1
     _PRIO);
64 //创建任务 2,创建任务的目的是告诉操作系统有这个任务,它知道后才可以去管理
65   OSTaskCreate(Task_2_Change,(void * )0,&task_2_stk[TASK_2_STK_SIZE - 1],TASK_2
     _PRIO);
66   while (1)
67     {
68       GPIO_ResetBits(GPIO_LED,LED1_PIN);  //点亮 LED1
69       OSTimeDlyHMSM(0, 0,0,100);          //操作系统提供的延时,不会在这里等待
70       GPIO_SetBits(GPIO_LED,LED1_PIN);    //熄灭 LED1
71       OSTimeDlyHMSM(0, 0,0,100);          //操作系统提供的延时,不会在这里等待
72     }
73 }
74 //------------------------------------------
75 int main(void)
76 {
77    SystemInit();          /*  配置系统时钟频率为 72MHz  */
78   SysTick_Config(SystemFrequency/OS_TICKS_PER_SEC); /*  初始化并使能 SysTick
     定时器 */
79 /*  配置 LED 灯使用的 GPIO 管脚模式  */
80 RCC_APB2PeriphClockCmd(RCC_GPIO_LED, ENABLE); /* 使能 LED 使用的 GPIO 时钟 */
81 GPIO_InitStructure.GPIO_Pin = LED1_PIN|LED2_PIN|LED3_PIN;
82 GPIO_InitStructure.GPIO_Mode = GPIO_Mode_Out_PP;
83 GPIO_InitStructure.GPIO_Speed = GPIO_Speed_50MHz;
84  /* LED 指示灯相关的 GPIO 口初始化 */
85 GPIO_Init(GPIO_LED, &GPIO_InitStructure);
86  /* 关闭所有的 LED 指示灯 */
87  GPIO_SetBits(GPIO_LED,LED1_PIN|LED2_PIN|LED3_PIN);
88  /********μC/OS-Ⅱ 操作系统初始化开始 ******************/
89 {
90   OSInit();    /*  μC/OS-Ⅱ 操作系统初始化  */
91 /* UCOSII 创建一个任务前 ,必须先创建至少 1 个任务,由创建的任务,可以再创建其他
     任务 */
92   OSTaskCreate(Task_Change,(void * )0,&start_task_stk[START_TASK_STK_SIZE - 1],
93 START_TASK_PRIO); //这就是第一个创建出来的任务。然后它就可以去创建其他任务了
94 // 启动 μC/OS-Ⅱ操作系统。启动后,由操作系统去处理那 3 个任务了,根据优先级处理
95  OSStart();      //这之后再没有代码了
97 /******μC/OS-Ⅱ操作系统初始化结束 } *****************/
98 }
```

上面程序执行这3个粗体字部分，各执行各的，LED各闪各的，互不干扰。从形式上看就成了3个独立的程序了，实际是在一个单片机里运行。下面对程序作一些解释：

上面用到的OSTimeDlyHMSM(0, 0,0,100)函数需要说明。这个函数是延时函数，参数为时、分、秒、毫秒，它是操作系统提供的，它不会停留在这里等待时间的延时结束，而是操作系统提供的延时服务。当程序执行到这里时，操作系统就开始为它计时，时间到了再执行下一行程序，无须在这里等待。要是真的在此用普通的延时函数，那么，在延时期间其他程序就没法执行。所以这个延时不能按以前的方法来写，也不能按以前的思路去想。

每个任务都是在while (1)里执行，但操作系统管理的任务，不会在这里牛推磨一样打圈圈。在while (1)执行一阵子，可能又到别处的while (1) 去执行了，这一点也要高度重视。要不然会百思不得其解，或以为是不是写错了。

还要注意，每个任务里都要有OSTimeDlyHMSM(0, 0,0,100)这样的函数。如果一个任务没有延时，优先级又高，可能导致它一直占有资源，而其他任务得不到执行。初学时都可能犯这个错误，一定要重视。μC/OS还提供了一个以系统节拍为参数的延时函数"OSTimeDly(?);"，参数的单位是节拍数，一个节拍10～100 ms。

我们对上面的一些程序作个解释：首先是任务，任务就是要做的事情，在这里表现出来的是程序，比如LED灯的闪烁就是一个任务。那么在一个任务里可不可以包含多个事情呢？可以，比如一个任务可以有LED闪烁和蜂鸣器发声等多个事情，只要你觉得放在一起处理起来方便就行，不要理解为一个任务就是一个单一的事情。最早我就是理解为一个任务就是一件事情。任务分为单次执行任务、反复执行的任务、被事件触发的任务。单次执行的任务，比如初始化就是单次执行任务。反复执行的任务，如运行指示灯，指示灯要反复不停地闪动。事件触发的任务，如按键后蜂鸣器叫一声，蜂鸣器发声就是被触发的任务，不可能有事没事蜂鸣器叫个不停。说实话我是最怕听到蜂鸣器叫的了，如果再不停地叫，等于用噪声杀人。

上面是一个简单的说明，说简单，但又看到好多不熟悉的代码。没关系，我们慢慢看后面就会明白了。要对陌生的"城市"有所了解，多"走"几回就熟悉了。

8.6 μC/OS程序组成部分

再来总结一下一个最简单的μC/OS程序必须要的各部分：

(1) 创建至少一个任务。多个任务时，有一个必须是在main()里被创建出来的，其余的可以在第一个或后面的任务里去创建。"OSTaskCreate(Task_1_Change,(void*)0,&task_1_stk[TASK_2_STK_SIZE-1],TASK_1_PRIO);"就是创建任务的函数。这个任务里包含Task_1_Change名称、TASK_2_STK_SIZE堆栈大小、TASK_1_PRIO任务优先级。详见原版教材。

(2) 创建任务必须取一个名字,这个名字由自己取。如:Task_1_Change 给出堆栈的大小(根据代码情况定),如 #defineTASK_1_STK_SIZE 100 并且赋给它 OS_STK task_1_stk[TASK_1_STK_SIZE];

(3) 给出优先级。如:

```
#defineTASK_1_PRIO    5         //任务优先级为5
```

堆栈大小,优先级应事先在前面定义好。见 8.1 至 8.5 节。

(4) 编写任务函数,名字要和创建的一样。如:

```
void Task_2_Change(void * arg)              //任务2
{
  while(1)
   {
   ...................比如LED闪烁任务
   }
}
```

就这样简单,μC/OS 就成了。如果上面的都看明白了,那就基本不会有问题了;如果没有明白,再对照前面反复看一看。

8.7 一次性任务结构

一次性执行的任务,如初始化设置,只需执行一次,不需要反复执行。

```
Void   OneTask(void   * pdata)
{
    while(1)
     {
       ……
       //任务程序,比如蜂鸣器上电时叫一声任务。
       OSTaskDel (OS_PRIO_SELF)          //操作系统函数,将自己删除
       }
}
```

这里的删除不像电脑删除文件,电脑删除后就再也没有了。这里的删除只是操作系统暂时不管理它,当下次需要使用时,还可以再激活(再次创建)执行。

下面是一个实际运行了的程序:

```
/****************************
一次性任务执行的程序
在电路板上正常运行了的程序
```

```
*************************/
1    #include "includes.h"
2    #include "stm32f10x.h"
3    #include "stm32f10x_rcc.h"
4    //--------------------------------------
5    const uint32_t SystemFrequency             = 72000000;      /*!< System
6    Frequency (Core Clock) */
7    /*按键定义*/
8    #define BITBAND(addr, bitnum) ((addr & 0xF0000000) + 0x2000000 + ((addr
9    &0xFFFFF)<<5) + (bitnum<<2))
10   #define MEM_ADDR(addr)  *((volatile unsigned long  *)(addr))
11   #define BIT_ADDR(addr, bitnum)   MEM_ADDR(BITBAND(addr, bitnum))
12   #define PAin(n)     BIT_ADDR(GPIOA_IDR_Addr,n)
13   #define KEY0   PAin(6)         //定义 PA6
14   #define KEY1   PAin(7)         //定义 PA7
15   /*LED灯定义*/
16   #define RCC_GPIO_LED       RCC_APB2Periph_GPIOC      /*LED使用的GPIO时钟*/
17   #define LEDn                              4          /*LED数量*/
18   #define GPIO_LED                         GPIOC       /*LED灯使用的GPIO组*/
19   //--------------------------------------
20   #define D1_PIN                           GPIO_Pin_6 /*D1使用的GPIO管脚*/
21   #define D2_PIN                           GPIO_Pin_7 /*D2使用的GPIO管脚*/
22   #define D3_PIN                           GPIO_Pin_8 /*D3使用的GPIO管脚*/
23   #define D4_PIN                           GPIO_Pin_9 /*D4使用的GPIO管脚*/
24   //--------------------------------------
25   GPIO_InitTypeDef GPIO_InitStructure;
26   //--------------------------------------
27   #define START_TASK_PRIO          4
28   #define      TASK_1_PRIO          5
29   #define      TASK_2_PRIO          6
30   /************设置栈大小(单位为 OS_STK )********/
31   #define START_TASK_STK_SIZE      100
32   #define      TASK_1_STK_SIZE     100
33   #define      TASK_2_STK_SIZE     100
34   //--------------------------------------
35   OS_STK start_task_stk[START_TASK_STK_SIZE];       //定义栈
36   OS_STK task_1_stk[TASK_1_STK_SIZE];               //定义栈
37   OS_STK task_2_stk[TASK_2_STK_SIZE];               //定义栈
38   //--------------------------------------
39   void Key_init()
40   {
```

```
41      RCC ->APB2ENR| = RCC_APB2Periph_GPIOA;          //使能 PORTA 时钟
42      GPIOA ->CRH& = 0X00FFFFFF;
43    GPIOA ->CRH| = 0X88000000;                        //PA6、PA7 设置成输入
44  }
45 //----------------------------------------
46  void Task_1_Shenxian(void * arg)
47  {
48    (void)arg;                          //"arg"并没有用到,防止编译器提示警告
49    while (1)
50    {
51       GPIO_SetBits(GPIO_LED,D4_PIN);                 //熄灭 LED4
52        OSTimeDlyHMSM(0, 0,0,300);                     //延时
53       GPIO_ResetBits(GPIO_LED,D4_PIN);               //点亮 LED4
54       OSTimeDlyHMSM(0, 0,0,300);                     //延时
55       OSTaskDel(OS_PRIO_SELF);                       //删除自己
56    }
57  }
58 //----------------------------------------
59 void Task_2_Shenxian(void * arg)
60 {
61    (void)arg;                          //"arg" 并没有用到,防止编译器提示警告
62    while (1)
63    {
64      GPIO_SetBits(GPIO_LED,D2_PIN);                  //熄灭 LED2
65      OSTimeDlyHMSM(0, 0,0,200);                      //延时
66      GPIO_ResetBits(GPIO_LED,D2_PIN);                //点亮 LED2
67      OSTimeDlyHMSM(0, 0,0,200);                      //延时
68    }
69 }
70 //----------------------------------------
71  void Task_Shenxian(void * p_arg)
72  {
73    (void)p_arg;             // "p_arg" 并没有用到,防止编译器提示警告
74
75   OSTaskCreate(Task_1_Shenxian,(void * )0,&task_1_stk[TASK_1_STK_SIZE - 1],
76   TASK_1_PRIO);             //创建任务 1
77    OSTaskCreate(Task_2_Shenxian,(void * )0,&task_2_stk[TASK_2_STK_SIZE - 1],
78   TASK_2_PRIO);             //创建任务 2
79    while (1)
80    {
81       GPIO_SetBits(GPIO_LED,D1_PIN);              //熄灭 LED1
82       OSTimeDlyHMSM(0, 0,0,200);
```

```
83          GPIO_ResetBits(GPIO_LED,D1_PIN);             //点亮 LED1
84          OSTimeDlyHMSM(0, 0,0,200);
85      }
86   }
87 //-----------------------------------------
88 int main(void)
89 {
90     SystemInit();          /* 配置系统时钟频率为 72 MHz */
91
92   SysTick_Config(SystemFrequency/OS_TICKS_PER_SEC);     /* 初始化并使能 SysTic
93                                                          定时器     */
94
95   /* 配置 GPIO 管脚模式 */
96   RCC_APB2PeriphClockCmd(RCC_GPIO_LED, ENABLE);          /* 使能 LED 灯使用的
97                                                          GPIO 时钟 */
98   GPIO_InitStructure.GPIO_Pin = D1_PIN|D2_PIN|D3_PIN|D4_PIN;
99    GPIO_InitStructure.GPIO_Mode = GPIO_Mode_Out_PP;
100   GPIO_InitStructure.GPIO_Speed = GPIO_Speed_50MHz;
101   GPIO_Init(GPIO_LED, &GPIO_InitStructure);              /* LED 灯相关的 GPIO
102                                                          口初始化 */
103   GPIO_SetBits(GPIO_LED,D1_PIN|D2_PIN|D3_PIN|D4_PIN); /* 关闭所有的
104
105                                                          LED 指示灯 */
106
107    Key_init();          //初始化控制按键的 PA8 端口
108
109   /******** UCOSII 操作系统初始化开始 { ************/
110    OSInit();          /* UCOSII 操作系统初始化 */
111
112   /* UCOSII 创建一个任务 */
113   OSTaskCreate(Task_Shenxian,(void *)0,&start_task_stk[START_TASK_STK_SIZE-1],
114   START_TASK_PRIO);
115    OSStart();          /* 启动 UCOSII 操作系统 */
116   /******** UCOSII 操作系统初始化结束 } ***************/
117   }
```

注意，在 main.h 里添加的有下面代码（后面例子也一样）。

```
/********* GPIOA 管脚的内存对应地址 *******/
#define PERIPH_BASE             ((uint32_t)0x40000000)
#define APB2PERIPH_BASE         (PERIPH_BASE + 0x10000)
#define GPIOA_BASE              (APB2PERIPH_BASE + 0x0800)
#define GPIOA                   ((GPIO_TypeDef *) GPIOA_BASE)
#define GPIOA_IDR_Addr          (GPIOA_BASE+8) //0x40010808
```

8.8 反复执行的任务结构

反复执行的任务，如前面讲的LED闪烁任务：

```
Void   ReTask(void   * pdata)
{
    循环前的程序
    While(1)
    {
    任务程序
    OSTimeDlyHMSM(?, ?,?,?);   //调用操作系统延时函数
    }
}
```

再强调一次，这里面的任务程序会反复执行。一定要注意，这里由操作系统管理的while(1)无限循环，不像非操作系统的循环，不要理解成在这里循环就出不去了。它是由操作系统管理的，多个操作系统管理的无限循环里（上例就是），一个无限循环在运行，其他的无限循环一样在执行！我当初就迷惑了，好久才明白过来。

函数OSTimeDlyHMSM(?, ?,?,?)非常重要，它是操作系统提供的延时函数。要延时都会用到它，不要把不是操作系统里提供的延时函数写进去；否则，普通延时会破坏节奏而乱套！这个函数提供了相当长的延时，4个参数分别是时、分、秒、毫秒。每个无限循环的任务都可能会调用这个延时函数。时间长短可以自己决定，如果一个任务里一个延时都没有，可能会导致其他程序没有机会运行。（又说那话，是为了记住才重复的）

下面是一个实际运行了的程序：

```
/**************************
反复执行的程序
在电路板上正常运行了的程序
**************************/
1  #include "includes.h"
2  #include "stm32f10x.h"
3  #include "stm32f10x_rcc.h"
4  //-----------------------------------------
5  const uint32_t SystemFrequency          = 72000000;       /*! < System
6  Frequency (Core Clock) */
7  /* 按键定义 */
8  #define BITBAND(addr, bitnum) ((addr & 0xF0000000) + 0x2000000 + ((addr
9  &0xFFFF)<<5) + (bitnum<<2))
10  #define MEM_ADDR(addr)   *((volatile unsigned long   *)(addr))
```

```
11  #define BIT_ADDR(addr, bitnum)   MEM_ADDR(BITBAND(addr, bitnum))
12  #define PAin(n)    BIT_ADDR(GPIOA_IDR_Addr,n)
13  #define KEY0  PAin(6)        //定义 PA6
14  #define KEY1  PAin(7)        //定义 PA7
15  /* LED 灯定义 */
16  #define RCC_GPIO_LED      RCC_APB2Periph_GPIOC     /* LED 使用的 GPIO 时钟 */
17  #define LEDn              4                        /* LED 数量 */
18  #define GPIO_LED                      GPIOC        /* LED 灯使用的 GPIO 组 */
19  //-------------------------------------
20  #define D1_PIN               GPIO_Pin_6          /* D1 使用的 GPIO 管脚 */
21  #define D2_PIN               GPIO_Pin_7          /* D2 使用的 GPIO 管脚 */
22  #define D3_PIN               GPIO_Pin_8          /* D3 使用的 GPIO 管脚 */
23  #define D4_PIN               GPIO_Pin_9          /* D4 使用的 GPIO 管脚 */
24  //-------------------------------------
25  GPIO_InitTypeDef GPIO_InitStructure;
26  //-------------------------------------
27  #define START_TASK_PRIO        4
28  #define     TASK_1_PRIO        5
29  #define     TASK_2_PRIO        6
30  /************设置栈大小(单位为 OS_STK )********/
31  #define START_TASK_STK_SIZE    100
32  #define     TASK_1_STK_SIZE           100
33  #define     TASK_2_STK_SIZE           100
34  //-------------------------------------
35  OS_STK start_task_stk[START_TASK_STK_SIZE];         //定义栈
36  OS_STK task_1_stk[TASK_1_STK_SIZE];                 //定义栈
37  OS_STK task_2_stk[TASK_2_STK_SIZE];                 //定义栈
38  //-------------------------------------
39  void Key_init()
40  {
41      RCC->APB2ENR| = RCC_APB2Periph_GPIOA;          //使能 PORTA 时钟
42      GPIOA->CRH& = 0X00FFFFFF;
43    GPIOA->CRH| = 0X88000000;                        //PA6、PA7 设置成输入
44  }
45 //-------------------------------------
46  void Task_1_Shenxian(void *arg)
47  {
48    (void)arg;                          // "arg"并没有用到,防止编译器提示警告
49    while (1)
50    {
51        GPIO_SetBits(GPIO_LED,D4_PIN);                //熄灭 LED4
52         OSTimeDlyHMSM(0, 0,0,300);                   //延时
```

```
53          GPIO_ResetBits(GPIO_LED,D4_PIN);                  //点亮 LED4
54          OSTimeDlyHMSM(0, 0,0,300);                        //延时
55
56      }
57  }
58 //-------------------------------------------
59 void Task_2_Shenxian(void * arg)
60 {
61     (void)arg;                          //“arg”并没有用到,防止编译器提示警告
62     while (1)
63     {
64         GPIO_SetBits(GPIO_LED,D2_PIN);                     //熄灭 LED2
65         OSTimeDlyHMSM(0, 0,0,200);                         //延时
66         GPIO_ResetBits(GPIO_LED,D2_PIN);                   //点亮 LED2
67         OSTimeDlyHMSM(0, 0,0,200);                         //延时
68     }
69 }
70 //-------------------------------------------
71  void Task_Shenxian(void * p_arg)
72  {
73     (void)p_arg;            // "p_arg" 并没有用到,防止编译器提示警告
74
75     OSTaskCreate(Task_1_Shenxian,(void * )0,&task_1_stk[TASK_1_STK_SIZE - 1],
76     TASK_1_PRIO);                                          //创建任务 1
77      OSTaskCreate(Task_2_Shenxian,(void * )0,&task_2_stk[TASK_2_STK_SIZE - 1],
78    TASK_2_PRIO);                                           //创建任务 2
79     while (1)
80     {
81          GPIO_SetBits(GPIO_LED,D1_PIN);                    //熄灭 LED1
82          OSTimeDlyHMSM(0, 0,0,200);
83          GPIO_ResetBits(GPIO_LED,D1_PIN);                  //点亮 LED1
84          OSTimeDlyHMSM(0, 0,0,200);
85     }
86  }
87 //-------------------------------------------
88 int main(void)
89 {
90     SystemInit();          /* 配置系统时钟频率为 72 MHz */
91
92     SysTick_Config(SystemFrequency/OS_TICKS_PER_SEC);  /* 初始化并使能 SysTic
93                                                          定时器     */
94
```

```
95  /* 配置 GPIO 管脚模式 */
96  RCC_APB2PeriphClockCmd(RCC_GPIO_LED, ENABLE);           /*使能 LED 灯使用的
97                                                           GPIO 时钟 */
98   GPIO_InitStructure.GPIO_Pin = D1_PIN|D2_PIN|D3_PIN|D4_PIN;
99  GPIO_InitStructure.GPIO_Mode = GPIO_Mode_Out_PP;
100 GPIO_InitStructure.GPIO_Speed = GPIO_Speed_50MHz;
101 GPIO_Init(GPIO_LED, &GPIO_InitStructure);                /*LED 灯相关的 GPIO
102                                                           口初始化 */
103 GPIO_SetBits(GPIO_LED,D1_PIN|D2_PIN|D3_PIN|D4_PIN);      /*关闭所有的
104
105                                                          LED 指示灯 */
106
107    Key_init();          //初始化控制按键的 PA8 端口
108
109 /******** μC/OS-Ⅱ 操作系统初始化开始 { ************/
110    OSInit();     /* μC/OS-Ⅱ 操作系统初始化 */
111
112 /* μC/OS-Ⅱ创建一个任务 */
113 OSTaskCreate(Task_Shenxian,(void *)0,&start_task_stk[START_TASK_STK_SIZE-1],
114 START_TASK_PRIO);
115    OSStart();          /* 启动 μsC/OS-II 操作系统 */
116 /******** μC/OS-Ⅱ 操作系统初始化结束 } ***************/
117 }
```

8.9 事件触发执行的任务

事件触发任务结构：

```
Void  MyTask(void  * pdata)
  {
    循环前的程序
    While(1)
     {
      等待事件的到来              //这里牵涉到信号量等,后面再述
      任务程序
      OSTimeDlyHMSM(?, ?,?,?);    //调用操作系统延时函数
     }
  }
```

假设,有个蜂鸣器发声的事件触发任务,在需要发声时,就给蜂鸣器发声任务发来消息,它就按发来的消息发声,如叫一声、二声等。

前面的例程里提到了创建任务,创建任务前要明确任务的优先级。优先级可以理解为紧迫程度。比如前面说到的,照看小孩是最重要的,任务优先级最高,炖肉是第二,扫地是第三。当然这里的高低是相对的,不是说最紧迫的任务一定就是第一个,只要安排的顺序有先后就是了。优先级的安排要根据任务的紧迫性、频繁性、快捷性、任务之间的信息传输、与中断的关系等来决定。μC/OS 里,数字越小优先级越高。操作系统总是先去执行优先级相对较高的任务,高优先级任务执行完了,才可能执行优先级低的任务。所以我们一定要考虑好,如果高优先级任务一直占用资源,不给低优先级任务执行的机会,可能低优先级任务永远得不到执行。所以前面说了,要适当增加系统延时 OSTimeDlyHMSM(?, ?,?,?)。

第一个任务都是在 main 函数里创建,其他任务可以在第一个被创建出的任务里创建。"OSTaskCreate(Task_Change,(void *)0,&start_task_stk[START_TASK_STK_SIZE-1]START_TASK_PRIO);"就是在 main 里创建的第一个任务,"Task_Chang"就是第一个任务的名字。我们来看被这个任务创建的两个任务 Task_1_Change 和 ask_2_Change。

```
    void Task_Change(void * p_arg)    //任务 START_TASK
    {
        (void)p_arg;                   // "p_arg" 并没有用到,防止编译器提示警告
      //创建任务 1,创建任务的目的是告诉操作系统有这个任务,它知道后才可以去管理
        OSTaskCreate(Task_1_Change,(void * )0,&task_1_stk[TASK_1_STK_SIZE - 1], TASK_1_
PRIO);
        //创建任务 2,创建任务的目的是告诉操作系统有这个任务,它知道后才可以去管理
    OSTaskCreate(Task_2_Change,(void * )0,&task_2_stk[TASK_2_STK_SIZE - 1], TASK_2_
PRIO);
    .................
    sem = OSSemCreate(0);              //创建信号量,必须先创建才能用得上!
    }

    Task_1_Change ,Task_2_Change           是被创建的任务的名字。
    TASK_1_STK_SIZE ,TASK_2_STK_SIZE       是定义堆栈的大小。在程序 19 - 21 行定义
    TASK_1_PRIO ,TASK_2_PRIO               定义优先级,在程序前面部分定义
    task_2_stk                             自己起的名字,最好和前面对应
```

创建好任务以后,就可以编写各个任务的具体程序了。如任务 2,任务的名字 Task_2_Change 一定是在创建时起的名字,"父母"起的名字操作系统才知道,才会去管理。

```
    void Task_2_Change(void * arg)              //任务 2
    {
        (void)arg;                              // "arg" 并没有用到,防止编译器提示警告
```

```
    while (1)
    {
    GPIO_ResetBits(GPIO_LED,D2_PIN);        //点亮 LED2
    OSTimeDlyHMSM(0, 0,0,200);              //操作系统提供的延时,不会在这里等待
    GPIO_SetBits(GPIO_LED,D2_PIN);          //熄灭 LED2
    OSTimeDlyHMSM(0, 0,0,200);              //操作系统提供的延时,不会在这里等待
    }
}
```

接下来,我们来讲由事件触发执行的任务。前面已经看到 3 个 LED 闪烁的例子,各个 LED 的闪烁没有关系,各闪各的,互不依赖,互不干扰;但是,实际情况不可能这样简单。比如,我们有一个按键按下后,要使 LED 灯闪动一下。把按键放在一个任务里,把 LED 闪动放在另一个任务里。当按键任务检测到按键后,另一个任务如何知道按键被按了呢?这就牵涉到任务之间的通信问题。在 μC/OS 里通信有信号量、消息邮箱等方式,我们这里以信号量为例来说明。这里忽略了创建任务的那些部分,只对假设已经创建好了的两个任务来说明,看起来会明了一些。按键任务是 TaskKey(void * pdata),LED 闪烁任务是 TaskFlash(void * pdata)。

μC/OS 用 OSSemPost(sem)函数来发送信号量,用 OSSemPend(Sem,0,&err)函数来等待信号量。

```
OS_EVENT   * sem;                        //定义信号量指针
  VoidTaskKey(void * pdata)
  {
    INT8U   key;                         //INT8U 是 μC/OS 里定义了的变量
    While(1)
      {
        If(key == 0)                     //有键按下
          {
          OSSemPost(sem);                //发送按键按下的信号量 sem
          }
          OSTimeDlyHMSM(0, 0,0,100);     //延时
      }
  }
//-------------------------------------
Void  TaskFlash(void   * pdata)
{
   Pdata == pdata;                       //防止编译报错,除此之外没有其他意义
  while (1)
    {
      OSSemPend(Sem,0,&err); //等待信号量 Sem 的到来,没有到来后面的程序不会执行
      GPIO_ResetBits(GPIO_LED,DS2_PIN);//点亮 LED2
```

```
        OSTimeDlyHMSM(0, 0,0,200);          //操作系统提供的延时,不会在这里等待
        GPIO_SetBits(GPIO_LED,DS2_PIN);  //熄灭 LED2
        OSTimeDlyHMSM(0, 0,0,200);          //操作系统提供的延时,不会在这里等待
    }
}
```

OSSemPost(sem)可以理解为发送信号量,相当于将 Sem 置 1,等待信号量 OSSemPend(Sem,0,&err)发现 Sem 到来(发现变 1 了),就将其清 0(由系统清 0,无需用户参与),并执行后面的程序。执行完后面的程序后,又回到等待下一个信号量的到来,没有等到信号量不向下执行。平常在非操作系统里我们也会采用类似办法,相当于置标志。OSSemPend(Sem,0,&err)括号里第二项是等待时限,这里是 0,即无限制的等待;后面的 err 是错误信息。要注意,凡是 μC/OS 里的函数,都用 OS 开头,例子中 OS 开头的函数等都是不能改的,可变的只能是参数,直接使用就是了;自己写的代码最好不要用 OS 开头,弄不好和系统的 OS 撞车了或弄混了。这里的发送信号量和等待信号量都是 μC/OS 系统里提供的,会用就行。这是一个简单的用信号量实现通信的例子。

切记!用户函数中至少得调用一次操作系统提供的服务函数;否则,会导致比自身优先级低的任务得不到执行。

下面是事件触发执行任务的全部:

```
/**************************
事件触发执行的任务
在电路板上正常运行了的程序
**************************/
#include "includes.h"
#include "stm32f10x.h"
#include "stm32f10x_rcc.h"
//-------------------------------------
const uint32_t SystemFrequency          = 72000000;      /*!< System Clock Frequency (Core Clock) */
/*按键定义*/
#define BITBAND(addr, bitnum) ((addr & 0xF0000000) + 0x2000000 + ((addr &0xFFFFF)<<5) + (bitnum<<2))
#define MEM_ADDR(addr)  *((volatile unsigned long  *)(addr))
#define BIT_ADDR(addr, bitnum)   MEM_ADDR(BITBAND(addr, bitnum))
#define PAin(n)     BIT_ADDR(GPIOA_IDR_Addr,n)
#define KEY0  PAin(6)        //定义 PA6
#define KEY1  PAin(7)        //定义 PA7
/*LED 灯定义*/
#define RCC_GPIO_LED        RCC_APB2Periph_GPIOC      /*LED 使用的 GPIO 时钟*/
#define LEDn                    4           /*LED 数量*/
```

```
#define GPIO_LED                    GPIOC        /*LED灯使用的GPIO组*/
//--------------------------------------
#define D1_PIN                      GPIO_Pin_6   /*D1使用的GPIO管脚*/
#define D2_PIN                      GPIO_Pin_7   /*D2使用的GPIO管脚*/
#define D3_PIN                      GPIO_Pin_8   /*D3使用的GPIO管脚*/
#define D4_PIN                      GPIO_Pin_9   /*D4使用的GPIO管脚*/
//--------------------------------------
GPIO_InitTypeDef GPIO_InitStructure;
//--------------------------------------
#define START_TASK_PRIO          4
#define     TASK_1_PRIO          5
#define     TASK_2_PRIO          6
/************设置栈大小(单位为OS_STK )********/
#define START_TASK_STK_SIZE      100
#define     TASK_1_STK_SIZE      100
#define     TASK_2_STK_SIZE      100
//--------------------------------------
OS_STK start_task_stk[START_TASK_STK_SIZE];        //定义栈
OS_STK task_1_stk[TASK_1_STK_SIZE];                //定义栈
OS_STK task_2_stk[TASK_2_STK_SIZE];                //定义栈
//--------------------------------------
INT8U   err;            // OSSemPend(sem,0,&err)里用到err,需要定义
OS_EVENT    *sem;       //定义信号量指针
//--------------------------------------
void Key_init()
{
    RCC->APB2ENR| = RCC_APB2Periph_GPIOA;       //使能PORTA时钟
    GPIOA->CRH& = 0X00FFFFFF;
    GPIOA->CRH| = 0X88000000;                   //PA6、PA7设置成输入
}
//--------------------------------------
void Task_1_Shenxian(void *arg)
{
    (void)arg;                               // "arg"并没有用到,防止编译器提示警告
    while (1)
    {
     GPIO_SetBits(GPIO_LED,D4_PIN);             //熄灭LED4
     OSTimeDlyHMSM(0, 0,0,500);                 //延时
     GPIO_ResetBits(GPIO_LED,D4_PIN);           //点亮LED4
     OSTimeDlyHMSM(0, 0,0,500);                 //延时
    }
}
```

```
//--------------------------------------------
void Task_2_Shenxian(void * arg)
{
    (void)arg;                              //"arg" 并没有用到,防止编译器提示警告
    while (1)
    {
     if(KEY0 == 0)                          //有键按下
     {
      OSSemPost(sem);                       //发送按键按下的信号量
     }                   //没有等待按键释放程序,所以按键后会反复发送信号量
     OSTimeDlyHMSM(0, 0,0,300);             //延时
    }
}
//--------------------------------------------
void Task_Shenxian(void * p_arg)
{
    (void)p_arg;                          //"p_arg" 并没有用到,防止编译器提示警告

    OSTaskCreate(Task_1_Shenxian,(void * )0,&task_1_stk[TASK_1_STK_SIZE - 1], TASK_
    1_PRIO);                                //创建任务 1

    OSTaskCreate(Task_2_Shenxian,(void * )0,&task_2_stk[TASK_2_STK_SIZE - 1], TASK_
    2_PRIO);                                //创建任务 2

    sem = OSSemCreate(0);                   //创建信号量,必须先创建才可以使用!
                                            //不能无中生有
    while (1)
    {
            OSSemPend(sem,0,&err);          //等待信号量 Sem 的到来,没有到来后面的
                                            //程序不会执行
            GPIO_SetBits(GPIO_LED,D1_PIN);  //熄灭 LED1
            OSTimeDlyHMSM(0, 0,0,400);
            GPIO_ResetBits(GPIO_LED,D1_PIN);    //点亮 LED1
            OSTimeDlyHMSM(0, 0,0,400);
    }
}
//--------------------------------------------
int main(void)
{
    SystemInit();          /* 配置系统时钟频率为 72MHz */

    SysTick_Config(SystemFrequency/OS_TICKS_PER_SEC);     /* 初始化并使能 SysTick
```

```
定时器 */

    /* 配置 GPIO 管脚模式 */
      RCC_APB2PeriphClockCmd(RCC_GPIO_LED, ENABLE); /*使能 LED 灯使用的 GPIO 时钟 */
      GPIO_InitStructure.GPIO_Pin = D1_PIN|D2_PIN|D3_PIN|D4_PIN;
      GPIO_InitStructure.GPIO_Mode = GPIO_Mode_Out_PP;
      GPIO_InitStructure.GPIO_Speed = GPIO_Speed_50MHz;
      GPIO_Init(GPIO LED, &GPIO_InitStructure);     /*LED 灯相关的 GPIO 口初始化 */
      GPIO_SetBits(GPIO_LED,D1_PIN|D2_PIN|D3_PIN|D4_PIN); /*关闭所有的 LED 指示灯 */

    Key_init();                              //初始化控制按键的 PA8 端口

  /********μC/OS-Ⅱ 操作系统初始化开始 { ************/
      OSInit();              /* μC/OS-II 操作系统初始化 */

    /* μC/OS-Ⅱ创建第一个任务 */
    OSTaskCreate(Task_Shenxian,(void *)0,&start_task_stk[START_TASK_STK_SIZE-1],
    START_TASK_PRIO);

    OSStart();           /* 启动 μC/OS-Ⅱ操作系统 */
  /********μC/OS-Ⅱ 操作系统初始化结束 } ***************/
  }
```

8.10　如何向两个任务发信号量

如果有一个按键、一个蜂鸣器、一个数码管 3 个事情被分到了 3 个不同任务中，这里不管任务是否可以合并，只是举例而已。当按键按下后蜂鸣器叫一声，数码管显示出有键按下。这就意味着按键按下，要给蜂鸣器和数码管两个任务发送信号量。

按键任务，优先级定为 4：

```
TaskKey(void *pdata),LED 闪烁任务 TaskFlash(void  *pdata)。
OS_EVENT  *sem1;                      //定义信号量指针
OS_EVENT  *sem2;                      //定义信号量指针
VoidTaskKey(void *pdata)              //按键任务
{
    INT8U  key;                       //INT8U 是 μC/OS 里定义了的变量,
    sem1 = OSSemCreate(0);
    sem2 = OSSemCreate(0);

    While(1)
     {
```

```
    If(key == 0)                    //有键按下
      {
        OSSemPost(sem1);            //发送按键按下的信号量 sem1 发给显示
        While(key == 0)             //等待释放
         {
         OSTimeDlyHMSM(0, 0,0,100);  //延时
         }
        OSSemPost(sem2);            //按键释放后发送信号量 sem2,发给蜂鸣器
      }
  }
}
```

显示任务,优先级定为 5:

```
Void  TaskFlash(void   * pdata)
{
  Pdata == pdata;                     //防止编译报错,除此之外没有其他意义
  while (1)
      {
        OSSemPend(Sem1,0,&err);       //等待信号量 Sem1 的到来,没有到来后面的程
                                      //序不会执行
        Disp();                       //数码管显示有键按下
      }
}
```

蜂鸣器任务,优先级定为 3:

```
Void  TaskBeep(void   * pdata)
{
  Pdata == pdata;                     //防止编译报错,除此之外没有其他意义
  while (1)
   {
    OSSemPend(Sem2,0,&err);    //等待信号量 Sem2 的到来,没有到来后面的程序不会执行
    GPIO_ResetBits(GPIO_BEEP,DS1_PIN);        //蜂鸣器叫
    OSTimeDlyHMSM(0, 0,0,200);                //操作系统提供的延时,不会在这里等待
    GPIO_SetBits(GPIO_BEEP,DS1_PIN);          //蜂鸣器叫
}
}
```

从优先级看,蜂鸣器优先级最高,按键后蜂鸣器马上就叫,显示任务要等蜂鸣器和按键都不占用 CPU 才可以得以运行,必须加延时把自己挂起,否则显示任务就执行不成。这个例子不外乎是前面例子的扩展,多加了个信号量而已。

向两个任务发信号量：

```
/**************************
能正常运行的程序
**************************/
#include "includes.h"
#include "stm32f10x.h"
#include "stm32f10x_rcc.h"
//-------------------------------------
const uint32_t SystemFrequency          = 72000000;      /*! < System Clock Frequency (Core Clock) */
/*按键定义*/
#define BITBAND(addr, bitnum) ((addr & 0xF0000000) + 0x2000000 + ((addr &0xFFFFF)<<5) + (bitnum<<2))
#define MEM_ADDR(addr)  *((volatile unsigned long  *)(addr))
#define BIT_ADDR(addr, bitnum)  MEM_ADDR(BITBAND(addr, bitnum))
#define PAin(n)    BIT_ADDR(GPIOA_IDR_Addr,n)
#define KEY0  PAin(6)        //定义 PA6
#define KEY1  PAin(7)        //定义 PA7
/*LED 灯定义*/
#define RCC_GPIO_LED         RCC_APB2Periph_GPIOC       /*LED 使用的 GPIO 时钟*/
#define LEDn                 4                          /*LED 数量*/
#define GPIO_LED             GPIOC                      /*LED 灯使用的 GPIO 组*/
//-------------------------------------
#define D1_PIN               GPIO_Pin_6                 /*D1 使用的 GPIO 管脚*/
#define D2_PIN               GPIO_Pin_7                 /*D2 使用的 GPIO 管脚*/
#define D3_PIN               GPIO_Pin_8                 /*D3 使用的 GPIO 管脚*/
#define D4_PIN               GPIO_Pin_9                 /*D4 使用的 GPIO 管脚*/
//-------------------------------------
GPIO_InitTypeDef GPIO_InitStructure;
//-------------------------------------
#define START_TASK_PRIO         4
#define     TASK_1_PRIO         5
#define     TASK_2_PRIO         6
/************设置栈大小(单位为 OS_STK )********/
#define START_TASK_STK_SIZE        100
#define     TASK_1_STK_SIZE        100
#define     TASK_2_STK_SIZE        100
//-------------------------------------
OS_STK start_task_stk[START_TASK_STK_SIZE];      //定义栈
OS_STK task_1_stk[TASK_1_STK_SIZE];              //定义栈
OS_STK task_2_stk[TASK_2_STK_SIZE];              //定义栈
```

```
//----------------------------------------
INT8U  err;
OS_EVENT   * sem1;       //定义信号量指针
OS_EVENT   * sem2;       //定义信号量指针
//----------------------------------------
void Key_init()
{
    RCC->APB2ENR| = RCC_APB2Periph_GPIOA;      //使能 PORTA 时钟
    GPIOA->CRH& = 0X00FFFFFF;
    GPIOA->CRH| = 0X88000000;                  //PA6、PA7 设置成输入
}
//----------------------------------------
void Task_1_Shenxian(void * arg)
{
    (void)arg;                          //"arg" 并没有用到,防止编译器提示警告
    while (1)
    {
     OSSemPend(sem2,0,&err);  //等待信号量 Sem2 的到来,没有到来后面的程序不会执行
     GPIO_SetBits(GPIO_LED,D4_PIN);              //熄灭 LED4
     OSTimeDlyHMSM(0, 0,0,500);                  //延时
     GPIO_ResetBits(GPIO_LED,D4_PIN);            //点亮 LED4
     OSTimeDlyHMSM(0, 0,0,500);                  //延时
    }
}
//----------------------------------------
void Task_2_Shenxian(void * arg)
{
    (void)arg;                              //"arg" 并没有用到,防止编译器提示警告
    while (1)
    {
      if(KEY0 == 0)                         //有键按下
       {
         OSSemPost(sem1);                   //发送按键按下的信号量
         while(KEY0 == 0)
         {
         OSTimeDlyHMSM(0, 0,0,100);         //延时
         }
         OSSemPost(sem2);                   //释放后发消息
       }
    }
}
//----------------------------------------
```

```
    void Task_Shenxian(void * p_arg)
    {
        (void)p_arg;            //"p_arg" 并没有用到,防止编译器提示警告

        OSTaskCreate(Task_1_Shenxian,(void * )0,&task_1_stk[TASK_1_STK_SIZE - 1], TASK_
1_PRIO);                    //创建任务 1

        OSTaskCreate(Task_2_Shenxian,(void * )0,&task_2_stk[TASK_2_STK_SIZE - 1], TASK_2
_PRIO);                     //创建任务 2
        sem1 = OSSemCreate(0);                  //创建信号量,必须先创建才能用得上!
        sem2 = OSSemCreate(0);
        while (1)
        {
                OSSemPend(sem1,0,&err);  //等待信号量 Sem1 的到来,没有到来后面的程序
                                         //不会执行
                GPIO_SetBits(GPIO_LED,D1_PIN);        //熄灭 LED1
                OSTimeDlyHMSM(0, 0,0,100);
                GPIO_ResetBits(GPIO_LED,D1_PIN);      //点亮 LED1
                OSTimeDlyHMSM(0, 0,0,100);
        }
    }
    //-----------------------------------------
    int main(void)
    {
        SystemInit();           /* 配置系统时钟频率为 72MHz */

        SysTick_Config(SystemFrequency/OS_TICKS_PER_SEC);  /* 初始化并使能 SysTick 定
时器    */

      /* 配置 GPIO 管脚模式 */
          RCC_APB2PeriphClockCmd(RCC_GPIO_LED, ENABLE); /* 使能 LED 灯使用的 GPIO 时钟 */
          GPIO_InitStructure.GPIO_Pin = D1_PIN|D2_PIN|D3_PIN|D4_PIN;
          GPIO_InitStructure.GPIO_Mode = GPIO_Mode_Out_PP;
          GPIO_InitStructure.GPIO_Speed = GPIO_Speed_50MHz;
          GPIO_Init(GPIO_LED, &GPIO_InitStructure); /* LED 灯相关的 GPIO 口初始化 */
          GPIO_SetBits(GPIO_LED,D1_PIN|D2_PIN|D3_PIN|D4_PIN); /* 关闭所有的 LED 指示灯 */
        Key_init();           //初始化控制按键的 PA8 端口

    /********μC/OS-Ⅱ 操作系统初始化开始 { ************/
        OSInit();    /* μC/OS-Ⅱ 操作系统初始化 */

        /* μC/OS-Ⅱ创建一个任务 */
```

```
    OSTaskCreate(Task_Shenxian,(void * )0,&start_task_stk[START_TASK_STK_SIZE - 1],
START_TASK_PRIO);

    OSStart();          /* 启动 μC/OS - Ⅱ 操作系统 */
/********μC/OS - Ⅱ 操作系统初始化结束 } ***************/
}
```

8.11 用消息邮箱向多个任务发送消息

为了不一一给各个任务发同样的消息,采用一次发出多个接收更为简单。

按键任务 TaskKey(void pdata),优先级定为 4, LED 闪烁任务 TaskFlash (void * pdata)。

```
OS_EVENT   * Mybox;                        //定义消息邮箱指针
VoidTaskKey(void * pdata)
{
  INT8U  key;                              //INT8U 是 μC/OS 里定义了的变量
  While(1)
 {
  If(key == 0)                             //有键按下
  {
OSMboxPostOpt(Mybox,(void * )1,OS_POST_OPT_BROADCAST);
                                    //分发消息给等待消息的任务,不是发个给某一个任务
//如果发送消息太快,而响应速度又慢,是不允许的。就像给小孩喂饭,吃得慢,喂得快就会
  噎着的
   }
   While(key == 0)                         //等待释放
   {
    OSTimeDlyHMSM(0, 0,0,100);             //延时
   }
 }
}
```

显示任务,优先级定为 5:

```
Void  TaskFlash(void   * pdata)
{
  Pdata  == pdata;                       //防止编译报错,除此之外没有其他意义
  while (1)
   {
    OSMboxPend(Mybox,0,&err);            //等待消息的到来,没有到来,后面的程序不会执行
```

```
        Disp();
      }
  }
```

蜂鸣器任务，优先级定为3：

```
Void  TaskBeep(void   * pdata)
{
  Pdata == pdata;                               //防止编译报错，除此之外没有其他意义
  while (1)
   {
      OSMboxPend(Mybox,0,&err); //等待消息的到来，没有到来后面的程序不会执行
      GPIO_ResetBits(GPIO_BEEP,DS1_PIN);  //蜂鸣器
      OSTimeDlyHMSM(0, 0,0,200);          //操作系统提供的延时，不会在这里等待
      GPIO_SetBits(GPIO_BEEP,DS1_PIN);    //蜂鸣器
      }
}
```

可以看出用邮箱的方法要简单得多，可以减少通信消息的个数，使问题简单化。

消息邮箱向两个任务发送消息：

```
/************************
能正常运行的程序
************************/
#include "includes.h"
#include "stm32f10x.h"
#include "stm32f10x_rcc.h"
//------------------------------------------
const uint32_t SystemFrequency   = 72000000;  /*!< System Clock Frequency (Core
Clock) */
/*按键定义*/
#define BITBAND(addr, bitnum) ((addr & 0xF0000000) + 0x2000000 + ((addr &0xFFFFF)<<
5) + (bitnum<<2))
#define MEM_ADDR(addr)  *((volatile unsigned long  *)(addr))
#define BIT_ADDR(addr, bitnum)   MEM_ADDR(BITBAND(addr, bitnum))
#define PAin(n)    BIT_ADDR(GPIOA_IDR_Addr,n)
#define KEY0  PAin(6)        //定义 PA6
#define KEY1  PAin(7)        //定义 PA7
/*LED灯定义*/
#define RCC_GPIO_LED        RCC_APB2Periph_GPIOC      /*LED使用的GPIO时钟*/
#define LEDn                   4                       /*LED数量*/
#define GPIO_LED               GPIOC                   /*LED灯使用的GPIO组*/
```

```
//-------------------------------
#define D1_PIN                GPIO_Pin_6        /*D1 使用的 GPIO 管脚*/
#define D2_PIN                GPIO_Pin_7        /*D2 使用的 GPIO 管脚*/
#define D3_PIN                GPIO_Pin_8        /*D3 使用的 GPIO 管脚*/
#define D4_PIN                GPIO_Pin_9        /*D4 使用的 GPIO 管脚*/
//------------------------------------------
GPIO_InitTypeDef GPIO_InitStructure;
//------------------------------------------
#define START_TASK_PRIO       4
#define    TASK_1_PRIO        5
#define    TASK_2_PRIO        6
/************设置栈大小(单位为 OS_STK )********/
#define START_TASK_STK_SIZE   100
#define    TASK_1_STK_SIZE    100
#define    TASK_2_STK_SIZE    100
//------------------------------------------
OS_STK start_task_stk[START_TASK_STK_SIZE];         //定义栈
OS_STK task_1_stk[TASK_1_STK_SIZE];                 //定义栈
OS_STK task_2_stk[TASK_2_STK_SIZE];                 //定义栈
//------------------------------------------
INT8U      err;
OS_EVENT    *Mybox;     //定义消息邮箱指针
//------------------------------------------
void Key_init()
{
    RCC->APB2ENR|= RCC_APB2Periph_GPIOA;            //使能 PORTA 时钟
    GPIOA->CRH&= 0X00FFFFFF;
    GPIOA->CRH|= 0X88000000;                        //PA6、PA7 设置成输入
}
//------------------------------------------
void Task_1_Shenxian(void *arg)
{
    (void)arg;                        //"arg" 并没有用到,防止编译器提示警告
    while (1)
    {
     OSMboxPend(Mybox,0,&err);   //等待消息的到来,没有到来后面的程序不会执行
     GPIO_SetBits(GPIO_LED,D4_PIN);              //熄灭 LED4
     OSTimeDlyHMSM(0, 0,0,500);                  //延时
     GPIO_ResetBits(GPIO_LED,D4_PIN);            //点亮 LED4
     OSTimeDlyHMSM(0, 0,0,500);                  //延时
    }
}
```

```
//----------------------------------------
void Task_2_Shenxian(void * arg)
{
    (void)arg;                          //“arg”并没有用到,防止编译器提示警告
    while (1)
    {
        if(KEY0 == 0)                   //有键按下
         {
         OSMboxPostOpt(Mybox,(void * )1,OS_POST_OPT_BROADCAST);
                                    //分发消息给等待消息的任务,不是发个给某一个任务
         }
         while(KEY0 == 0)
         {
         OSTimeDlyHMSM(0, 0,0,10);      //延时
         }
    }
}
//----------------------------------------
void Task_Shenxian(void * p_arg)
{
    (void)p_arg;             // “p_arg”并没有用到,防止编译器提示警告

    OSTaskCreate(Task_1_Shenxian,(void * )0,&task_1_stk[TASK_1_STK_SIZE - 1], TASK_1_PRIO);
                                                                        //创建任务 1
    OSTaskCreate(Task_2_Shenxian,(void * )0,&task_2_stk[TASK_2_STK_SIZE - 1], TASK_2_PRIO);
                                                                        //创建任务 2

    Mybox = OSMboxCreate((void * ) 0); //创建消息邮箱

    while (1)
    {
       OSMboxPend(Mybox,0,&err);    //等待消息的到来,没有到来后面的程序不会执行
       GPIO_SetBits(GPIO_LED,D1_PIN);  //熄灭 LED1
       OSTimeDlyHMSM(0, 0,0,100);
       GPIO_ResetBits(GPIO_LED,D1_PIN);//点亮 LED1
       OSTimeDlyHMSM(0, 0,0,100);
    }
}
//----------------------------------------
int main(void)
{
    SystemInit();           /*  配置系统时钟频率为 72MHz */
```

```
        SysTick_Config(SystemFrequency/OS_TICKS_PER_SEC); /* 初始化并使能 SysTick 定时器    */
      /* 配置 GPIO 管脚模式 */
          RCC_APB2PeriphClockCmd(RCC_GPIO_LED, ENABLE);      /* 使能 LED 灯使用的 GPIO 时钟 */
          GPIO_InitStructure.GPIO_Pin = D1_PIN|D2_PIN|D3_PIN|D4_PIN;
          GPIO_InitStructure.GPIO_Mode = GPIO_Mode_Out_PP;
          GPIO_InitStructure.GPIO_Speed = GPIO_Speed_50MHz;
          GPIO_Init(GPIO_LED, &GPIO_InitStructure);           /* LED 灯相关的 GPIO 口初始化 */
          GPIO_SetBits(GPIO_LED,D1_PIN|D2_PIN|D3_PIN|D4_PIN);    /* 关闭所有的 LED 指示灯 */
        Key_init();          //初始化控制按键的 PA8 端口

    /******** μC/OS-Ⅱ 操作系统初始化开始 { ************/
        OSInit();     /* μC/OS-Ⅱ 操作系统初始化 */

        /* μC/OS-Ⅱ创建一个任务 */
        OSTaskCreate(Task_Shenxian,(void *)0,&start_task_stk[START_TASK_STK_SIZE-1],
START_TASK_PRIO);

        OSStart();          /* 启动 μC/OS-Ⅱ操作系统 */
    /******** μC/OS-Ⅱ 操作系统初始化结束 } ***************/
    }
```

8.12 用互斥信号量实现对共享资源的使用

对某些敏感资源的使用往往会用关中断的方法，但这会影响到系统的实时性，谁都不能长时间独占 CPU，一种好的办法是使用互斥信号量。可能有人会问，CPU 不是只在干一件事吗？问题是操作系统会随时根据任务优先级与任务就绪后的切换，可能是这里执行一下，较高优先级就绪了，又到那里去执行一下。使用互斥信号量不会影响中断和调度的进行。互斥信号量好比是只有一把钥匙的车，谁得到钥匙，谁就可以用车（使用资源）；另一个人要用车（使用资源）要等使用者把钥匙交出来，才能用车（使用资源），前提是得到这把钥匙。

必要的 4 步：

```
1)OS_EVENT  *sem;                       //定义信号量指针
2)Sem = OSMutexCreate(2,&err)           //创建互斥信号量，2 为优先级继承值
3)OSMutexPend(sem,0,&err)               //获取信号量，等钥匙
4)OSMutexPost(sem)                      //释放信号量，把钥匙交出去
```

使用举例(示意性代码):

```
OS_EVENT   * sem;                          //定义信号量指针
Sem = OSMutexCreate(2,&err)                //创建互斥信号量,2 为优先级继承值
Void  TaskBeep(void * pdata)
{
    OSMutexPend(sem,0,&err)          //获取信号量,等钥匙。没有钥匙后面的程序不会执行
    GPIO_ResetBits(GPIO_BEEP,DS1_PIN);     //蜂鸣器
    OSTimeDlyHMSM(0, 0,0,200);             //操作系统提供的延时,不会在这里死等
    GPIO_SetBits(GPIO_BEEP,DS1_PIN);       //蜂鸣器
    OSMutexPost(sem)                       //释放信号量,把钥匙交出去
  }
Void  TaskFlash(void  * pdata)
{
    Pdata == pdata;                        //防止编译报错,除此之外没有别的意义
    OSMutexPend(sem,0,&err)          //获取信号量,等钥匙。没有钥匙后面的程序不会执行
    Disp();
    OSMutexPost(sem);                      //释放信号量,把钥匙交出去
}
```

用互斥信号量实现对共享资源的使用:

```
/*************************
能正常运行的程序
这里没有用蜂鸣器,而是用指示灯亮代替蜂鸣器发声。
*************************/
#include "includes.h"
#include "stm32f10x.h"
#include "stm32f10x_rcc.h"
//-------------------------------------
const uint32_t SystemFrequency          = 72000000;       /*!< System Clock Fre-
quency (Core Clock) */
/*按键定义*/
#define BITBAND(addr, bitnum) ((addr & 0xF0000000) + 0x2000000 + ((addr &0xFFFFF)<<
5) + (bitnum<<2))
#define MEM_ADDR(addr)  *((volatile unsigned long  *)(addr))
#define BIT_ADDR(addr, bitnum)   MEM_ADDR(BITBAND(addr, bitnum))
#define PAin(n)     BIT_ADDR(GPIOA_IDR_Addr,n)
#define KEY0  PAin(6)   //定义 PA6
#define KEY1  PAin(7)   //定义 PA7
/*LED 灯定义*/
#define RCC_GPIO_LED          RCC_APB2Periph_GPIOC      /*LED 使用的 GPIO 时钟*/
#define LEDn                  4                         /*LED 数量*/
```

```
#define GPIO_LED            GPIOC                       /*LED 灯使用的 GPIO 组*/
//--------------------------------------------
#define D1_PIN              GPIO_Pin_6                  /*D1 使用的 GPIO 管脚*/
#define D2_PIN              GPIO_Pin_7                  /*D2 使用的 GPIO 管脚*/
#define D3_PIN              GPIO_Pin_8                  /*D3 使用的 GPIO 管脚*/
#define D4_PIN              GPIO_Pin_9                  /*D4 使用的 GPIO 管脚*/
//--------------------------------------------
GPIO_InitTypeDef GPIO_InitStructure;
//--------------------------------------------
#define START_TASK_PRIO        4
#define TASK_1_PRIO            5
#define TASK_2_PRIO            6
/************设置栈大小(单位为 OS_STK)********/
#define START_TASK_STK_SIZE    100
#defineTASK_1_STK_SIZE         100
#defineTASK_2_STK_SIZE         100
//--------------------------------------------
OS_STK start_task_stk[START_TASK_STK_SIZE];        //定义栈
OS_STK task_1_stk[TASK_1_STK_SIZE];                //定义栈
OS_STK task_2_stk[TASK_2_STK_SIZE];                //定义栈
//--------------------------------------------
INT8U      err;
OS_EVENT   *sem;         //定义信号量指针
//--------------------------------------------
void Key_init()
{
RCC->APB2ENR|=RCC_APB2Periph_GPIOA;     //使能 PORTA 时钟
GPIOA->CRH&=0X00FFFFFF;
GPIOA->CRH|=0X88000000;                 //PA6、PA7 设置成输入
}
//--------------------------------------------
void Task_1_Shenxian(void *arg)
{
    (void)arg;                          //"arg"并没有用到,防止编译器提示警告
    while (1)
    {
OSMutexPend(sem,0,&err);         //获取信号量,等钥匙。没有钥匙后面的程序不会执行。
                                 //D1 和 D4 互相约束,D1 闪了 D4 才能闪
GPIO_SetBits(GPIO_LED,D4_PIN);        //熄灭 LED4
OSTimeDlyHMSM(0, 0,0,500);            //延时
GPIO_ResetBits(GPIO_LED,D4_PIN);      //点亮 LED4
OSTimeDlyHMSM(0, 0,0,500);            //延时
```

```
OSMutexPost(sem);                    //释放信号量,把钥匙交出去
     }
}
//------------------------------------
void Task_2_Shenxian(void * arg)
{
     (void)arg;                      // "arg" 并没有用到,防止编译器提示警告
     while (1)
     {
          if(KEY0 == 0)              //按键没有被用到
          {
          OSTimeDlyHMSM(0, 0,0,10);  //延时
          }
          while(KEY0 == 0)
          {
          OSTimeDlyHMSM(0, 0,0,10);  //延时
          }
     }
}
//------------------------------------
void Task_Shenxian(void * p_arg)
{
     (void)p_arg;        // "p_arg" 并没有用到,防止编译器提示警告

     OSTaskCreate(Task_1_Shenxian,(void * )0,&task_1_stk[TASK_1_STK_SIZE - 1], TASK_1_
PRIO);                              //创建任务 1
     OSTaskCreate(Task_2_Shenxian,(void * )0,&task_2_stk[TASK_2_STK_SIZE - 1], TASK_2_PRIO);
                                    //创建任务 2

sem = OSMutexCreate(2,&err);        //创建互斥信号量,2 为优先级继承值

     while (1)
     {
          OSMutexPend(sem,0,&err);        //获取信号量,等钥匙。没有钥匙后面的程序不
                                          //会执行。D1 和 D4 互相约束,D1 闪了 D4 才能闪
          GPIO_SetBits(GPIO_LED,D1_PIN);       //熄灭 LED1
OSTimeDlyHMSM(0, 0,0,100);
GPIO_ResetBits(GPIO_LED,D1_PIN);               //点亮 LED1
OSTimeDlyHMSM(0, 0,0,100);
OSMutexPost(sem);                              //释放信号量,把钥匙交出去
     }
}
```

```
//----------------------------------------------------
int main(void)
{
SystemInit();/* 配置系统时钟频率为 72MHz */
SysTick_Config(SystemFrequency/OS_TICKS_PER_SEC);  /* 初始化并使能 SysTick 定时器 */
  /* 配置 GPIO 管脚模式 */
RCC_APB2PeriphClockCmd(RCC_GPIO_LED, ENABLE);  /* 使能 LED 灯使用的 GPIO 时钟 */
GPIO_InitStructure.GPIO_Pin = D1_PIN|D2_PIN|D3_PIN|D4_PIN;
GPIO_InitStructure.GPIO_Mode = GPIO_Mode_Out_PP;
GPIO_InitStructure.GPIO_Speed = GPIO_Speed_50MHz;
GPIO_Init(GPIO_LED, &GPIO_InitStructure);      /* LED 灯相关的 GPIO 口初始化 */
GPIO_SetBits(GPIO_LED,D1_PIN|D2_PIN|D3_PIN|D4_PIN); /* 关闭所有的 LED 指示灯 */
Key_init();//初始化控制按键的 PA8 端口

/******** μC/OS-Ⅱ操作系统初始化开始{ ************/
OSInit();/* μC/OS-Ⅱ操作系统初始化 */

/* μC/OS-Ⅱ创建一个任务 */
OSTaskCreate(Task_Shenxian,(void *)0,&start_task_stk[START_TASK_STK_SIZE-1],
START_TASK_PRIO);

OSStart(); /* 启动 μC/OS-Ⅱ操作系统 */
/******** μC/OS-Ⅱ操作系统初始化结束} ***************/
}
```

8.13 “确认”型双向通信

“确认”型双向通信，是指发信号方“确认”接收信号一方已收到的一种机制。还记得“长江，长江，我是黄河，收到请回答”这句话吗？这里就是要做这样的事情。为了便于说明，假设有蜂鸣器、LED 灯、按键。蜂鸣器每响一次要 300 ms，要求按一次键，蜂鸣器响一次。如果按键的间隔大于 300 ms，是没有问题的；如果按键太快，比如 200 ms 按一次，那么就会出现按键的次数和蜂鸣器响的次数不一样，就不符合按一次响一声的约定。我们就要在蜂鸣器响完后给个“确认”响完的消息，然后才可以按下一次，用点亮 LED 来提示蜂鸣器还没响完。还可用消息邮箱的方式来实现，收到消息后，蜂鸣器响 300 ms，响完后回复一条消息，以便确认收到。

```
OS_EVENT   * Sembox;                    //定义消息邮箱指针
OS_EVENT   * Ackbox;                    //定义消息邮箱指针
```

按键任务，优先级定位4：

```
VoidTaskKey(void * pdata)
{
  INT8U  key;                          //INT8U是μC/OS里定义了的变量
  Sembox = OSMboxCreate((void * )0);   //创建消息邮箱
  Ackbox = OSMboxCreate((void * )0);   //创建消息邮箱
  While(1)
   {
    If(key == 0)                       //有键按下
      {
       OSMboxPost(Sembox,(void * )1);  //按键消息发出去
     }
     OSMboxPend(Ackbox,0,&err);        //等待蜂鸣器结束
     OSTimeDlyHMSM(0, 0,0,100);        //延时
     }
}
```

蜂鸣器任务，优先级定为3：

```
Void  TaskBeep(void  * pdata)
{
  Pdata == pdata;        //防止编译报错，除此之外没有其他意义
  while (1)
      {
        OSMboxPend(Sembox,0,&err); //等待消息的到来，没有到来后面的程序不会执行
        GPIO_ResetBits(GPIO_BEEP,DS1_PIN);      //蜂鸣器响
        GPIO_ResetBits(GPIO_LED2,DS2_PIN);      //LED2亮
        OSTimeDlyHMSM(0, 0,0,300);//操作系统提供的延时，不会在这里等待
        GPIO_SetBits(GPIO_BEEP,DS1_PIN);        //蜂鸣器响停
        GPIO_ResetBits(GPIO_LED2,DS2_PIN);      //LED2灭
        OSMboxPost(Ackbox,(void * )1);          //回复蜂鸣器响结束消息
        }
}
```

"确认"型双向通信：

```
/ * * * * * * * * * * * * * * * * * * * * * * * * * * *
能正常运行的程序
这里不是按一下，使蜂鸣器响一声，而是使指示灯亮一下。
* * * * * * * * * * * * * * * * * * * * * * * * * * * * /
#include "includes.h"
#include "stm32f10x.h"
#include "stm32f10x_rcc.h"
```

```
//---------------------------------------
const uint32_t SystemFrequency          = 72000000;       /*! < System Clock Frequency (Core Clock) */
/*按键定义*/
#define BITBAND(addr, bitnum) ((addr & 0xF0000000) + 0x2000000 + ((addr &0xFFFFF)<<5) + (bitnum<<2))
#define MEM_ADDR(addr)   *((volatile unsigned long   *)(addr))
#define BIT_ADDR(addr, bitnum)   MEM_ADDR(BITBAND(addr, bitnum))
#define PAin(n)     BIT_ADDR(GPIOA_IDR_Addr,n)
#define KEY0   PAin(6)          //定义 PA6
#define KEY1   PAin(7)          //定义 PA7
/*LED 灯定义*/
#define RCC_GPIO_LED        RCC_APB2Periph_GPIOC      /*LED 使用的 GPIO 时钟*/
#define LEDn                4                  /*LED 数量*/
#define GPIO_LED            GPIOC              /*LED 灯使用的 GPIO 组*/
//---------------------------------------
#define D1_PIN                     GPIO_Pin_6               /*D1 使用的 GPIO 管脚*/
#define D2_PIN                     GPIO_Pin_7               /*D2 使用的 GPIO 管脚*/
#define D3_PIN                     GPIO_Pin_8               /*D3 使用的 GPIO 管脚*/
#define D4_PIN                     GPIO_Pin_9               /*D4 使用的 GPIO 管脚*/
//---------------------------------------
GPIO_InitTypeDef GPIO_InitStructure;
//---------------------------------
#define START_TASK_PRIO          4
#define     TASK_1_PRIO          5
#define     TASK_2_PRIO          6
/************设置栈大小(单位为 OS_STK)********/
#define START_TASK_STK_SIZE      100
#define TASK_1_STK_SIZE          100
#define TASK_2_STK_SIZE          100
//---------------------------------------
OS_STK start_task_stk[START_TASK_STK_SIZE];      //定义栈
OS_STK task_1_stk[TASK_1_STK_SIZE];              //定义栈
OS_STK task_2_stk[TASK_2_STK_SIZE];              //定义栈
//---------------------------------------
INT8U      err;
OS_EVENT   *Sembox;                              //定义消息邮箱指针
OS_EVENT   *Ackbox;                              //定义消息邮箱指针
//---------------------------------------
void Key_init()
{
    RCC->APB2ENR| = RCC_APB2Periph_GPIOA;        //使能 PORTA 时钟
```

```
        GPIOA ->CRH& = 0X00FFFFFF;
        GPIOA ->CRH| = 0X88000000;                         //PA6、PA7 设置成输入
    }
    //----------------------------------------
    void Task_1_Shenxian(void * arg)
    {
        (void)arg;                           // "arg" 并没有用到,防止编译器提示警告
        while (1)
        {
         OSMboxPend(Sembox,0,&err);    //等待消息的到来,没有到来后面的程序不会执行
         GPIO_SetBits(GPIO_LED,D4_PIN);                //熄灭 LED4
         OSTimeDlyHMSM(0, 0,0,500);                    //延时
         GPIO_ResetBits(GPIO_LED,D4_PIN);              //点亮 LED4
         OSTimeDlyHMSM(0, 0,0,500);                    //延时
         OSMboxPost(Ackbox,(void * )1);                //回复响结束消息
        }
    }
    //----------------------------------------
    void Task_2_Shenxian(void * arg)
    {
        (void)arg;                               // "arg" 并没有用到,防止编译器提示警告
        while (1)
        {
            if(KEY0 == 0)                             //按键没有被用到
             {
              OSMboxPost(Sembox,(void * )1);          //按键消息发出去
              OSMboxPend( Ackbox, 0, &err);  //等待闪动结束后发来的消息 OSMboxPost
(Ackbox,(void * )1);
             }
             OSTimeDlyHMSM(0, 0,0,100);               //延时
          }
    }
    //----------------------------------------
    void Task_Shenxian(void * p_arg)
    {
        (void)p_arg;                           // "p_arg" 并没有用到,防止编译器提示警告

        OSTaskCreate(Task_1_Shenxian,(void * )0,&task_1_stk[TASK_1_STK_SIZE - 1], TASK_1
_PRIO);                                              //创建任务 1
        OSTaskCreate(Task_2_Shenxian,(void * )0,&task_2_stk[TASK_2_STK_SIZE - 1], TASK_2_PRIO);
                                                                          //创建任务 2
```

```
    Sembox = OSMboxCreate((void *)0);                //创建消息邮箱
    Ackbox = OSMboxCreate((void *)0);                //创建消息邮箱


    while (1)
      {
          GPIO_SetBits(GPIO_LED,D1_PIN);       //熄灭 LED1
          OSTimeDlyHMSM(0, 0,0,100);
          GPIO_ResetBits(GPIO_LED,D1_PIN);     //点亮 LED1
          OSTimeDlyHMSM(0, 0,0,100);
      }
}
//-------------------------------------------------------
int main(void)
{
    SystemInit();          /* 配置系统时钟频率为 72MHz */
    SysTick_Config(SystemFrequency/OS_TICKS_PER_SEC);  /* 初始化并使能 SysTick 定
时器   */
   /* 配置 GPIO 管脚模式 */
      RCC_APB2PeriphClockCmd(RCC_GPIO_LED, ENABLE);  /* 使能 LED 灯使用的 GPIO 时
钟 */
      GPIO_InitStructure.GPIO_Pin = D1_PIN|D2_PIN|D3_PIN|D4_PIN;
      GPIO_InitStructure.GPIO_Mode = GPIO_Mode_Out_PP;
      GPIO_InitStructure.GPIO_Speed = GPIO_Speed_50MHz;
      GPIO_Init(GPIO_LED, &GPIO_InitStructure);                /* LED 灯相关的 GPIO
口初始化 */
      GPIO_SetBits(GPIO_LED,D1_PIN|D2_PIN|D3_PIN|D4_PIN); /* 关闭所有的 LED 指示
灯 */

    Key_init();          //初始化控制按键的 PA8 端口

/******** μC/OS-II 操作系统初始化开始 { ************/
    OSInit();    /* μC/OS-II 操作系统初始化 */

    /* μC/OS-II 创建一个任务 */
    OSTaskCreate(Task_Shenxian,(void *)0,&start_task_stk[START_TASK_STK_SIZE-1],
START_TASK_PRIO);

    OSStart();          /* 启动 μC/OS-II 操作系统 */
/******** μC/OS-II 操作系统初始化结束 } ****************/
}
```

8.14 “会客”型任务控制

“会客”型任务控制，也就是要等到几个事情全都准备好后，才会执行某一任务。就像请客，只有客人到齐了才可以开饭，也就是我们说的“逻辑与”关系。在 μC/OS 里提供的“事件标志组”就能实现。这里先把最主要的写出来，便于一看就明白，完整的程序在后面。

```
OS_FLAG_GRP     * FLAG;                     //定义事件标志组指针
FLAG = OSFlagCreate(0,&err)                 //创建事件标志组
OSFlagPost( FLAG,                           //发送标志 FLAG
            0X01,                           //0X01 = 00000001B，指定 1 所在位，bit0
            OS_FLAG_SET,                    //指定 1 为有效
            &err);
 OSFlagPost( FLAG,                          //发送标志 FLAG
            0X02,                           //0X02 = 00000010B，指定 1 所在位，bit1
            OS_FLAG_SET,                    //指定 1 为有效
            &err);
OSFlagPend( FLAG,  //发送标志 FLAG
            0X03,    //0X03 = 00000011B，指定等待哪些位，这里是末两位，bit1、bit0
            OS_FLAG_WAIT_SET_ALL        //等待全部变 1，这里是 0X03、即 bit1、bit0
             + OS_FLAG_CONSUME,         //全部等到后清除标志
            0,&err);                    //0 等待时限为无限制
```

OS_FLAG_SET 就是置 1 的意思。

OS_FLAG_WAIT_SET_ALL 这里已经给出了暗示，ALL 就有“与”的意思了。

OSFlagPend 要等到 0x03=00000011B 末 2 位都为 1，那么就得有两处使其变为 1 才行，由下面的程序实现：

```
OSFlagPost( FLAG,
            0X01,
            OS_FLAG_SET,
            ................
OSFlagPost( FLAG,
            0X02,
            OS_FLAG_SET,
            ................
```

“会客”型任务控制代码如下：

```
/ * * * * * * * * * * * * * * * * * * * * * * * * * * *
能正常运行的程序
```

```
****************************/
#include "includes.h"
#include "stm32f10x.h"
#include "stm32f10x_rcc.h"
//-----------------------------------------
const uint32_t SystemFrequency          = 72000000;     /*!< System Clock Fre-
quency (Core Clock) */
/*按键定义*/
#define BITBAND(addr, bitnum) ((addr & 0xF0000000) + 0x2000000 + ((addr &0xFFFFF)<<
5) + (bitnum<<2))
#define MEM_ADDR(addr)   *((volatile unsigned long   *)(addr))
#define BIT_ADDR(addr, bitnum)   MEM_ADDR(BITBAND(addr, bitnum))
#define PAin(n)     BIT_ADDR(GPIOA_IDR_Addr,n)
#define KEY0   PAin(6)                            //定义 PA6
#define KEY1   PAin(7)                            //定义 PA7
/*LED灯定义*/
#define RCC_GPIO_LED     RCC_APB2Periph_GPIOC    /*LED使用的GPIO时钟*/
#define LEDn                  4                         /*LED数量*/
#define GPIO_LED              GPIOC                     /*LED灯使用的GPIO组*/
//-------------------------------
#define D1_PIN                GPIO_Pin_6                /*D1使用的GPIO管脚*/
#define D2_PIN                GPIO_Pin_7                /*D2使用的GPIO管脚*/
#define D3_PIN                GPIO_Pin_8                /*D3使用的GPIO管脚*/
#define D4_PIN                GPIO_Pin_9                /*D4使用的GPIO管脚*/
//-------------------------------
GPIO_InitTypeDef GPIO_InitStructure;
//-------------------------------
#define START_TASK_PRIO      4
#define     TASK_1_PRIO      5
#define     TASK_2_PRIO      6
/************设置栈大小(单位为 OS_STK )********/
#define START_TASK_STK_SIZE    100
#define     TASK_1_STK_SIZE    100
#define     TASK_2_STK_SIZE    100
//---------------------------------------
OS_STK start_task_stk[START_TASK_STK_SIZE];        //定义栈
OS_STK task_1_stk[TASK_1_STK_SIZE];                //定义栈
OS_STK task_2_stk[TASK_2_STK_SIZE];                //定义栈
//---------------------------------------
INT8U      err;
OS_FLAG_GRP    *FLAG;                              //定义事件标志组指针
//---------------------------------------
```

```
void Key_init()
{
    RCC->APB2ENR| = RCC_APB2Periph_GPIOA;          //使能 PORTA 时钟
    GPIOA->CRH& = 0X00FFFFFF;
    GPIOA->CRH| = 0X88000000;                       //PA6、PA7 设置成输入
}
//-----------------------------------------
void Task_1_Shenxian(void * arg)
{
    (void)arg;                              // "arg" 并没有用到,防止编译器提示警告
    while (1)
    {
    OSFlagPend(FLAG,                          //标志 FLAG
            0X03,         //0X03 = 00000011B, 指定等待哪些位,这里是末两位,
                            bit1、bit0
            OS_FLAG_WAIT_SET_ALL          //等待全部变 1,这里是 0X03,即 bit1、bit0
             + OS_FLAG_CONSUME,             //全部等到后清除标志
            0,&err);                        //0 等待时限为无限制

     GPIO_SetBits(GPIO_LED,D4_PIN);         //熄灭 LED4
     OSTimeDlyHMSM(0, 0,0,500);              //延时
     GPIO_ResetBits(GPIO_LED,D4_PIN);       //点亮 LED4
     OSTimeDlyHMSM(0, 0,0,500);              //延时

    }
}
//-----------------------------------------
void Task_2_Shenxian(void * arg)
{
    (void)arg;                              // "arg" 并没有用到,防止编译器提示警告
    while (1)
    {
        if(KEY0 == 0)                       //按键
         {
            OSFlagPost(FLAG,                //发送标志 FLAG
            0X01,                           //0X01 = 00000001B,指定 1 所在位,bit0
            OS_FLAG_SET,                    //指定 1 为有效
            &err);
         }
        OSTimeDlyHMSM(0, 0,0,300);          //延时

    }
```

```
}
//-----------------------------------------
void Task_Shenxian(void * p_arg)
{
    (void)p_arg;          // “p_arg”并没有用到,防止编译器提示警告

    OSTaskCreate(Task_1_Shenxian,(void * )0,&task_1_stk[TASK_1_STK_SIZE - 1], TASK_1
_PRIO);                                   //创建任务 1
    OSTaskCreate(Task_2_Shenxian,(void * )0,&task_2_stk[TASK_2_STK_SIZE - 1], TASK_2
_PRIO);                                   //创建任务 2

    FLAG = OSFlagCreate(0,&err);                //创建事件标志组

    while (1)
    {

        if(KEY1 == 0)                          //按键
        {
            OSFlagPost(FLAG,                   //发送标志 FLAG
            0X02,                              //0X02 = 00000010B,指定 1 所在位,bit1
            OS_FLAG_SET,                       //指定 1 为有效
            &err);
        }

        OSTimeDlyHMSM(0, 0,0,300);        //延时


    }
}
//-----------------------------------------
int main(void)
{
    SystemInit();          /* 配置系统时钟频率为 72MHz */
    SysTick_Config(SystemFrequency/OS_TICKS_PER_SEC);  /* 初始化并使能 SysTick 定
时器   */
  /* 配置 GPIO 管脚模式 */
      RCC_APB2PeriphClockCmd(RCC_GPIO_LED, ENABLE);         /* 使能 LED 灯使用的 GPIO
时钟 */
      GPIO_InitStructure.GPIO_Pin = D1_PIN|D2_PIN|D3_PIN|D4_PIN;
      GPIO_InitStructure.GPIO_Mode = GPIO_Mode_Out_PP;
      GPIO_InitStructure.GPIO_Speed = GPIO_Speed_50MHz;
      GPIO_Init(GPIO_LED, &GPIO_InitStructure);                      /* LED 灯相关的 GPIO
```

```
口初始化 */
        GPIO_SetBits(GPIO_LED,D1_PIN|D2_PIN|D3_PIN|D4_PIN); /*关闭所有的LED指示
灯 */

    Key_init();                     //初始化控制按键的PA8端口

  /********μC/OS-Ⅱ 操作系统初始化开始 { ************/
    OSInit();    /* μC/OS-Ⅱ 操作系统初始化 */

    /* μC/OS-Ⅱ创建一个任务 */
    OSTaskCreate(Task_Shenxian,(void *)0,&start_task_stk[START_TASK_STK_SIZE-1],
START_TASK_PRIO);

    OSStart();       /* 启动μC/OS-Ⅱ操作系统 */
  /********μC/OS-Ⅱ 操作系统初始化结束 } ***************/
  }
```

8.15 “开门”型任务控制

“开门”型任务控制，也就是只要有一个准备好后，就可以执行某一事情。就像回家开门，只要有家人到了，就可以把门打开，不需要家人都到齐才开。也就是我们说的“逻辑或”关系。在μC/OS里提供的“事件标志组”就能实现，这和前面的“到齐”型任务控制基本相同。这里把最主要的程序写出来以便于读者理解：

```
OS_FLAG_GRP    *FLAG;              //定义事件标志组指针

FLAG = OSFlagCreate(0,&err)        //创建事件标志组
OSFlagPost( FLAG,                   //发送标志FLAG
            0X01,                   //0X01 = 00000001B，指定1所在位，bit0
            OS_FLAG_SET,            //指定1为有效
            &err);
OSFlagPost( FLAG,                   //发送标志FLAG
            0X02,                   //0X02 = 00000010B，指定位为1所在位，bit1
            OS_FLAG_SET,            //指定1为有效
            &err);
OSFlagPend( FLAG,                   //发送标志FLAG
            0X03,    //0X03 = 00000011B，指定等待那些位，这里是末两位，bit1，bit0
            OS_FLAG_WAIT_SET_ANY  //任一位变1，这里是0X03即bit1，bit0
             + OS_FLAG_CONSUME,     //只要等到一位就清除标志，
            0,&err);                //0等待时限为无限制。
```

OS_FLAG_SET 就是置 1 的意思。

OS_FLAG_WAIT_SET_ANY 这里已经给出了暗示,ANY 就有“或”的意思。

OSFlagPend 要等到 0x03=00000011B 末两位至少一位为 1,那么就只要有不少于一位为 1 就行,由下面的程序实现:

```
OSFlagPost( FLAG,
            0X01,
            OS_FLAG_SET,
            ................
OSFlagPost( FLAG,
            0X02,
            OS_FLAG_SET,
            ................
```

“开门”型任务控制代码如下:

```
/ * * * * * * * * * * * * * * * * * * * * * * * * * *
能正常运行的程序
* * * * * * * * * * * * * * * * * * * * * * * * * */
#include "includes.h"
#include "stm32f10x.h"
#include "stm32f10x_rcc.h"
//-----------------------------------------
const uint32 _ t SystemFrequency        =  72000000;  / * ! < System Clock Frequency
(Core Clock)  * /
/ * 按键定义 * /
#define BITBAND(addr, bitnum) ((addr & 0xF0000000) + 0x2000000 + ((addr &0xFFFFF)<<
5) + (bitnum<<2))
#define MEM_ADDR(addr)   * ((volatile unsigned long   * )(addr))
#define BIT_ADDR(addr, bitnum)   MEM_ADDR(BITBAND(addr, bitnum))
#define PAin(n)     BIT_ADDR(GPIOA_IDR_Addr,n)
#define KEY0  PAin(6)        //定义 PA6
#define KEY1  PAin(7)        //定义 PA7
/ * LED 灯定义 * /
#define RCC_GPIO_LED    RCC_APB2Periph_GPIOC      / * LED 使用的 GPIO 时钟 * /
#define LEDn                        4                          / * LED 数量 * /
#define GPIO_LED                    GPIOC                      / * LED 灯使用的 GPIO 组 * /
//-----------------------------------------
#define D1_PIN                      GPIO_Pin_6                 / * D1 使用的 GPIO 管脚 * /
#define D2_PIN                      GPIO_Pin_7                 / * D2 使用的 GPIO 管脚 * /
#define D3_PIN                    VGPIO_Pin_8                  / * D3 使用的 GPIO 管脚 * /
```

```
#define D4_PIN              GPIO_Pin_9                        /* D4 使用的 GPIO 管脚 */
//-------------------------------------------
GPIO_InitTypeDef GPIO_InitStructure;
//-------------------------------------------
#define START_TASK_PRIO                     4
#define      TASK_1_PRIO                    5
#define      TASK_2_PRIO                    6
/************设置栈大小(单位为 OS_STK )********/
#define START_TASK_STK_SIZE                 100
#define      TASK_1_STK_SIZE                100
#define      TASK_2_STK_SIZE                100
//-------------------------------------------
OS_STK start_task_stk[START_TASK_STK_SIZE];     //定义栈
OS_STK task_1_stk[TASK_1_STK_SIZE];             //定义栈
OS_STK task_2_stk[TASK_2_STK_SIZE];             //定义栈
//-------------------------------------------
INT8U       err;
OS_FLAG_GRP     * FLAG;                         //定义事件标志组指针
//-------------------------------------------
void Key_init()
{
    RCC->APB2ENR| = RCC_APB2Periph_GPIOA;       //使能 PORTA 时钟
    GPIOA->CRH& = 0X00FFFFFF;
    GPIOA->CRH| = 0X88000000;                   //PA6、PA7 设置成输入
}
//-------------------------------------------
void Task_1_Shenxian(void * arg)
{
    (void)arg;                          // "arg" 并没有用到,防止编译器提示警告
    while (1)
    {
    OSFlagPend(FLAG,     //发送标志 FLAG
            0X03,        //0X03 = 00000011B, 指定等待哪些位,这里是末两位,bit1、bit0
            OS_FLAG_WAIT_SET_ANY  //等待至少有一个位变 1,这里的位是 0X03,即 bit1、bit0
             + OS_FLAG_CONSUME,            //不用到齐,就可以清除标志
            0,&err);                       //0 等待时限为无限制

     GPIO_SetBits(GPIO_LED,D4_PIN);        //熄灭 LED4
     OSTimeDlyHMSM(0, 0,0,500);            //延时
     GPIO_ResetBits(GPIO_LED,D4_PIN);      //点亮 LED4
     OSTimeDlyHMSM(0, 0,0,500);            //延时
```

```
        }
    }
    //----------------------------------------
    void Task_2_Shenxian(void * arg)
    {
        (void)arg;                          //“arg” 并没有用到,防止编译器提示警告
        while (1)
        {
            if(KEY0 == 0)                           //按键
            {
                OSFlagPost(FLAG,                    //发送标志 FLAG
                0X01,                               //0X01 = 00000001B,指定 1 所在位,bit0
                OS_FLAG_SET,                        //指定 1 为有效
                &err);
            }
            OSTimeDlyHMSM(0, 0,0,300);              //延时

        }
    }
    //----------------------------------------
    void Task_Shenxian(void * p_arg)
    {
        (void)p_arg;            //“p_arg” 并没有用到,防止编译器提示警告
        OSTaskCreate(Task_1_Shenxian,(void * )0,&task_1_stk[TASK_1_STK_SIZE - 1], TASK_1
_PRIO);                                             //创建任务 1
        OSTaskCreate(Task_2_Shenxian,(void * )0,&task_2_stk[TASK_2_STK_SIZE - 1], TASK_2
_PRIO);                                             //创建任务 2
        FLAG = OSFlagCreate(0,&err);                //创建事件标志组

        while (1)
        {
            if(KEY1 == 0)                           //按键
            {
                OSFlagPost(FLAG,                    //发送标志 FLAG
                0X02,               //0X01 = 00000010B, 指定 1 所在位,bit1
                OS_FLAG_SET,                        //指定 1 为有效
                &err);
            }

            OSTimeDlyHMSM(0, 0,0,300);              //延时
        }
    }
```

```
//--------------------------------------
int main(void)
{
    SystemInit();          /* 配置系统时钟频率为72MHz */
    SysTick_Config(SystemFrequency/OS_TICKS_PER_SEC);  /* 初始化并使能SysTick定
                                                           时器     */
  /* 配置GPIO管脚模式 */
      RCC_APB2PeriphClockCmd(RCC_GPIO_LED, ENABLE);       /* 使能LED灯使用的GPIO
                                                             时钟 */
      GPIO_InitStructure.GPIO_Pin = D1_PIN|D2_PIN|D3_PIN|D4_PIN;
      GPIO_InitStructure.GPIO_Mode = GPIO_Mode_Out_PP;
      GPIO_InitStructure.GPIO_Speed = GPIO_Speed_50MHz;
      GPIO_Init(GPIO_LED, &GPIO_InitStructure);               /* LED灯相关的GPIO
                                                                 口初始化 */
      GPIO_SetBits(GPIO_LED,D1_PIN|D2_PIN|D3_PIN|D4_PIN); /* 关闭所有的LED指示
                                                              灯 */

    Key_init();          //初始化控制按键的PA8端口

/********* μC/OS-Ⅱ 操作系统初始化开始 { ************/
    OSInit();     /* μC/OS-Ⅱ 操作系统初始化 */

    /* μC/OS-Ⅱ创建一个任务 */
    OSTaskCreate(Task_Shenxian,(void *)0,&start_task_stk[START_TASK_STK_SIZE-1],
START_TASK_PRIO);

    OSStart();          /* 启动μC/OS-Ⅱ操作系统 */
/********* μC/OS-Ⅱ 操作系统初始化结束 } ***************/
}
```

8.16 任务的删除和恢复

有些任务不需要一直运行。如果一直运行，白白地占用资源，所以，可以在需要的时候启用，不需要时就删除。这个删除不像我们用的U盘，删了就没有了，这里的删除是退出不让操作系统管理而已。常用的删除任务有删除自身和删除其他任务，如OStaskDel(OS_PRIO_SELF)，括号里是要删除自身的意思；如果要删除其他任务，改成要删除任务的优先级，就可以删除其他任务了。那么，怎样恢复删除了的任务呢？只要再创建要恢复的任务就可以了。比如，蜂鸣器因为不需要长时间发声，需要发声时就创建，发声结束就将自己删除。

```
Void  TaskBeep(void  * pdata)
{
  Pdata == pdata;                              //防止编译报错,除此之外没有其他意义
  GPIO_ResetBits(GPIO_BEEP,DS1_PIN);           //蜂鸣器响
  OSTimeDlyHMSM(0, 0,0,200);                   //操作系统提供的延时,不会在这里等待
GPIO_SetBits(GPIO_BEEP,DS1_PIN);               //蜂鸣器响停
  OStaskDel(OS_PRIO_SELF);                     //执行到此,将自己删除
}
```

在要使用的地方创建就可以了,用下面的方法就可以再次启用(恢复):

OSTaskCreate(TaskBeep,(void *)0,&task_2_stk[TASK_2_STK_SIZE-1], TASK_2_PRIO);

类似的可以删除的任务还有很多,比如,串口通信、液晶屏显示等待都可以在需要使用时创建,使用完后删除。

任务的删除和恢复代码如下:

```
/**************************
能正常运行的程序
用 LED4 代替蜂鸣器
**************************/
#include "includes.h"
#include "stm32f10x.h"
#include "stm32f10x_rcc.h"
//------------------------------------------
const uint32_t SystemFrequency     =  72000000;     /*! < System Clock Frequency (Core Clock) */
/*按键定义*/
#define BITBAND(addr, bitnum) ((addr & 0xF0000000) + 0x2000000 + ((addr &0xFFFFF)<<5) + (bitnum<<2))
#define MEM_ADDR(addr)   *((volatile unsigned long  *)(addr))
#define BIT_ADDR(addr, bitnum)   MEM_ADDR(BITBAND(addr, bitnum))
#define PAin(n)    BIT_ADDR(GPIOA_IDR_Addr,n)
#define KEY0  PAin(6)        //定义 PA6
#define KEY1  PAin(7)        //定义 PA7
/*LED 灯定义*/
#define RCC_GPIO_LED        RCC_APB2Periph_GPIOC    /*LED 使用的 GPIO 时钟*/
#define LEDn                4                       /*LED 数量*/
#define GPIO_LED            GPIOC                   /*LED 灯使用的 GPIO 组*/
//------------------------------------------
#define D1_PIN              GPIO_Pin_6              /*D1 使用的 GPIO 管脚*/
#define D2_PIN              GPIO_Pin_7              /*D2 使用的 GPIO 管脚*/
```

```
#define D3_PIN                    GPIO_Pin_8          /*D3使用的GPIO管脚*/
#define D4_PIN                    GPIO_Pin_9          /*D4使用的GPIO管脚*/
//----------------------------------------
GPIO_InitTypeDef GPIO_InitStructure;
//----------------------------------------
#define START_TASK_PRIO          4
#define     TASK_1_PRIO          5
#define     TASK_2_PRIO          6
/************设置栈大小(单位为 OS_STK )********/
#define START_TASK_STK_SIZE    100
#define     TASK_1_STK_SIZE    100
#define     TASK_2_STK_SIZE    100
//----------------------------------------
OS_STK start_task_stk[START_TASK_STK_SIZE];        //定义栈
OS_STK task_1_stk[TASK_1_STK_SIZE];                //定义栈
OS_STK task_2_stk[TASK_2_STK_SIZE];                //定义栈
//----------------------------------------
void Key_init()
{
    RCC->APB2ENR|=RCC_APB2Periph_GPIOA;            //使能PORTA时钟
    GPIOA->CRH&=0X00FFFFFF;
    GPIOA->CRH|=0X88000000;                        //PA6、PA7设置成输入
}
//----------------------------------------
void Task_1_Shenxian(void *arg)
{
    (void)arg;                        // "arg"并没有用到,防止编译器提示警告
    while (1)
    {
     GPIO_SetBits(GPIO_LED,D4_PIN);                //熄灭LED4
     OSTimeDlyHMSM(0, 0,0,500);                    //延时
     GPIO_ResetBits(GPIO_LED,D4_PIN);              //点亮LED4
     OSTimeDlyHMSM(0, 0,0,500);                    //延时
     OSTaskDel(OS_PRIO_SELF);                      //执行到此,将自己删除
    }
}
//----------------------------------------
void Task_2_Shenxian(void *arg)
{
    (void)arg;                        // "arg"并没有用到,防止编译器提示警告
    while (1)
    {
```

```
            if(KEY0 == 0)                            //按键
            {
            OSTaskCreate(Task_1_Shenxian,(void * )0,&task_1_stk[TASK_1_STK_SIZE - 1],
TASK_1_PRIO);                                              //恢复任务 1 ,实际上就是创建
            }
            while(KEY0 == 0)
            {
            OSTimeDlyHMSM(0, 0,0,30);                      //延时
            }
        }
    }
    //--------------------------------------------
    void Task_Shenxian(void * p_arg)
    {
        (void)p_arg;            //“p_arg”并没有用到,防止编译器提示警告
        OSTaskCreate(Task_2_Shenxian,(void * )0,&task_2_stk[TASK_2_STK_SIZE - 1], TASK_
2_PRIO);                                                   //创建任务 2
        while (1)
        {
         GPIO_SetBits(GPIO_LED,D1_PIN);               //熄灭 LED1
         OSTimeDlyHMSM(0, 0,0,200);                   //延时
         GPIO_ResetBits(GPIO_LED,D1_PIN);             //点亮 LED
         OSTimeDlyHMSM(0, 0,0,200);                   //延时
        }
    }
    //--------------------------------------------
    int main(void)
    {
        SystemInit();                                 /* 配置系统时钟频率为 72MHz */

        SysTick_Config(SystemFrequency/OS_TICKS_PER_SEC);  /* 初始化并使能 SysTick 定
时器    */
      /* 配置 GPIO 管脚模式 */
          RCC_APB2PeriphClockCmd(RCC_GPIO_LED, ENABLE);       /* 使能 LED 灯使用的 GPIO
时钟 */
          GPIO_InitStructure.GPIO_Pin = D1_PIN|D2_PIN|D3_PIN|D4_PIN;
          GPIO_InitStructure.GPIO_Mode = GPIO_Mode_Out_PP;
          GPIO_InitStructure.GPIO_Speed = GPIO_Speed_50MHz;
          GPIO_Init(GPIO_LED, &GPIO_InitStructure);            /* LED 灯相关的 GPIO 口初
始化 */
          GPIO_SetBits(GPIO_LED,D1_PIN|D2_PIN|D3_PIN|D4_PIN); /* 关闭所有的 LED 指示
灯 */
```

```
    Key_init();          //初始化控制按键的 PA8 端口

/********μC/OS-Ⅱ 操作系统初始化开始 { ************/
    OSInit();      /* μC/OS-Ⅱ 操作系统初始化 */

    /* μC/OS-Ⅱ创建一个任务 */
    OSTaskCreate(Task_Shenxian,(void *)0,&start_task_stk[START_TASK_STK_SIZE-1],
START_TASK_PRIO);
    OSStart();          /* 启动 μC/OS-Ⅱ操作系统 */
/********μC/OS-Ⅱ 操作系统初始化结束 } ***************/
}
```

8.17 任务间数据传递

(1) 在操作系统里使用全局变量:在“裸奔”的程序里,也有全局变量的说法,一般不主张要太多的全局变量,但有时又不得不使用。全局变量是每个函数都可以使用的,可以为各个函数传递数据。如果是全局标志,还可以用来同步等。在操作系统里使用全局变量要特别小心,必要时要关闭中断,避免产生错乱。

(2)不允许打断的代码,必须一次性执行完,中途不能进行任务切换和中断,可以采用先关中断,执行完后再开中断的方法。但这些代码执行时间要短,不然会破坏系统的实时性。

```
Void  MyTask(void   * pdata)
  {
  OS_ENTER_CRITICAL()       //关中断,系统函数
  ................................
  OS_EXIT_CRITICAL()        //开中断,系统函数
  }
```

必要时也可以关调度和开调度来保护:

```
OSSchedLock()          //关调度
OSSchedUnlock()        //开调度
```

8.18 钩子函数

钩子函数是系统节拍函数的一部分,它是与系统节拍相同的,大约 10～100 ms 的周期。有些任务可以在系统提供的钩子函数里顺便执行,由于它与系统节拍紧密联系在一起,在这里添加的代码一定要短,执行时间绝不能超过节拍的时间。

钩子函数如下：

```
Void  OSTimeTickHook(void)
  {
  ......................//在里面添加代码
  }
```

8.19 操作系统任务管理函数

前面用到了一些 OS 开头的函数。这些函数都是操作系统提供的函数，具体使用方法可以查看相关资料，这里举例加以说明：

OSTimeDlyHMSM(0)是参数以时、分、秒、毫秒为单位的延时函数：

```
INT8U   OSTimeDlyHMSM (
                        INT8U   hours;   //时
                        INT8U   minutes; //分
                        INT8U   seconds; //秒
                        INT16U  milli;   //毫秒
                        );
```

可以根据参数来使用，这里的 INT8U、INT16U 分别是系统里定义的 8 位无符号整数和 16 位无符号整数，如：Typedef unsigned char INT8U。

OSTaskDel()是删除任务函数：

```
INT8U  OSTaskDel(
                  INT8U   prio    // prio 要删除任务的优先级，如果删除自己用
                  OS_PRIO_SELF   //OS_PRIO_SELF
                  );
```

从这里就可以看出，任何删除任务，都是按任务的优先级编号来删除的，而删除自己参数为 OS_PRIO_SELF。

OSTaskCreate()是创建任务函数：

```
INT8U OSTaskCreate(
                    Void  ( * task)(void * pd), //指向任务的指针，也是任务的名字
                    Void   * pdata,             //传递给任务的参数
                    OS_STK * ptos,              //任务堆栈栈顶指针
                    INT8U  prio                 //指定的任务优先级
                    );
```

其使用方法如下：

```
Void   main(void)
```

```
    {
    Char * C_a ="W";
    ............................................
OSTaskCreate( MyTask                          //创建名为 MyTask 的任务
              C_a,                            //传递的参数,没参数用 (void * )0
              &MyTaskStk[TASK_STK_SIZE - 1],  //堆栈栈顶指针
              2                               //任务的优先级
              );


    ............................................
    }
Void  MyTask(void  * pdata)
    {
    ..................................
    DSP( * (char * )pdata)                    //提取传递的参数 * (char * )pdata
    ..................................
    }
```

OSTimeDly()是延时函数:

```
void OSTimeDly (INT16U ticks);      参数说明:ticks 为要延时的时钟节拍数
```

可以看到参数的取值范围 INT16U,时间单位为节拍数。时钟节拍一般为 10~100 ms。

这里只举几个函数原型的例子,在实际使用时查阅相关资料,慢慢积累。

前面有些说法不止一次提及,是为了加深印象,形成牢固记忆。

8.20 简单介绍操作系统的裁剪

所谓裁剪,就是把需要的功能开通,不需要的屏蔽,或者某些数量的限制等。μC/OS 的裁剪,在系统配置文件 OS_CFG.H 里进行。举几个例子就是了,其余的可以查相关资料。

OS_TASK_CREATE_EN	是配置要不要创建任务函数 OSTaskCreate(),要创建就在后=1,不创建就=0。
OS_TASK_DEL_EN	是配置要不要删除任务函数 OSTaskDel(),需要使用=1,不用=0。
OS_SEM_EN	要不要使用信号量,要用=1,不用=0。
OS_FLAG_EN	要不要用事件标志组,要用=1,不用=0。
OS_TIME_DEL_HMSM_EN	要不要用OSTimeDlyHMSM()函数,要用=1,不用=0。

OS_MAX_TASKS	最大任务数，比需要用的任务个数多 2。
OS_TICKS_SEC	系统节拍频率，10～100 之间。

关于移植的介绍请参考其他资料，这里只作入门讲解，先学会使用，一步一步加深。μC/OS 可以在电脑上运行，没有电路板可以先在电脑上运行观看效果。

这里所讲的 μC/OS，只是一些最基本的内容，旨在能先把它运行起来，有一些直观的感受，增强信心。还需要参考其他资料，再加上实践，方能理解透彻。

附录 A

企业标准样本——CHGT-01A 微电脑安全起爆电源*

CHGT-01A 微电脑安全起爆器系统是由成都常道科技有限责任公司(下面简称常道科技)开起生产的,根据《中华人民共和国标准化法》,依据爆破技术有关规定,并参照 GB7958—2000《煤矿用电容式起爆器》标准,该标准已实施了十多年,对于保证该产品的质量和爆破作业安全起到了重要的作用。并遵循 GB7958—1987 中的主要技术指标和关于安全等的要求作为生产、检验及监督检查的依据制定本标准。

本技术条件贯彻了 GB7958－2000《煤矿用电容式起爆器》的标准、由于本起爆器与 GB7958－2000 所描述的有些区别,GB7958－2000《煤矿用电容式起爆器》所针对的是火花式电雷管,而本标准所针对的是桥丝式电雷管。遵照 GB7958－2000 其基本要求,同时增改不同部分制定本标准。

本技术条件首次起用时间:2012 年 10 月 15 日。

本技术条件主要起草人:罗毅,杨硕。

本技术条件批准人:周步祥。

1 范围

本标准规定了桥丝式电雷管微电脑安全起爆器系统的技术要求、试验方法、检验规则与标志、包装、运输和储存。

本标准适用于矿山、石油勘探使用的微电脑安全起爆器系统(以下简称起爆器)。

2 规范性引用文件

下列标准所包含的条文,通过在本标准中引用而构成为本标准的条文。本标准出版时,所示版本均为有效。所有标准都会被修订,使用本标准的各方应探讨使用下列标准最新版本的可能性。

GB191—1990 包装储运图示标志

GB/T 2423.1—2008 电工电子产品基本环境试验规程试验 A:低温试验方法

GB/T 2423.2—2008 电工电子产品基本环境试验规程试验 B:高温试验方法

GB/T 2423.4—2008 电工电子产品基本环境试验规程试验 Db:交变湿热试验

---

* 成都常道科技责任公司企业标准 Q/57735260—9.1—2014。

方法

GB/T 2423.8—1995 电工电子产品基本环境试验第二部分:试验方法试验 Ed:自由跌落

GB/T 2423.10—2008 电工电子产品基本环境试验第二部分:试验方法试验 Fc 和导则:振动(正弦)

GB 7958—2000 电容式发爆器标准

3 术语和定义

下列术语和定义适用于本文件。

3.1 误接保护

是为防止电雷管起爆线误接到其他电源直流 0～320 V 或交流 0～250 V 引爆。

3.2 起爆器主机

起爆器主机的作用是控制输出引爆电压。

3.3 起爆接头

一端与起爆器主机连接,另一端与电雷管相连接的设备。

3.4 输出连接线

是连接起爆器主机、起爆接头和电雷管的信号线。

4 产品名称和型号编制方法

4.1 煤矿用微电脑安全起爆器系统

4.2 产品型号的表示方法如下:

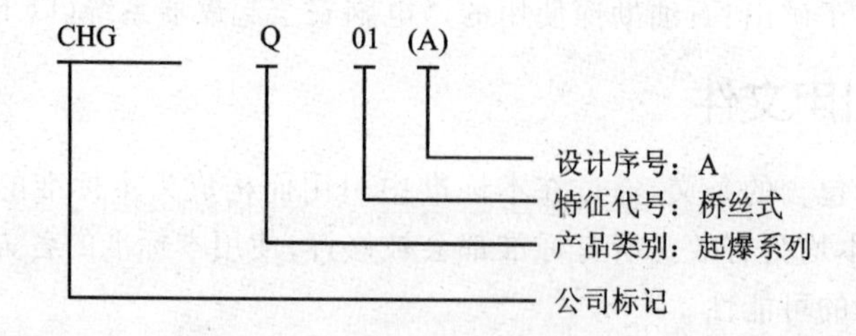

5 技术要求

5.1 环境要求

5.1.1 起爆器经过低温试验后,应符合 GB/T2423.1—2008。

5.1.2 起爆器经过高温试验后，应符合 GB/T2423.2—2008。

5.1.3 起爆器系统经湿热试验后，内部零件应无明显锈蚀，其工作性能应符合 7.2、7.3 和 7.4 的要求。

5.1.4 起爆器系统经储存温度试验后，工作性能应符合 7.2、7.3 和 7.4 的要求。应符合 GB/T2423.4—2008。

5.2 安全要求

5.2.1 起爆器主机外露的输出端子之间及输出端子与外壳裸露导电部位之间的电气间隙和爬电距离应不小于如附表 A.1 的规定。

附表 A.1

电压/V	电气间隙/mm	爬电距离/mm
≤1 000	10	20

5.2.2 在输入电压 AC 180～230 V 范围内，起爆器主机在完成起爆前应连续供电。

5.2.3 在额定负载条件下，当电压指示装置正常工作时，实施起爆后，输出电压应在 10 s 内断开。

5.2.4 起爆器主机在测量时应有电流显示，且显示的电流应不大于 3 A。

5.2.5 当电源输入电压为～500 V，输出端子与接起爆器输出端子之间、输出端子与外壳裸露导体之间的绝缘电阻，在室温条件下应不小于 50 MΩ。

5.3 可靠性

5.3.1 起爆器系统经自由跌落试验后，紧固件不得松动，通电试验的工作性能应符合 6.2 和 6.3 的要求。应符合 GB/T 2423.8—1995。

5.3.2 起爆器系统经振动试验后，紧固件不得松动，通电试验的工作性能应符合 6.2 和 6.3 的要求。应符合 GB/T 2423.10—2008。

5.3.3 当对起爆器主机进行操作时，起爆按钮必须灵活；可靠地接通和断开。

5.4 主要功能

5.4.1 起爆器主机具有输出电压检测功能，能实时显示输出电压。输入电压范围：(220～260) V，输出端电压应符合表 2 要求，最大允许误差：±2 V。

5.4.2 “起爆接头”具有防止接错电源的功能。当“起爆接头”单独连线接到 AC 180～220 V、DC200～400 V 电源上时，“起爆接头”不输出起爆电压。

5.5 外观

5.5.1 外观要求起爆器铭牌及器具上其他字迹清楚，无划痕、无脱漆。

5.5.2 起爆器系统应符合本标准的规定，并按经批准的图样和技术文件制造。

5.5.4 起爆器主机应具有电压调节指示装置，显示应清晰。

6 试验方法

6.1 起爆器系统的正常工作条件

6.1.1 温度：−10～40 ℃；周围空气相对湿度不大于95%(在25℃时)。

6.1.2 大气压力：80～106 kPa。

6.1.3 储存环境温度：−40～60 ℃。

6.1.4 起爆器主机输入电压220 V交流50 Hz，调节"电压调节"按钮，起爆器主机上电压表对应显示如附表A.2，误差为±2 %，电压调节端为交流电压，电压表显示为直流电压。

附表 A.2

调节电压(交流)/V	显示电压(直流)/V
220	312
230	325
240	340
250	353
260	366

6.2 起爆实验

6.2.1 "起爆器主机"缆芯、缆皮与"起爆器接头"输入端相连接。用600 Ω100 W电阻负载与"起爆器接头"输出端连接。电阻负载接并联直流电压表，选500 V挡。

6.2.2 "起爆器主机"输入电压220 V(误差正负10%)交流50Hz

6.2.3 打开"起爆器主机"电源按钮。

6.2.4 "保险锁"顺时针旋至打开。

6.2.5 按下"起爆开关"，10 s后电阻负载上应有大于312 V的电压输出，其电压输出时间应小于20 s。

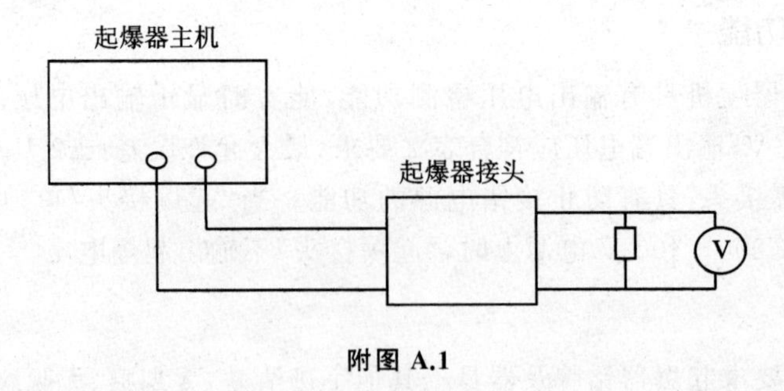

附图 A.1

6.3 防误接实验

6.3.1 将 110 V、220 V、250 V，50Hz 交流和 100 V、150 V、300 V、320 V 直流电压分别接到“起爆器接头”输入端，用 600 Ω100 W 电阻负载与“起爆器接头”输出端连接。电阻负载接交流电压表 500 V 挡。接通电源大于 30 s，电阻负载上应无电压输出。

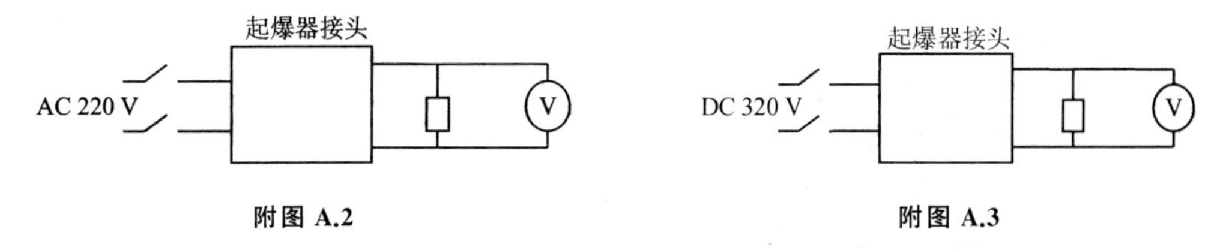

附图 A.2　　附图 A.3

6.4 绝缘电阻测量

在室温条件下，使用 500 V 兆欧表测量输出两极对外壳的绝缘电阻值应不小于 50 MΩ。

6.5 储存温度试验

6.5.1 低温试验方法

温度：－ 40℃，持续时间：16 h。

6.5.2 试验步骤

(a) 被试件不通电、不包装，按 GB/T 2423.1—1989 中 Ab：低温试验方法进行。

(b) 被试件不进行预处理。

(c) 试验结束后在试验箱内恢复到试验条件下后再进行测试。

6.5.3 高温试验条件

温度：＋ 60℃，持续时间：16 h。

6.5.4 试验步骤

(a) 被试件不通电、不包装，按 GB/T 2423.2—1989 中 Bb：高温试验方法进行。

(b) 被试件不进行预处理。

(c) 试验结束后在试验箱内恢复到试验条件下后再检查工作性能。

6.6 交变湿热试验

按 GB/T 2423.4—2008 中试验 Db 的方法进行。试验中试品不通电，不进行中间检测。试验后在正常环境条件下恢复 2 h，然后测量绝缘电阻和进行工频耐压试验，再测试主要技术指标并检查外观。

6.7 冲击试验

按 GB/T 2423.5—1995 中试验 Ea 的方法进行。

试验中试品不通电，不包装，不进行中间检测。试验后测试主要技术指标并检查外观。

6.8 振动试验

按 GB/T 2423.10 的方法进行。严酷等级:扫频频率 10～150 Hz,加速度幅值 20 m/s,各轴线上扫频循环次数 20 次,样品非包装,不通电,不进行中间检测,试验后进行外观和防爆结构检查再检查工作性能。

7 检验规则

7.1 检验分类

检验分出厂检验、型式检验。

7.2 出厂检验

7.2.1 每台产品均需进行出厂检验。检验合格的,出具产品合格证方可出厂。

7.2.2 检验项目按表 3 中出厂检验的规定进行。

7.2.3 出厂检验各项指标须符合本标准的规定,有 1 项不合格则判定该产品不合格。

检验规则如附表 A.3 所示。

附表 A.3

序　号	检验项目	技术要求条款	出厂检验	型式检验
1	外观与结构	本技术条件第 5.1.1 条	√	√
2	电压测量	本技术条件第 6.1.4 条	√	√
3	起爆试验	本技术条件第 6.2 条	√	√
4	防误接试验	本技术条件第 6.3 条	√	√
5	电阻测量	本技术条件第 6.4 条	√	√
6	耐热试验	本技术条件第 6.5.3 条	—	√
7	耐寒试验	本技术条件第 6.5.1 条	—	√
8	抗冲击试验	本技术条件第 6.7 条	—	√
9	电气间隙爬电距离测试	本技术条件第 5.2.1 条	—	√

8 标志、标签、使用说明书

8.1 标　志

8.1.1 在外壳显著的位置标识“非专业人士禁止开盖”的字样。

8.1.2 在面板的显著位置标识“起爆器使用结束后,立即断开起爆器主机总电源”的字样。

8.1.3 产品有出厂编号。

8.1.4 产品有型号、名称。

8.1.5 输出接口设有“十”和“一”标志。

8.2 标　签

每台机器有合格证。

8.3 使用说明书

说明书单独装订。

9　包装、运输、储存

9.1 包　装

9.1.1 每台起爆器(包括出厂检验合格证和使用说明书各一份)及其备件、附件分别包装后再装入箱内。

9.1.2 随同包装提供下列文件:

a) 装箱单;

b) 必要备件。

9.2 运　输

应适合海、陆、空运输。

9.3 储　存

存放于通风良好干燥的库房内。

附录B

专利申请材料样本

本实用新型公开了一种延时熄灭LED灯,包括LED灯;LED驱动电路,与所述LED灯电连接,用于通电后驱动所述LED灯发光照明;储能电路,连接在所述LED灯和所述LED驱动电路之间,用于在所述LED灯发光照明期间由所述LED驱动电路处得到电能并充电储能,当所述LED驱动电路断电后,直接驱动所述LED灯,使所述LED灯延时照明一段时间后熄灭。本实用新型避免了客厅或过道在关灯后,光线就会突然暗下,使人很难看清周围的物体,造成碰撞,甚至造成更大的伤害。

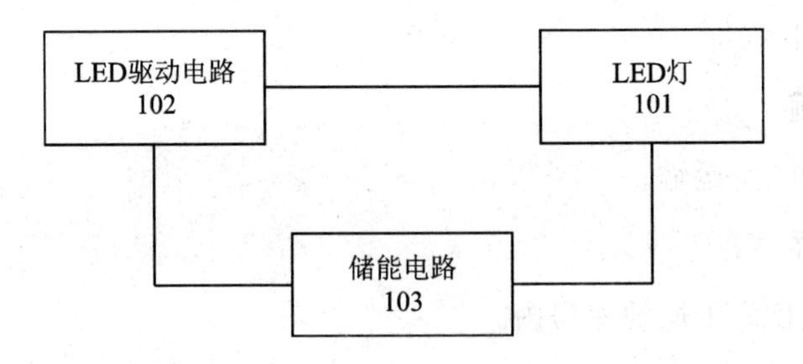

1. 一种延时熄灭LED灯,其特征在于,包括:

LED灯;LED驱动电路,与所述LED灯电连接,用于通电后驱动所述LED灯发光照明;

储能电路,连接在所述LED灯和所述LED驱动电路之间,用于在所述LED灯发光照明期间由所述LED驱动电路处得到电能并充电储能。当所述LED驱动电路断电后,直接驱动所述LED灯,使所述LED灯延时照明一段时间后熄灭。

2. 根据权利要求1所述的延时熄灭LED灯,其特征在于,所述LED驱动电路包括桥式整流电路,所述桥式整流电路一端连接220 V交流电源,另一端连接AC/DC开关电源,所述AC/DC开关电源依次通过变压器和电容C3与所述LED灯电连接。

3. 根据权利要求2所述的延时熄灭LED灯,其特征在于,所述AC/DC开关电源采用SM7513功率开关芯片构成。

4. 根据权利要求1～3任一项所述的延时熄灭LED灯,其特征在于,所述储能电路包括两个串联的电容C4和C5，所述电容C4的正极通过限流电阻R3连接所述LED灯的正极端，所述电容C5的负极连接所述LED灯的负极端；所述电容C4的正极还连接三极管的发射极，所述三极管的基极通过电阻R6连接所述LED灯的正极端，所述三极管的基极还通过电阻R7连接所述LED灯的负极端，所述三极管的集电极通过电阻R8连接所述LED灯的正极端，其中所述电容C4和C5的电容大小与所述照明延时时间相关。

5. 根据权利要求4所述的延时熄灭LED灯，其特征在于，所述LED灯包括串联的至少两组发光二极管，每组发光二极管包括一对并联的发光二极管。

6. 根据权利要求5所述的延时熄灭LED灯，其特征在于，所述LED灯包括串联的五组发光二极管，每组发光二极管包括一对并联的发光二极管。

项目名称

一种延时熄灭LED灯。

技术领域

本实用新型涉及LED照明领域，特别涉及一种延时熄灭LED灯。

背景技术

一般情况下，客厅或过道在关灯后，光线就会突然暗下来。这样使人很难看清周围的物体，造成碰撞，甚至造成更大的伤害，特别是老人和小孩危害性更大。

发明内容

本实用新型的目的在于克服现有技术中所存在的上述不足，提供一种延时熄灭LED灯，旨在避免客厅或过道在关灯后，光线突然暗下，使人很难看清周围的物体，造成碰撞，甚至造成更大的伤害。

为了实现上述发明目的，本实用新型采用的技术方案是：

一种延时熄灭LED灯，包括LED灯；LED驱动电路，与所述LED灯电连接，用于通电后驱动所述LED灯发光照明；储能电路，连接在所述LED灯和所述LED驱动电路之间，用于在所述LED灯发光照明期间由所述LED驱动电路处得到电能并充电储能，当所述LED驱动电路断电后，直接驱动所述LED灯，使所述LED灯延时照明预定时间后熄灭。

所述LED驱动电路包括桥式整流电路，所述桥式整流电路一端连接220 V交流电源，另一端连接AC/DC开关电源，所述AC/DC开关电源依次通过变压器和电容C3与所述LED灯电连接。

所述 AC/DC 开关电源采用 SM7513 功率开关芯片构成。

所述储能电路包括两个串联的电容 C4 和 C5，所述电容 C4 的正极通过限流电阻 R3 连接所述 LED 灯的正极端，所述电容 C5 的负极连接所述 LED 灯的负极端；所述电容 C4 的正极还连接三极管的发射极，所述三极管的基极通过电阻 R6 连接所述 LED 灯的正极端，所述三极管的基极还通过电阻 R7 连接所述 LED 灯的负极端，所述三极管的集电极通过电阻 R8 连接所述 LED 灯的正极端，其中所述电容 C4 和 C5 的电容大小与所述照明预定时间相关。

所述 LED 灯包括串联的至少两组发光二极管，每组发光二极管包括一对并联的发光二极管。

所述 LED 灯包括串联的五组发光二极管，每组发光二极管包括一对并联的发光二极管。

与现有技术相比，本实用新型的有益效果：

本实用新型通过设置连接在所述 LED 灯和所述 LED 驱动电路之间的储能电路，在所述 LED 灯发光照明期间由所述 LED 驱动电路处得到电能并充电储能。当所述 LED 驱动电路断电后，储能电路直接驱动所述 LED 灯，使所述 LED 灯延时照明预定时间后熄灭，从而避免客厅或过道在关灯后，光线就会突然暗下，使人很难看清周围的物体，造成碰撞，甚至造成更大的伤害。

附图说明：

图 B.1 是本实用新型实施例中的延时熄灭 LED 灯电路框图；

图 B.2 是本实用新型一个具体实施方式中的延时熄灭 LED 灯电路原理图。

具体实施方式

下面结合具体实施方式对本实用新型作进一步的详细描述。但不应将此理解为本实用新型上述主题的范围仅限于以下的实施例，凡基于本实用新型内容所实现的技术均属于本实用新型的范围。

如图 1 所示的延时熄灭 LED 灯，包括 LED 灯 101；LED 驱动电路 102，与所述 LED 灯 101 电连接，用于通电后驱动所述 LED 灯 101 发光照明；储能电路 103，连接在所述 LED 灯 101 和所述 LED 驱动电路 102 之间，用于在所述 LED 灯 101 发光照明期间由所述 LED 驱动电路 102 处得到电能并充电储能，当所述 LED 驱动电路 102 断电后，直接驱动所述 LED 灯 101，使所述 LED 灯 101 延时照明预定时间后熄灭。

本实用新型通过设置连接在所述 LED 灯和所述 LED 驱动电路之间的储能电路，在所述 LED 灯发光照明期间由所述 LED 驱动电路处得到电能并充电储能，当所述 LED 驱动电路断电后，储能电路直接驱动所述 LED 灯，使所述 LED 灯延时照明一段时间后熄灭，从而避免客厅或过道在关灯后，光线就会突然暗下，使人很难看清周围的物体，造成碰撞，甚至造成更大的伤害。

具体的电路参看图2，所述LED驱动电路102包括桥式整流电路D1，所述桥式整流电路一端连接220 V交流电源，另一端连接AC/DC开关电源，所述AC/DC开关电源依次通过变压器和电容C3与所述LED灯电连接。所述AC/DC开关电源采用SM7513功率开关芯片构成。SM7513功率开关芯片是应用于离线式小功率AC/DC开关电源的高性能的原边反馈控制功率开关芯片，在全电压输入范围内实现高精度恒流输出，精度小于±5%，无须环路补偿。本实施例采用SM7513来作为LED驱动电路，其价格低，电路简单。220 V交流经D1桥式整流后，经电容C1滤波得到所需直流电压，该直流与SM7513输入端连接，变压器T1与D2等作为输出部分与LED相连。所述LED灯包括串联的至少两组发光二极管，每组发光二极管包括一对并联的发光二极管。本实施例中所述LED灯包括串联的五组发光二极管，每组发光二极管包括一对并联的发光二极管。LED两个一组并联，然后5组串联，这样就构成了一个完整的LED驱动电路。采用SM7513作恒流输出的LED普通照明电路。由于采用恒流驱动，所以它具有效率高的特点，并且体积小，调试容易。

所述储能电路103包括两个串联的电容C4和C5，所述电容C4的正极通过限流电阻R3连接所述LED灯的正极端，所述电容C5的负极连接所述LED灯的负极端；所述电容C4的正极还连接三极管Q1的发射极，所述三极管Q1的基极通过电阻R6连接所述LED灯的正极端，所述三极管Q1的基极还通过电阻R7连接所述LED灯的负极端，所述三极管Q1的集电极通过电阻R8连接所述LED灯的正极端，其中所述电容C4和C5的电容大小与所述照明延时时间相关。本实用新型利用了超级电容储能的特点，开灯后，在超级电容上储存电能，同时实现正常照明。关灯后，利用超级电容储存的电能使LED灯持续发光一段时间，待人离开后自动熄灭。整个电路都装在LED灯泡里，安装也非常方便。

本实施例中超级电容C4和C5的大小根据需要延时照明的长短选取；本实施例中选择耐压为5.5 V的超级电容，两只串联，必要时在电容C4、C5两端并联均压电阻，保持两只电容上电压相等。电阻R7的大小会影响到关灯后下面两组LED的亮度。如果在现成的LED灯泡上改制，需搞清具体电路再进行。

本实用新型LED灯的工作原理为：采用C4、C5二只超级电容，用于储能，上电后超级电容上的电压逐渐升高，直到与下面4组LED上的压降相等时，充电结束，充得的电压约为9.6 V。R3为充电限流电阻。由于电阻R6、R7的存在，Q1的基级得到R6、R7的分压，基级电压约6 V，三极管Q1处于截止状态，此时电路正常照明，通电初期电路会为超级电容C4、C5充电，在充电未满期间，下面4组LED由暗到亮变化，直到 C4、C5 充满，然后全亮。选择在下面 4 组 LED 处给超级电容充电，是因为每组 LED 压降约 2.4 V，4 组刚好 9.6 V，C4、C5 串联后耐压为 11 V，正好在耐压范围内。关灯后对下面 3 组 LED 放电，而不是给下面 4 组 LED 放电，是因为直接对 4 组 LED 放电时，电容 C4、C5 很快就放到与 4 组 LED 的压降相同，LED 上再无电流，电容 C4、C5 上储存的电能无法完全释放，所以只能对 3 组 LED 放电。关灯后，C3 两端电压消失，R6 上端也就没有电压，而 R7 接在负端，三极管 Q1 的基级为低电平，由于 C4、C5 上电压的存在，使得 Q1 导通。此时超级电容 C4、C5 通过 Q1 的发射级到集电极，再经 R8 对下面 3 组 LED 放电，此时下面 2 组 LED 发光，继续维持照明。由于只有 3 组 LED 发光，所以亮度降至原来的 3/5 以下，并随着超级电容 C4、C5 电能的消耗，LED 亮度越来越低，数秒后熄灭。

上面结合附图对本实用新型的具体实施方式进行了详细说明，但本实用新型并不限制于上述实施方式，在不脱离本申请的权利要求的精神和范围情况下，本领域的技术人员可以作出各种修改或改型。

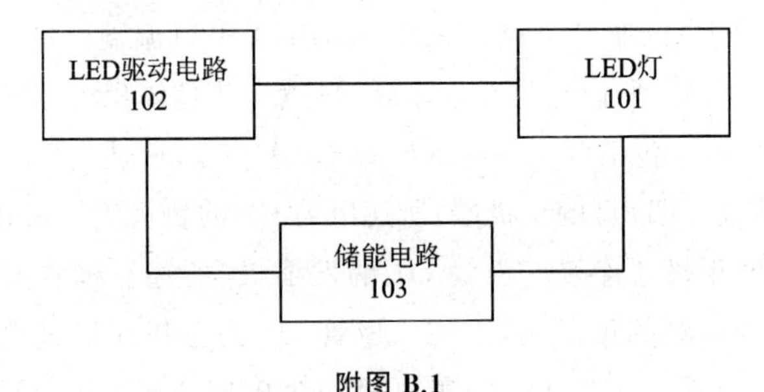

附图 B.1

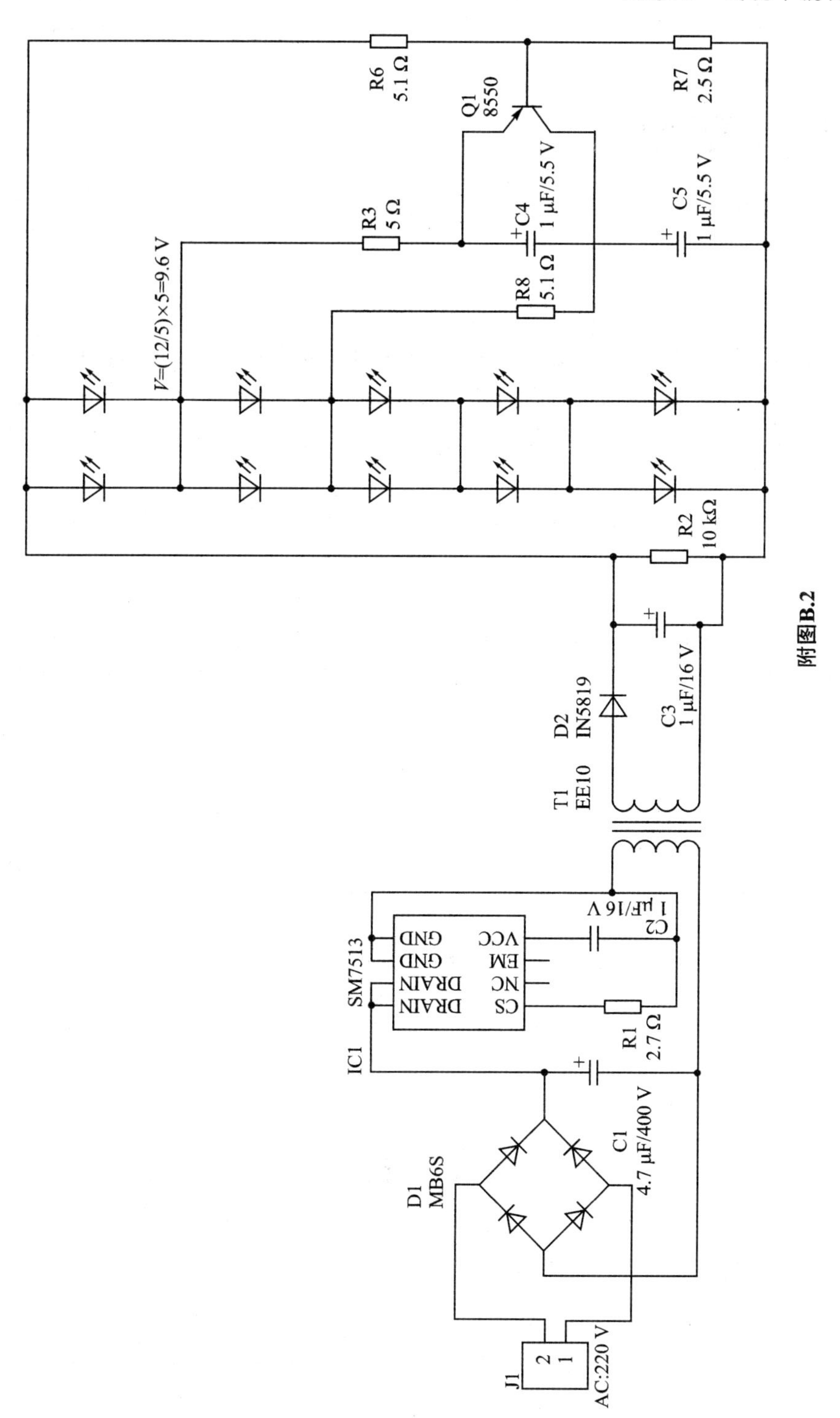
R6
5.1 Ω
Q1
8550
R7
2.5 Ω
R3
5 Ω
C4
1 μF/5.5 V
C5
1 μF/5.5 V
R8
5.1 Ω
V=(12/5)×5=9.6 V
R2
10 kΩ
D2
IN5819
C3
1 μF/16 V
T1
EE10
C2
1 μF/16 V
SM7513
GND
GND
DRAIN
DRAIN
VCC
EM
NC
CS
R1
2.7 Ω
IC1
C1
4.7 μF/400 V
D1
MB6S
J1
2
1
AC:220 V

附图B.2

参考文献

[1] 周润景,张文霞,赵晓宇. 基于 PROTEUS 的电路及单片机设计与仿真[M].3 版. 北京:北京航空航天大学出版社,2016.

[2] 周航慈,吴光文. 基于嵌入式实时操作系统的程序设计[M]. 北京:北京航空航天大学出版社, 2006.

[3] 奚大顺.电子技术随笔:一位老电子工作者的心得[M]. 北京:北京航空航天大学出版社, 2015.

[4] 王玮. 感悟设计[M]. 北京:北京航空航天大学出版社,2009.

[5] 张国维. 音响技术与音乐欣赏(下)[M]. 北京:人民邮电出版社, 1997.

[6] 崔建峰, 陈海峰. 物联网 TCP/IP 技术详解[M]. 北京:北京航空航天大学出版社,2015.